U0015268

common
master
press+

大家出版

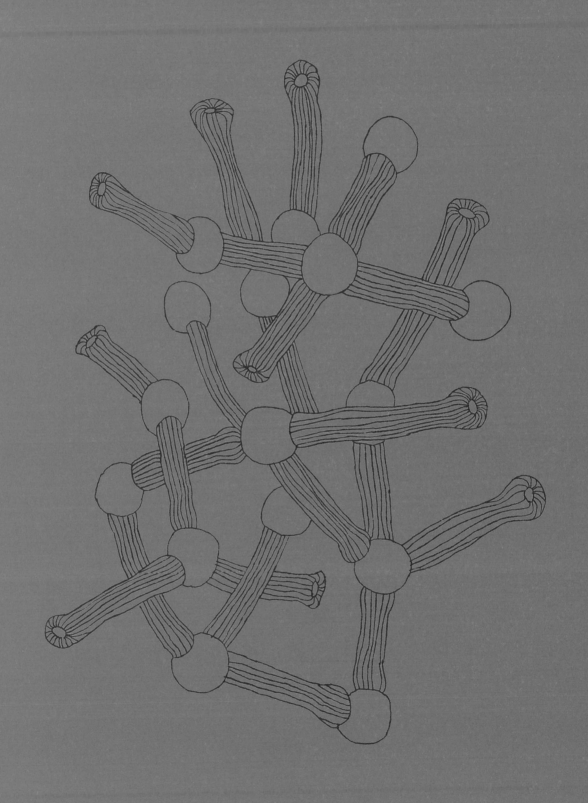

NOMA餐廳
發酵實驗

瑞內·雷澤比 — 大衛·齊爾柏
宋宜真、邱文心 譯

René Redzepi — David Zilber

THE NOMA
GUIDE TO
FERMENTATION

沒有許多主廚和熱心人士參與我們毫無窮盡的探索任務，就不會有這本書。Noma 今日得以開展如此龐大的發酵世界，許多人都貢獻了他們的一小片拼圖。尤其是艾里耶兒‧瓊森博士、托爾斯登‧維爾德高、拉爾斯‧威廉斯、湯瑪斯‧傅列博、Rosio Sanchez、Josh Evans、班‧瑞德、Roberto Flore，以及參與北歐食物實驗室的所有相關人員。

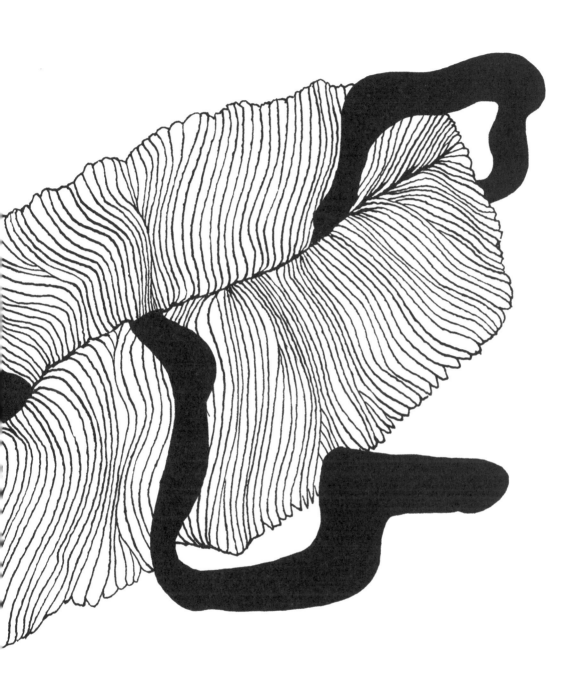

Noma 位於丹麥哥本哈根克里斯欽
郊區的新家，2018 年 2 月的開幕週。

引言

我們的發酵故事，源於一場意外。

在 Noma 成立之初，我們一直忙於尋覓食材，希望能把儲藏室的食材補足，這樣即使是在一年中最寒冷的季節，也能持續做出引人入勝的菜。

猶記初夏的某日，我們長期配合的食物採集者羅蘭·里特曼（Roland Rittman）帶著一把奇特的小花苞踏進門內。這些小花苞外形有點像小圓球組成的三角錐，內部多汁，帶有野韭蔥的風味。這味道不完全是蒜味，卻帶著同樣的嗆味和層次感。這風味我們未曾嘗過。羅蘭說，這些熊蔥的「漿果」在北歐飲食中十分普遍，人們會醃漬保存用來過冬。

於是，我們著手製作這些貌似酸豆的醃漬熊蔥花苞。如果那時你問我們，把這些帶著蒜味的小圓球放入罐中再鋪上鹽巴的動作是在做什麼，我們會說這是在「醃」或「熟成」。而如果你提到乳酸發酵，我們可能會歪著頭，一臉迷茫地看著你。

熊蔥酸豆令人茅塞頓開。突然間，我們手邊多了這項食材可用，既可為菜餚增添微妙的酸味、鹹味和嗆味，而且不假外求。我們只需要加上鹽，這些生長在後院的植物就會轉變成另一種東西。

這項意外的成功還帶來了更多收穫。

我已經忘了是誰說要用鹽醃製鵝莓。但那是在 2008 年左右，所以不是托爾斯登·維爾德高（Torsten Vildgaard）就是索倫·韋斯（Søren Westh）。就是這兩人，窩在停泊在餐廳前方的船上，把各種東西都拿來亂搞實驗。

這艘船不會比那種單日往返大海的小漁船還大，船艙內部改裝成「北歐食物實驗室」（Nordic Food Lab）。實驗室的任務就是調查我們這個地區的食物可以拿來做成什麼，並無償分享這些知識給有興趣的人。這個地方是用來做長期調查，而不是用來修正下週菜單的測試廚房。我們有位廚師叫班‧瑞德（Ben Reade），他過去就常在那艘船上和發酵物睡在一起──這間實驗室的人都是這種性格。

某天，托爾斯登放了一根湯匙在我面前，湯匙裡擺了一片經過鹽醃、真空包裝、發酵並被遺忘了一年的鵝莓。我嘗了一口，整個人彷彿觸電一般。我知道這聽起來有些浮誇，畢竟我們談論的不過是一匙醃漬漿果。但是請你試著感受我的心情：你在斯堪地那維亞半島長大，一輩子都在吃鵝莓，然後，這東西來到你面前。它嘗起來既熟悉，卻又前所未有。就像一件舒適的舊毛衣，卻又在原始的織物中織入明亮嶄新的色彩。

今天，當我品嘗醃漬鵝莓時，已經可以辨認出乳酸發酵那無可錯認的效果，但那第一次的品嘗經驗徹底改變了我和Noma 的一切。這件事讓我們開始滿腔熱血地埋首投入發酵研究，而且一做就是十年。

—

許多細節我都忘了。我很遺憾自己在剛開始的那些日子裡，沒有多做些筆記。那段日子，每週都有些新的啟發，這些啟發都是來自一連串相同的基本思路：**我們需要更多食材來烹調。我們有這些時令食材。我們要怎麼做才能提升這些食材？我們要怎麼做才能讓這些食材更耐放？**起初，我們不知道發酵如何進行，也不知該在何時著手。但是年復一年，更多想法冒了出來，也有更多聰明人加入我

們的行列，我們學會如何討論自己所做的事，並開始看到一支龐大的食物傳統，而我們正是這支傳統的一部分。

2011 年，我們決定舉辦第一屆 MAD（丹麥語的「食物」）座談會。這場座談會聚集了數百人，全都堅定地想要改善食物世界，裡面有餐飲業者，以及科學家、農民、哲學家和藝術家。我們選了「種植思維」這個主題，然後開始思索哪些講者能夠為作物王國帶來各式各樣的想法。

不瞞你說，我第一個想到的是張大衛（David Chang），原因是泡菜。他可能已經不記得自己曾為我上過這道菜，但我記得一清二楚。他的桃福生菜包肉餐館（Momofuku Ssäm Bar）有道小菜，那是在牡蠣上淋了些泡菜汁，嘗起來簡直不可思議。他和他的團隊與我們團隊所走的路線毫無交集，不但自行研究發酵，也用古老的技術開發新菜。我請他來 MAD 談談發酵，於是他就在講臺上，向烹飪界介紹了**微生物風土**（microbial terroir）的概念。

張大衛談論的是發酵的主因：黴菌、酵母菌和細菌所屬的那個在很大程度上不可見的世界。這些微生物無所不在，超越了無數的文化和烹飪傳統。張大衛要說的是，任何地區的原生微生物都會強烈影響發酵成品的風味，就像土壤、天氣和地質對葡萄酒的影響。

當時的人們在提到 Noma 時，都認為 Noma 一手定義了現代北歐飲食。就我們自己而言，我們也深感肩負重任。如果我們使用國外的技術，怎能聲稱自己烹飪的是北歐食物？微生物風土的概念幫助我們改變了這一切。發酵無國界。在丹麥、義大利、日本或中國，發酵都是烹飪傳統的一部分。沒有發酵，就沒有泡菜，沒有膨發的酸麵團，沒有帕爾瑪乳酪，沒有葡萄酒、啤酒或烈酒，沒有酸菜，

蒜花，日本 Noma，2015

如同摺紙的花瓣，是黑蒜瓣壓碎過篩變成蒜泥後，再乾燥成果乾皮的質地，然後摺疊，再淋上以螞蟻和玫瑰油製成的醬。

沒有醬油，沒有醃鯡魚或黑麥麵包。沒有發酵，就沒有 Noma。

人們一直把我們的餐廳與野味及採集畫上等號，但其實，Noma 最重要的支柱是發酵。這並不是說我們的食物特別臭、鹹、酸，或是人們提到發酵時通常會聯想到的其他口味。不是這樣的。試著想像一下沒有葡萄酒的法國料理，或是沒有醬油和味噌的日本料理。當我們想到北歐料理的時候，也是這樣。我的希望是，即使你從未到 Noma 用餐，但是當你讀完本書，也比照食譜製作了幾道菜，你就會明白我的意思。

在 Noma，發酵並不是用來提供某種特定口味，而是用來改良所有風味。我抱定這個主意，在 2014 年要求拉爾斯·威廉斯（Lars Williams）和艾里耶兒·瓊森（Arielle Johnson）打造一個專門用於探索發酵的空間。拉爾斯是我們僱用最久的廚師，而艾里耶兒在獲得風味化學研究的博士學位之後，在 2013 年成為我們的常駐科學家。這兩位負責將我們的成果升級，讓發酵成為獨立的工作，幾乎完全脫離了餐廳營運的日常活動。

鬥牛犬餐廳（El Bulli）的主廚們會把工作中真正有創意的部分與專門上菜的廚房區分開來，我深受這件事啟發。研發不僅是你在事前準備和烹飪上菜中間的空檔所做的活動。他們有一支團隊投入研發。這改變了創意烹飪的面貌，而我們在 Noma 研究發酵時，想要做的正是這件事。

在 Noma 的暑休期間，拉爾斯和艾里耶兒開始計畫他們理想中的發酵實驗室要納入哪些東西（當然要在合理範圍內）。在那之前，我們可說是到處做發酵：在船上、在房子的屋椽上、在舊冰箱中、在桌子底下。

一兩週後，他們回來了，告訴我們最經濟、最有效率的方式，就是把實驗室設置在貨櫃中。一切很快就準備就緒。有一天，堆高機和起重機運來三個貨櫃。實驗室團隊在貨櫃內部進行了隔熱處理，搭起牆壁和門。拉爾斯到宜家購買了第二便宜的廚房，把這些和我們十年來累積的設備整合起來。我們從 6、7 月開始計畫，到了 8 月，發酵實驗室已大功告成。

我之所以提及這些，是因為我不想過分美化發酵。要讓一切上軌道，過程可能非常麻煩。這是工作，但也是令人無比滿足的工作。等待某些東西發酵的感覺確實很神奇，完全違背現代精神。

親身試過發酵之後，烹飪會變得更加簡單。我是說真的。有些發酵物就像是味精、檸檬汁、糖和鹽完美合而為一的調味聖品，可以灑在煮好的青菜上，可以加到湯中，或是拌入醬汁裡。你也可以把乳酸發酵過的李子抹在煮好的肉上，或把發酵出來的李子汁淋上生海鮮。裝在玻璃罐中的

自製發酵品也可變身成獨特而動人的禮物。把這些食材納入烹飪之中，你的飲食生活將邁入更加美好的境界。

—

大衛・齊爾柏（David Zilber）在我們成立發酵實驗室的那一年就與我們合作。他來自加拿大，是我們餐廳的部門主廚。拉爾斯和艾里耶兒在 2016 年離開 Noma 時，我心急如焚，因為我們必須找到人來接管他們在實驗室的工作。但是我們當時的大廚丹・古斯堤（Dan Giusti）說，最佳人選就在眼前。我們任命大衛為發酵實驗室的負責人，結果真是完美。他思緒敏捷得不可思議，而且好奇心極度旺盛。他了解發酵背後的科學原理，且能把身為部門主廚的敬業精神融入實務之中。如果你問的問題他答不出來，請放心，下次見面時，他絕對會做好充分準備。他簡直像是專門設計來和我一起寫這本書的超級電腦。

海螺法式清湯，Noma，2018

這道清湯是在乾米麴所製的油裡燜
煮海螺肉，再注入昆布高湯及更多
的油脂。上菜時把螺肉塞回殼內，
再擺上醃漬香料植物當盤飾。

—

對我來說，這本書的存在很重要。把大家在這裡所做的出色成果記錄下來，意義非凡。但是，若真能把這裡的研究成果應用到餐廳之外的地方，才最令我興奮。我們之前寫過書，但主要目的都不是把我們在餐廳所做的事轉換到家庭廚房之中。一想到全世界的人將會了解我們在 Noma 的烹飪方式，我就熱血沸騰。

我們在發酵上已經努力了十年，而下一步唯一可能會做的，就是這件事。餐廳會影響雜貨店出售的商品，也會活絡我們這類地區的觀光旅遊業——過去從來沒人會來我們這個地區用餐。Noma 的下一階段，就是從事更多的教育，發掘更多烹飪，當人們把我們在頂級餐廳做的一切帶入他們的日常生活中，我們就能創造出全新的飲食文化。

此時，發酵實驗室也不再那麼常有新發現了。我們不斷把發酵技術應用到不同食材，有些酵素跟其他酵素比起來仍然鮮為人知，但我們已經不那麼常意外找到令人驚奇的新產品。你可以用斯堪地那維亞半島的各種海鮮來製成古魚醬（garum，一種古代的魚醬，稍後會有詳細解說），而且成果都很好，只是中間的細微差異就變得很難分辨。我們希望這些知識流傳出去之後，讀者不僅能同樣體驗到探索的樂趣，而我們也能從中得到一些收穫。我們期盼此舉能刺激發酵這個領域的進展。也許你們其中有人從這裡學到東西後，會再從中發展出全新的

事物。若我們夠幸運，這些新發現還能回到 Noma，帶領我們繼續前進。

我全心全意相信發酵，這不僅是釋放風味的方法，也是製作好食物的方法。人們不停爭論發酵食品與腸道健康的相關性，但無可否認，當餐食中富含發酵食物時，我的身體感覺比較好。在我成長過程中，到最好的餐館用餐就代表接下來幾天都會反胃、腹脹，因為大家總以為美味的食物必須又油又鹹又甜。我夢想中的未來餐館，不只能讓你品嘗到新的風味、擁有新的體驗，還能真正對你的身體及心靈有益。

期待這本書可以成為家庭廚師和餐廳大廚的發射臺。當初我們構思目標讀者時，我和大衛想到的一直是熱愛為家人下廚、就連週末也煮個不停的父母，以及能懂言外之意，並生出新穎想法的專業廚師或主廚。

學習發酵的科學和歷史，學會自己動手發酵，應用當地食材，並使用發酵成品來做菜，這改變了 Noma 的一切。一旦你如法炮製，並把這些令人驚豔的成果放在手邊備用（無論是乳酸發酵的水果、大麥味噌、米麴，還是烤雞翅版古魚醬），下廚將更加輕而易舉，而食物也將變得更加複雜、細緻而美味。

瑞內・雷澤比

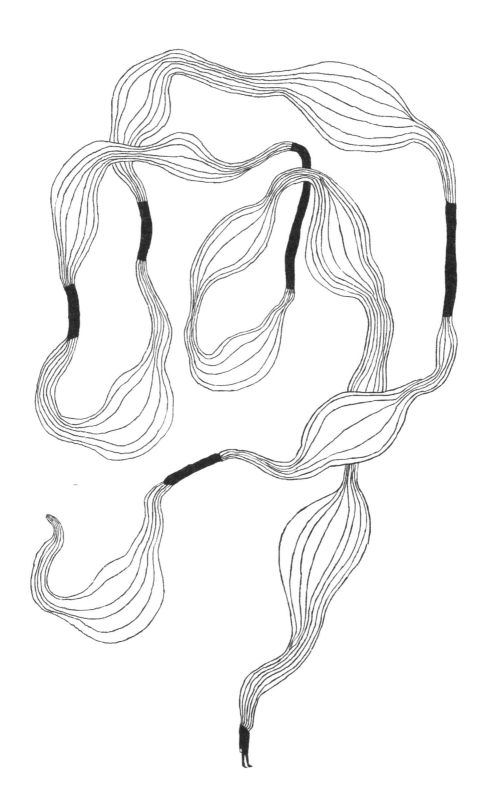

關於本書

發酵物有千百種，從啤酒、葡萄酒到乳酪，再到泡菜到醬油。當然，這些都是截然不同的產品，但製作的基本過程是一致的。微生物（細菌、黴菌、酵母菌或其組合）會分解或轉化食物中的分子，從而產生新的風味。例如，以乳酸發酵的泡菜，細菌會消耗糖分並產生乳酸，使蔬菜及浸泡的鹵水變酸，不但能保存蔬菜，也會讓蔬菜具有更多風味。一連串的二次反應會產生層層風味和香氣，這是未經發酵的原始食物所不具備的。無論是胡蘿蔔醋中殘留的少許甜味，還是玫瑰康普茶中野玫瑰的花香，最好的發酵物總是能把食物轉化成全新的東西，同時又保留了食物的大多數原始特色。

本書完整介紹了我們在 Noma 所採用的發酵方法，但這絕不是百科全書式全方位收錄所有發酵法的指南。我們只探討廚房中不可少的七種發酵類型：乳酸發酵、康普茶、醋、米麴、味噌、醬油和古魚醬。此外還有「黑化」的水果和蔬菜，這些蔬果就定義而言並不是發酵物，但在製造和使用上則和發酵大同小異。

本書顯然也少了酒精發酵、香腸火腿、乳製品以及麵包方面的研究（光是麵包本身就值得出一本書了）。當我們在試著把糖發酵成酒精時，總是會同時做出其他東西，例如醋。我們和出色的葡萄酒和啤酒釀酒師也一直合作密切，在他們面前可不敢班門弄斧。香腸火腿等熟肉尚未在我們的菜單中扮演要角，不過未來幾年，我們打算更深入研發肉品發酵來歡度每年秋天的狩獵季。我們餐廳雖有自製乳酪，但供應的通常是新鮮或未經發酵的乳酪（不過我們對優格和法式酸奶油並不陌生）。我們用來入菜的手作陳年乳酪，是由傑出的斯堪地那維亞當地酪農包辦。

本書一章講解一種發酵物，我們會提供相關的歷史背景，

並探索發酵過程中的科學機制。不同發酵物背後有許多共通的概念和微生物作用，因此有些概念會在書中重複出現，並不斷發展。例如，要製作醬油、味噌和古魚醬，你首先需要了解如何製作米麴，這是一種美味的黴菌，生長在煮熟的穀物上，酵素的作用非常強大，需妥善控制。話雖如此，你仍可自行選擇有興趣的主題來翻閱。你無需讀完整本書，仍然可以全面了解每種發酵物。

每章都附有一份詳盡的基礎配方，這是發酵概念的實際應用，並引導你逐步完成各種發酵類型的代表性範例。在大多數情況下，並不會有單一的「正確」方法，因此配方中會納入多種方法，並提示可能會出現的問題。我們會詳盡說明，有些甚至可能超出你的需要，但我們希望你在首度嘗試時，能像我們的主廚一樣自在自信地處理這些發酵物。即使可能需要一點耐心和投入，你也可以而且絕對應該製作自己的醬油、味噌和古魚醬。一旦你品嚐到努力的成果，之後下廚時大概就離不開這些東西了。而且，第二次會變得更容易。

在你深入閱讀了發酵的基礎知識後，你或許就會覺得，把同樣方法應用在其他食材上不是什麼難事。但是為了讓你得到更多靈感，每章都會納入幾種變形，以闡明同一項技術的不同面向。在某些情況下，這些變形所使用的方法會不同於基本配方，但是請放心，我們會詳述這些相異之處，並說明我們為何這麼做。

最後，只要按照配方進行，你就會看到發酵如何實際應用在日常烹飪之中，其中許多是我們在 Noma 備料的過程中獲得的啓發。你可以想像，當 Noma 的廚師運用書中的發酵法在自己的家中做晚餐時，就會這麼做。我們以較不正式的方式寫下這些簡短的食譜，在這方面，我們深受

烤牛髓，Noma，2015

以牛肉版古魚醬和接骨木莓醋醃製牛髓，
再以煤炭烘烤。擺上甘藍葉，再放上幾匙
乳化的焦糖化牛肉版古魚醬，以及用乳酸
牛肝菌水（lacto cep water）調味的白醋
栗汁。

冰鎮牡蠣佐鹽漬青鵝莓
Noma，2010

丹麥牡蠣稍微汆燙過，搭配少許乳
酸發酵青鵝莓及其汁液。

博物學家尤內爾・吉本斯（Euell Gibbons）的影響，他以優美的文字描述了食物採集，而採集是我們念茲在茲的另一件事。吉本斯在《追尋野生蘆筍的蹤跡》（Stalking the Wild Asparagus）一書中詳述了如何辨識並採集野生植物，然後以流暢的對話形式提供食譜，建議（而非規定）你如何處理戶外採集到的神奇食材。我們在此也嘗試使用相同手法。關於本書發酵物的運用，我們不會逐步詳細介紹，因為細節遠不及可能性來得重要。即使你不想動手製作發酵食物，你也能在本書中找到市售發酵物的各種新用途。

烹飪這個領域塞滿了令人迷惑且陌生的術語，而本書的用意是驅散一些迷霧。過去十年，我們一直在為自己考察和研究發酵，現在，我們要嘗試與你分享我們在發酵上學到的一切。但更重要的是，我們希望你透過這本書來製作和使用神奇的發酵物時，也能跟我們一樣感到興奮和驚奇。

發酵入門
Primer

—

1.

發酵
是怎麼一回事？

在深入探討發酵實際的來龍去脈之前，我們首先要清楚定義發酵是什麼。

在最基本的層面上，發酵是經由微生物來轉化食物，無論是細菌、酵母菌還是黴菌。更具體來說，是透過那些微生物所產生的酵素來轉化食物。最後，按照最嚴格的科學定義，發酵是微生物在無氧情況下將糖轉化為另一種物質的過程。

發酵一詞來自拉丁文「fervere」，意為「沸煮」。古羅馬人看到桶子裡的葡萄自行冒泡並轉化為葡萄酒，就以他們所能想到最接近的類比來描述這個過程。事實上，桶中那些冒著氣泡的葡萄與沸煮無關，**而是**在科學意義上真正的發酵，因為酵母產生的酵素將葡萄中的糖轉化為酒精。

然而，我們所認定的發酵並不都能完全符合這個定義。米麴完全忠於這個定義，但 Noma 的古魚醬就不是。在米麴中，**米麴菌**會深入米或大麥的穀粒，產生酵素，將穀類的澱粉轉化為單醣和其他代謝物。這就是所謂的**初級**發酵過程。另一方面，本書中的魚醬是**二次**發酵過程的產物。

品嘗食物時會用到舌，也用到腦。

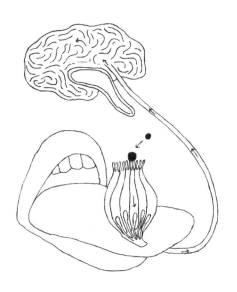

爲了製作古魚醬，我們混和了米麴與動物蛋白，以利用初次發酵過程中產生的酵素。

本書沒有區分初次與二次發酵的過程，但是當你在尋找自己的發酵方法時，掌握這些定義可能會有幫助。

發酵為什麼會美味？

味覺是人體的感官之一，要了解哪些味道對我們有益，我們必須了解味道在人類演化史中扮演的角色。我們所有的感官都有助於我們生存。我們的味覺和嗅覺形成已久，爲的是鼓勵我們吃有益於身體的食物。我們的舌頭和嗅覺器官是複雜到難以置信的系統，這些器官接收了周圍世界的化學線索，並將這些訊息傳遞到我們的大腦。味道讓我們知道，成熟的水果很甜，因此富含高熱量的糖；或是植物的莖很苦，很可能有毒。我們生來就討厭某些風味（經驗會增強這種知覺），使我們一聞到病原菌感染的腐肉惡臭就感到噁心，同時把烤肉的氣味視爲垂涎的美味，因爲那向我們的大腦指出，這些即將入口的東西富含蛋白質。

所有發酵都包含多種生物學作用的過程，但從味道的角度來看，對我們最重要的是那些將大分子鏈分解成其組成成分的過程。米、大麥、豌豆和麵包等食物澱粉，實際上是由葡萄糖（單醣）分子連結而成的長鏈。大豆、肉類中富含的蛋白質，則是由長而彎曲的胺基酸鏈以類似的方式構成，這些胺基酸是地球上所有生命不可或缺的有機小分子。麩胺酸是其中一種胺基酸，我們的味覺受體將之標記爲鮮味。鮮味這種難以捉摸、令人渴望的味道，是菇蕈、番茄、乳酪、肉和醬油等食物的共通特性。

那麼，發酵爲何這麼令人讚賞？澱粉和蛋白質的分子太

大，我們的身體無法注記爲甜味或鮮味。但是，澱粉和蛋白質一旦經由發酵分解爲單醣和游離胺基酸，食物就會明顯變得更美味。用米製成的米麴具有強烈甜味，普通米飯則沒有。以製作古魚醬的方式來發酵生牛肉，會產生出一種原始的美味。

簡而言之，負責發酵的微生物會將複雜的食物轉化爲人體所需的原料，讓食物更易於消化、更有營養，也更美味。我們喜愛這些微生物產生的味道，這些味道因而得以伴著我們一同演化。人類從事發酵活動已久，因此許多負責發酵的菌都可以視爲馴化的生物，就像家貓或家狗一樣。寵物如果餓了或感冒了，可能會巴望著你的照顧，但是要理解微生物，可能就有點棘手。人類與微生物的互惠關係，需要人類付出一些努力才能夠皆大歡喜。這就是發酵者的工作。

給微生物好環境 ————

腐敗和發酵只有一線之隔，而我們最好把這條線理解爲眞正的線，就像你在俱樂部外面會看到的那種線。腐敗是每個人都可以進入的俱樂部：細菌和眞菌、安全或不安全

複雜的胺基酸鏈組成蛋白質，是生命的基礎。

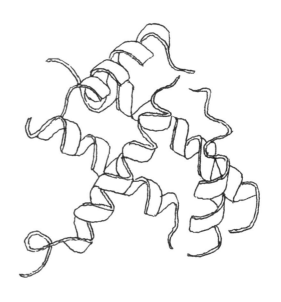

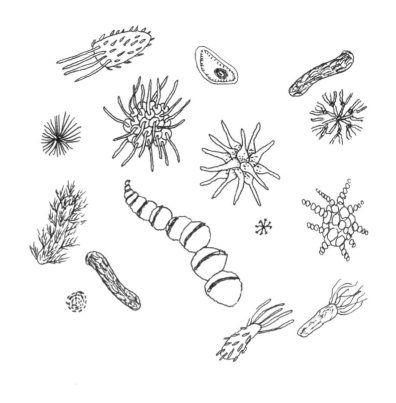

的、增進風味或破壞風味的，統統都可以。當你發酵某種
東西，你就要扮演保鏢，把不想要的微生物擋在門外，只
放那些可能讓派對嗨翻的微生物進入。

你有幾種工具可以運用，看是要助長主力微生物，或是抑
制其他微生物。有些生物對酸的耐受性較強，有些則對
氧、熱或鹽度的耐受性較強。如果你知道微生物在什麼環
境下發揮得最好，便可以利用環境調控來達成目的。本書
的每一章都會詳細介紹成功發酵所需的條件，但是初學者
可參考以下概述，以一一認識能為我們效力的微生物。

細菌（Bacteria）

在最早的生命形式中，細菌是幾乎遍及世界每個角落且數量多到難以計數的單細胞生物。科學知道的只有其中一小部分。有些壞菌所產生的毒素，能殺死龐大得多的生物。同時，我們體內外也住著數十億的益菌。總之，大多數細菌對我們是無害的。

乳酸菌（Lactic acid bacteria, LAB）

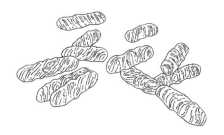

乳酸菌是大量生存在水果、蔬菜和人類表皮的桿狀和球形細菌。我們利用乳酸菌把糖轉化為乳酸的能力，讓酸菜、泡菜和其他乳酸發酵產品具有獨特酸味。乳酸菌能產生乳酸，所以能夠耐受高酸度的環境。乳酸菌還耐鹽、厭氧，這意味著它們能在缺氧的情況下蓬勃生長。

醋酸菌（Acetic acid bacteria, AAB）

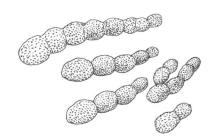

醋酸菌就跟乳酸菌一樣，是為數頗豐的桿狀細菌，存在於許多食物表面。醋酸菌能把酒精轉化為乙酸，因而產生醋和康普茶所具有的鮮明酸味。我們通常會讓醋酸菌與率先把糖轉化為酒精的酵母攜手合作。醋酸菌可耐受自己所製造出的酸性環境，並需要氧氣來產生乙酸，因此被歸類為好氧菌。

眞菌（Fungi）

眞菌涵蓋地球上很大範圍的生命，從單細胞酵母菌到黴菌再到巨大的馬勃菌都是。多細胞的絲狀眞菌，如菇蕈和黴菌，是通過卷鬚狀菌絲收集營養物質而生長的，這些菌絲

會一起造出菌絲體這種網狀系統，類似於植物根部。真菌藉由菌絲體分泌酵素，有效地消化周圍的食物，然後從環境中吸收營養。

釀酒酵母（Saccharomyces cerevisiae）

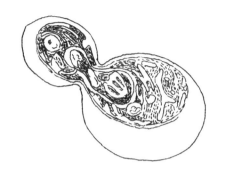

釀酒酵母是極爲有用的酵母，成就了人類最重要的三大飲食支柱：麵包、啤酒和葡萄酒。我們可從自然發酵的麵包和葡萄酒得知，自然界中有大量的釀酒酵母，都藉由將糖轉化成酒精爲生。釀酒酵母分解葡萄糖，利用所產生的化學能來供應生命成長所需的能量，同時產生二氧化碳和乙醇這兩種副產物。不同菌株或亞種的酵母菌都有其獨特性，能產出截然不同的風味。例如，用於麵包烘焙的釀酒酵母，就不適合用來生產啤酒或葡萄酒。酵母可在有氧狀態下存活並繁殖，但酒精發酵則需要厭氧環境。酵母菌在超過 60°C 的溫度下會死亡。

酒香酵母（Brettanomyces）

酒香酵母是桿狀酵母，由於在代謝過程中會產生乙酸，因此用於生產具有酸味的啤酒。酒香酵母在自然界中也存在於水果表皮，市面上很容易買到的「賽頌酵母」即是此類。它可以在有氧環境中生存，但在厭氧狀態下才會產生乙醇。它就像其他酵母一樣，60°C 以上便無法存活。

米麴菌（Aspergillus oryzae）

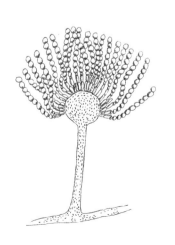

米麴菌大概是本書最重要的微生物，這種孢子狀黴菌，在日本稱爲 Koji。米麴菌的培育已經有數百年歷史，在米飯或麥飯等富含澱粉的食物中，只要高溫高濕，就能以極快速度生長。（一般而言，米麴菌最理想的生長條件是

30°C 的溫度以及 70-80% 的濕度；42°C 以上會死亡。）米麴會分泌蛋白酵素、澱粉酵素和少量的脂肪酵素，能分別分解蛋白質、澱粉和脂肪。我們在生產味噌、醬油和古魚醬時，就是利用這些酵素。

琉球麴菌（Aspergillus luchuensis）

米麴菌的親戚琉球麴菌，能代謝澱粉和蛋白質，並產生副產物檸檬酸。傳統上，琉球麴菌是用來釀造韓國燒酒和日本泡盛酒之類的亞洲烈酒，原因是酒精蒸餾會留下檸檬酸。這種菌種知名度較低，但非常美味。

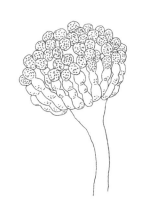

酵素（Enzymes）

酵素不是微生物（它們甚至沒有生命），而是在生物或有機物的內部促進化學轉化的生物催化劑。通常，你可以使用字尾 -ase 來識別，例如蛋白酵素（protease，一種分解蛋白質的酵素）和澱粉酵素（amylase，來自澱粉的拉丁文 amylum，就是用來分解澱粉的酵素）。酵素是一種蛋白質，在演化的過程中建造出來供應各種特定的功能。確切來說，酵素的運作原理相當複雜，但是你可以將本書介紹的酵素理解為鑰匙和剪刀的混合物。從某種意義上來說，酵素是鑰匙，可插入特定的鎖，在作用於某個有機分子時，又不會影響其他有機分子。酵素也是剪刀，可把緞帶剪成一段段。一般而言，酵素在溫暖、液態環境中運作最有效率，但是如果溫度太高，酵素就可能被「煮熟」，無法再發揮作用。

β- 澱粉酵素是一種能夠將澱粉分解為糖分子的酵素。

自然發酵

我們在 Noma 的發酵工作都有賴自然發酵，只是程度各有不同。也就是說，我們創造的環境有利於天然益菌的生長，且不利於壞菌。例如乳酸發酵，我們完全仰賴環境中廣泛分布的乳酸菌——它們就在我們用來發酵的蔬果表面、在我們手上、在空氣中飄浮著。乳酸菌可將糖轉化爲乳酸，以及其他具有風味的代謝物。放手讓自然界自行運作，我們就能在發酵過程獲得細緻而複雜的風味層次，這是以人爲控制特定微生物來發酵所無法達成的。自然發酵是非人爲接種、成效通常非常多樣的發酵。簡而言之，這是發酵最初登場的模樣，至今仍十分有效可靠。

我們在康普茶、醋和米麴單元中，的確將細菌、酵母或眞菌引入發酵作用，以尋求我們想要的結果。然而我們仍然允許也爲促進自然發酵。在製作大批乳酸發酵品時，也是一樣。例如，當我們要一次發酵數百公斤蘆筍時，我們會在鹵水中添加乳酸菌粉。如果出於某種原因，自然出現的乳酸菌無法成功發酵，那麼產品就有可能遭受其他壞菌感染。當你要進行大規模發酵時，大幅增加乳酸菌的數量會是個好方法，較能確保產品安全

回添發酵

要爲微生物預備適合的發酵環境，回添發酵（backslopping）是至關重要的技術。本書會多次提到這項技術，尤其是在生產康普茶和醋的時候。主要的概念就是：在你打算發酵的食物中，加入前一批發酵物的一小部分，以增加益菌的數量。

把適量的梨子酒醋倒入新鮮的梨子酒中，既可以降低液體的酸鹼值，又可以添加適量的醋酸菌。降低酸鹼值（酸化）可減緩甚至阻止任何不耐酸的壞菌作用，並確保有適量的

回添發酵能讓酵種生生不息。

醋酸菌可讓梨子酒發酵成梨子酒醋。回添發酵能創造有利
的環境，讓我們想要的微生物成功生長。

當然，如果是第一輪發酵，你就不會有前一批發酵物來做
回添發酵。這種情況下，得先找到類似的替代品。要製作
書中的醋，建議使用未經高溫殺菌的蘋果酒醋來代替。要
製作書中的康普茶，可以使用風味相近、未經高溫殺菌的
康普茶，也可以使用 SCOBY（製作康普茶的酵種酵母和
細菌；請參見第 111 頁〈合作發酵〉）液體。這樣做的缺
點是，醋或康普茶的純正風味會遭到稀釋。不過沒關係，
因為這樣你就有完美的理由再做一次，而這次你手上就有
醋或康普茶可以進行回添發酵。

清潔、病原體 ——— 和食品安全

基於對工作場所的自豪和對同事的尊重，我們非常重視廚房清潔。然而，為了防止發酵物遭壞菌入侵而變味，甚至更糟的是，導致食安問題，我們對發酵實驗室的清潔和衛生更是加倍重視。在 Noma，我們總是寧願過度謹慎也不願冒任何的險。如果你做出來的東西聞起來**不對勁**（不僅有魚露般的臭味，還有聞了令你作嘔的腐敗味），請相信你的鼻子。如果你只是淺嘗幾口，腸胃便有些不適，請記住，你的身體有種機制，會拒絕可能對你有害的東西。如感到懷疑，請直接丟棄。要是對發酵出來的東西感到不確定，那就扔掉。為了捨不得你投入的數週或數月時間而賠上健康，太不值得。

環境中永遠潛藏著有害的微生物。不論有氧或無氧，細菌都可以在 4.5-50°C 的溫度下快速繁殖，尤其是在潮濕、營養豐富的環境中。當然，這也描述了許多發酵食品的確切製造情況。世界衛生組織和美國農業部均建議，容易遭病原汙染的食品，食用之前最好加熱到 70°C。這是相當嚴厲的防護，對於許多發酵物而言，顯然不可能。話雖如此，你仍應謹慎以對，但不需過度擔心。發酵本來就是值得一試又令人興奮的活動，但也別忘了，你玩的是活生生的彈藥。

在本書中，我們會盡力提供清晰的說明，如果你亦步亦趨跟著做，就能做出安全又美味的成品。不要依賴目測，也不要抄捷徑。當配方要求特定的鹽含量（重量百分比 10% 以上）或酸鹼值（低於 4.5）時，這是為了確保你可以安全地發酵。但是，當然，防止有害微生物進入發酵液的第一步，是確保設備和手在接觸食物之前乾淨無虞。這在某些情況下不是那麼重要，但有些情況下卻很重要。例如，製作米麴時，你需要確保培養室已經過妥善消毒，之後再放入要接種的穀物。而且，在用手操作時，請戴上橡膠或

除了敬虔，最重要的就是清潔。清潔也是安全、成功發酵的關鍵。

乳膠手套以防止汙染（乳酸發酵時除外，原因是皮膚上的少量細菌有助於乳酸菌孳生）。

現在，我們所說的「乾淨」是什麼意思？大學生物實驗室的乾淨和家庭或餐廳廚房的乾淨，兩者的程度是有差別的。我們先來定義一些術語。**清潔**意味著你已經清除了物體表面的可見汙垢。肥皂和水可以清潔表面，但對減少表面的好菌或壞菌並沒有什麼作用。**滅菌**意味著你已經消除了設備和工作檯面（有時甚至是你想要發酵的產品）上的**所有**生命形式，包括病毒、細菌、真菌。這是醫院和微生物實驗室所要求的標準，絲毫不能出錯。本書中的食譜絕對用不到工業強度的高壓滅菌，我們需要的就是**殺菌**而已。對設備或工作檯面進行殺菌，就表示已去除**大多數**微生物。把器具放入洗碗機中高溫沖洗烘乾，或是蒸煮或沸煮數分鐘，已足以確保你工作環境的清潔衛生。如果你的器具是耐熱材質，還可以選擇乾熱滅菌。可將陶瓷、玻璃和金屬器具放入烤箱以 160°C 烘烤 2 小時，確保它們不受汙染。

至於那些無法放入洗碗機的設備或工作檯面，可以使用食物生產和發酵專用的常見消毒劑，例如 StarSan（美國許多自釀店家都有售，臺灣可網購）、蒸餾白醋（全世界的阿嬤都愛用的消毒劑），甚至以 1 公升水兌 20 毫升的家用漂白水來稀釋（之後再用清水沖洗即可）。在 Noma，對於大缸和水桶等大型器物，我們使用過濾水稀釋酒精至 60% 的酒精濃度，也就是每 60 毫升酒精兌 40 毫升水。（要稀釋是因為酒精的濃度一旦過高，會使許多微生物細胞壁的蛋白質凝固，反而會防止微生物死亡。）我們將溶液放入噴霧瓶，並噴灑需要消毒的地方。噴灑後靜置 10-15 分鐘，再用紙巾擦拭乾淨。

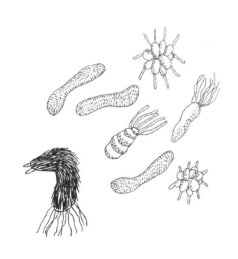

許多微生物都是有益的,而且大多數都無害。不過還是有幾種壞菌會致病。

最後,儘管本書花了大量時間介紹這些負責發酵的神奇微生物,但認識那些會使食物變壞的微生物也一樣重要。在充分了解病原菌和黴菌,以及它們可以忍受的狀態之後,你就更知道要怎麼排除他們。

肉毒桿菌 (Clostridium botulinum)

肉毒桿菌是引起肉毒桿菌中毒的芽孢菌。它是一種厭氧菌,可在營養而溫暖的環境中繁衍生息。它的孢子在土壤和水中通常處於休眠,等環境一變得有利,就開始傳播並釋放強大神經毒素。僅攝入 1 微克的肉毒桿菌毒素就足以引發重症。肉毒桿菌毒素無色無味,因此,確保安全的唯一方法是落實每一個步驟。

儘管肉毒桿菌中毒的情況很少見,但會出現在冷藏不當的動物產品或罐裝不當的蔬菜產品中(罐裝溫度不夠高,或罐裝液體酸性不足)。有鑑於細菌的孢子通常都出現在土壤中,因此發酵根、球莖和塊莖時,應特別留意。例如,製作黑蒜時,你必須將蒜瓣保存在高溫的厭氧環境中。然而,肉毒桿菌無法在 60°C 的持續溫度下生存。你的責任就是確保加熱室的溫度高於 60°C。

在水的活性低於 0.97(鹽度為 5% 以上)的液態培養基中,以及酸鹼值低於 4.6 的酸性環境中,肉毒桿菌很難生存。本書許多發酵在開始時,鹽度低於 5%,酸鹼值高於 4.6。但是,只要有適度的鹽含量,再加上逐漸增加的酸度,在這雙重作用下,通常就足以抵禦壞菌。例如,用 2% 的鹵水醃漬蔬菜,含鹽量已足以抑制肉毒桿菌,而乳酸益菌則會進一步降低酸鹼值。如果發酵液的酸鹼值在開始的兩天內低於 5,並在發酵完成時達到 4.6 以下,一般而言會被認為是安全的。

大腸桿菌（Escherichia coli）

許多大腸桿菌菌株實際上是無害的，並且是正常腸道菌群的一部分，但某些菌種可能導致嚴重的食物中毒。這些細菌通常是經由不衛生或受汙染的肉製品傳播。工作檯面和器具的交叉汙染，是大腸桿菌相關疾病的常見原因之一。如果有大腸桿菌，以冷水正確、徹底地清洗蔬菜，就能大幅減少病原體的數量。至於像牛肉版古魚醬這樣的產品，10% 以上的鹽濃度就能殺死微生物。最重要的是，魚醬發酵時的高溫會提供多一層保護。

沙門氏菌（Salmonella）

沙門氏菌是桿狀細菌，通常會出現在生的家禽產品、未經高溫消毒的乳品，以及未洗滌的水果和蔬菜中。為避免沙門氏菌導致食物中毒，最高指導原則就是竭盡所能避免生禽的交叉汙染。例如，為了製作雞翅版古魚醬而烹調雞翅，請確保所有器具都經過清潔及殺菌，再拿去用在最後階段的食材準備。沙門氏菌與大腸桿菌一樣，最低水活性程度為 0.95，這意味著鹽度高於 10% 就能殺死沙門氏菌。

致病黴菌（Pathogenic molds）

成千上萬的野生和侵入性黴菌，會無所不用其極地在你出手之前吃掉你的發酵物。許多微小的黴菌孢子是空氣傳播的，也有一些是附著在水中或是昆蟲的背上傳播。並非所有黴菌都有害，但如果這個黴菌不是你加入的，最好不要冒險。

在本書許多發酵實例中，我們都是在為有益的黴菌創造理想的生長環境，因此，針對致病黴菌所能採取的最佳預防

措施，就是清潔和除菌。消除所有不受歡迎的客人，才能確保他們以後不會來搞破壞。另一種方法就是以數量壓倒前來競爭的黴菌。製造米麴時，我們把米麴菌孢子大量接種在蒸熟的大麥上，以削弱競爭對手。製造魚醬和醬油之類的發酵物時，鹽含量會延遲黴菌生長。頻繁攪拌以及清潔容器內壁，能把發酵物表面的所有孢子捲入鹹水之中，斷絕空氣接觸。製作康普茶時，只要不斷把液體潑灑在SCOBY 表面以保持濕潤，通常就足以保持 SCOBY 酸化和不長黴。最後，黴菌是最容易發現的病原體。製作味噌之類的東西時，你可以直接刮掉表面形成的任何黴菌。

酸鹼值（pH 值）

酸鹼值是化學中極為重要的量度，也是發酵中要考慮的關鍵因素。簡而言之，它可以幫助你測量酸度。酸鹼值的標度最早是 20 世紀初左右在哥本哈根的嘉士伯實驗室中構思的。它測量水溶液中氫離子（H^+）和氫氧根離子（OH^-）的濃度差，數值從 0 到 14，每增減一個數值，就表示離子濃度增減十倍。

在蒸餾水（純 H_2O）中，氫離子和氫氧根離子會彼此保持精確平衡，酸鹼值剛好在標度正中間，也就是 7，既不是鹼性也不是酸性，而是中性。當氫氧根離子的數量超過氫離子，這個物質就稱為鹼性，此時酸鹼值高於 7。當氫離子的數量超過氫氧根離子，這個物質就呈酸性，此時酸鹼值低於 7。你可以找到的最酸物質，例如鹽酸（胃酸的一種成分）和硫酸（汽車電池中會有），其酸鹼值接近 0。最鹼的物質，例如氫氧化鈉（鹼液或排水孔清潔劑中會有），其酸鹼值接近 14。

在本書中，我們有時會試圖控制或改變發酵液的酸鹼值，

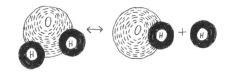

水溶液（H_2O）會解離成帶負電的氫氧根離子（OH^-）與帶正電的氫離子（H^+），而解離的比率決定了溶液的酸鹼值。

這會影響到微生物的繁殖和傳播能力、酵素正常運作的能力，甚至最後發酵物的味道。有時，我們會想藉由微生物製造出的乳酸、醋酸或檸檬酸來降低發酵液的酸鹼值，讓發酵物嘗起來更酸。我們也使用鹼性溶液，例如用馬薩玉米麵團製成的味噌，就是在氫氧化鈣溶液中煮沸玉米，以引發出玉米粒中的花果香調。

你可以用一些工具來追蹤酸鹼值，包括試紙或電子儀表。比較嚴格的發酵者可能會覺得這些工具雖然有用，但親口品嘗最可靠。畢竟，你所認定的可口，將決定你心目中「正確的」酸鹼值。

鹽和烘焙百分比 ────

在安全且成功的發酵中，鹽舉足輕重。首先，鹽能有效抑制微生物和人類的某些生理功能。（因此如果你被困在海上，喝鹽水會致死。）鹽是鈉和氯的離子化合物，溶於水時會分解成離子海。自然討厭不平衡，因此水和溶解其中的鹽離子將盡可能均勻擴散。將一塊肉或細菌細胞放入鹽水，鹽離子會極力往細胞內部流，內部的水則會往外流，以達到最終平衡。這是鹵水運作的原理，也是鹽殺死沙門氏菌等病原體的機制。鹽會使細菌的細胞滲出水來，直到細菌萎縮並死亡（相關內容詳見 367 頁〈鹽／水〉）。了解不同微生物的耐鹽性，就能讓發酵成品大不相同。

因此，我們強調要精確測量鹽量，通常以重量百分比表示。請注意，在 Noma 的發酵實驗室中，我們使用的是烘焙百分比，也就是如果食譜要求在 1000 克的李子中加入 2% 的鹽，意思是鹽的重量為李子重量的 2%（即 20 克），而不是李子**和**鹽總重量的 2%（即 20.4 克）。差異其實並不明顯，但使用烘焙百分比可以簡化數學運算。

最後，鹽的種類也會造成差異。我們要的是無碘鹽，因為碘是輕度的抗菌劑。儘管使用標準食鹽不會阻絕發酵，卻可能會妨礙益菌茁壯。猶太鹽效果很好，你應該可以在地區雜貨店買到（編注：臺灣可上網購得）。富含礦物質的海鹽（例如鹽之花）也很棒，更可實際改善乳酸發酵物的質地。

製作發酵箱 ————————

從米麴那章開始，你會發現本書中的某些配方需要特定的溫度和濕度條件。建造發酵箱有多種選擇，具體方案則取決於你打算生產的量，以及你的設備要做到多精巧。在 Noma，我們有專用的發酵箱，裡面有正確且精準的溫度和濕度控制。我們在雪梨開「快閃餐廳」時，把放置掃帚的壁櫥改裝成發酵箱。你也可以使用退役的冰箱、以塑膠罩蓋住的角鋼層架、保麗龍保冷箱，或是木箱。好的容器有兩個基本標準，就是隔熱性和耐水性。米麴那章（見 211 頁）就有說明你需要控制哪些因素及其重要性。

在剛開始進入發酵世界的摸索階段，其實電鍋或慢燉鍋等設備就可足以達成本書中的某些流程。（請注意，你會需要沒有自動關機功能的設備，因為某些食譜會要你持續發酵數週。）然而，一旦你一頭栽入發酵世界，就必須建立更大、更準確的發酵箱。

在這裡，我們概述兩種適用於小型發酵計畫的發酵箱。裡面的組件都可以上網購得，或是在一般五金行或餐飲設備商店購得。這些組件都可能比直立式攪拌機更便宜。

塑膠罩角鋼層架

要用層架來做發酵箱，你需要：

- 角鋼層架：這是發酵箱的骨架。餐廳會使用角鋼層架來盛放烤箱拿出來的食材或食物托盤。層架由輕而堅固的鋁製成，並配有軌道，可以滑入焙烤盤或方形調理盆。層架的高度從1-1.75公尺不等。層架要有厚重的塑膠（乙烯）罩覆蓋，塑膠罩兩側還要能拉上拉鍊。罩子會留住熱量和濕氣，而拉鍊能方便你把手伸入罩子內部操作。你還會需要一些符合層架尺寸的托盤。樣式和數量將取決於你選擇製作的發酵物。

- 小型空間加熱器：那種可以放在桌腳用來保持腳部溫暖的加熱器（暖氣）。如果加熱器配有風扇會更好。如果沒有，請購買一個簡單的小風扇。

- 溫度控制器，例如 PID 控制器或恆溫器：當發酵箱溫度受到外部影響而出現變化，溫度控制器就會調節發酵箱溫度。溫度控制器必須能直接接上加熱器。這是專業裝置，但並不複雜也不昂貴。它必須要有探針，能探入發酵箱去測量內部溫度，甚至探入發酵物本身，例如製作米麴時。

- 小型加濕器（只有製作米麴會用到）：那種放在兒童房中防止鼻塞的機型。另外，還要一個簡單的濕度計來測量濕度，看起來有點像烤箱溫度計。或使用調濕器，功能類似恆溫器。雖然價格稍貴，但可以調節發酵箱濕度，簡化流程。

製作發酵箱 1：
以塑膠罩覆蓋角鋼層架

1. 組裝角鋼層架，再把一兩個托盤放入下層架上。兩個
   托盤的間隔要夠高，才放得下加熱器、加濕器，以及
   濕度計或調濕器（如果加熱器沒有內建風扇，就要再
   加個風扇），並且不會互相干擾。將設備放在托盤上，
   然後把電線從層架底部拉出。

2. 溫度控制器要放在箱外。依照說明書指示插入並調整
   到正確溫度。本書所進行的發酵，溫度會是 30°C 或
   60°C。將溫度探針插入發酵箱，把加熱器接上溫度控
   制器。

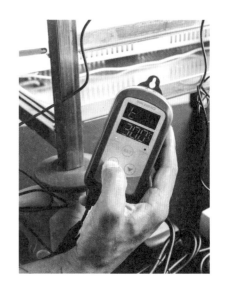

3. 濕度計或調濕器不要正對著加濕器吹出的氣流。加濕
   器注滿水，插上電源，濕度設定成中等。請注意，我
   們要使用的電線很多，因此請使用適當額定電流的延
   長線。

4. 把塑膠罩套上角鋼層架，並拉上拉鍊。空氣能夠從底部進入發酵箱，這就能滿足大多數發酵所需。在60°C發酵時，最好能在塑膠罩上方或下方加一層隔熱層。乾淨的棉被或羊毛毯就很適合。

5. 拉上塑膠罩，讓發酵箱達到所要的溫、濕度。如果你沒有調濕器，可以先確認濕度計上的刻度，再來設定加濕器。溫度則交由溫度控制器來調節。

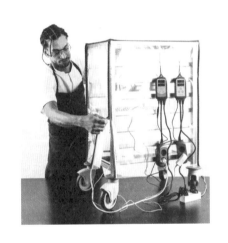

6. 放入發酵物。請留意溫度控制器，確保溫度下降或升高時能開關加熱器。你可能會看到溫度上下漂移一兩度，這是正常的。

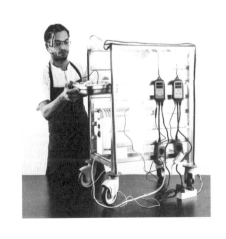

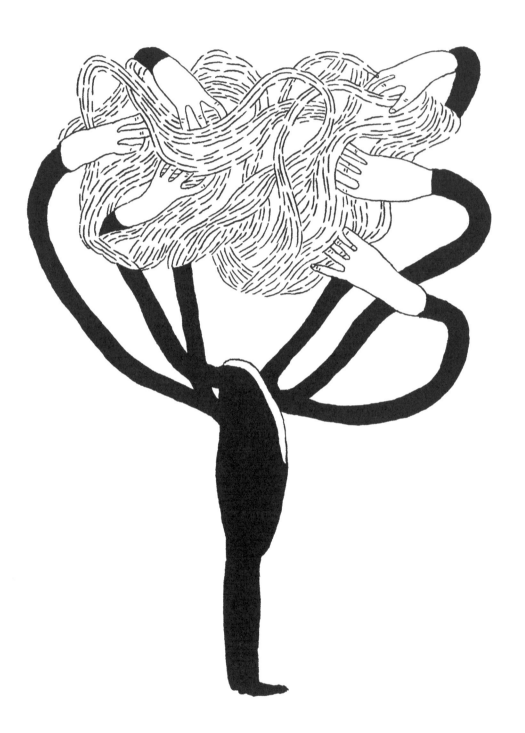

保麗龍保冷箱

要用保麗龍建造發酵箱，你需要：

- 保麗龍保冷箱：保麗龍是絕佳的隔熱素材，而保麗龍保冷箱的價格相當便宜且容易購得。本書圖片中的尺寸為 60×40×30 公分。

- 電加熱墊：用於苗圃中為蔬菜催芽（尋找「育苗加熱墊」）以及為爬行動物玻璃容器保溫（尋找「爬行動物加熱墊」）的類型。加熱墊由電阻線圈組成，外層包覆厚厚一層塑膠，以在較大的表面積均勻供熱。你可以找到各種尺寸，通常都防水又好清潔。

- 溫度控制器：一如角鋼層架的設置，這種儀器能作為恆溫器，調節發酵箱的內部溫度。許多型號都有供螺釘鎖上的小孔，因此很容易就能附掛在箱子外部。

- 較小的加濕器（製作米麴用）：越小越好。再加上一支簡單的濕度計（看起來有點像烤箱溫度計），用來測量濕度。或者，你可以使用調濕器，功能與恆溫器非常相似。雖然價格稍貴，但可以直接調節箱內的濕度，簡化流程。

- 一具三腳架，或幾個螺絲：在大多數情況下，發酵物都要盡量遠離底部的保冷箱。三腳架可以解決這個問題，但若要讓空氣更流通，請購買四根螺釘，要夠長夠堅固到足以釘穿保冷箱的壁面，以支撐裝有食材的托盤。

製作發酵箱 2：
保麗龍保冷箱改造成發酵箱

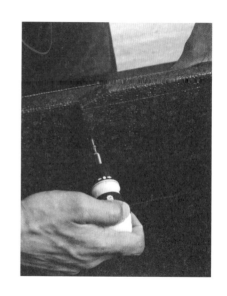

1. 確定保麗龍保冷箱已清潔並殺菌。如果要製作米麴，
    請購買四根夠長夠堅固的螺釘，鑽入保冷箱壁面約一
    半處，以支撐放置米麴的托盤。

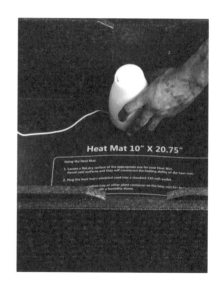

2. 將加熱墊和加濕器放入容器。盡量讓加濕器遠離加熱
    墊，並從箱子拉出電線。加濕器的濕度設為中等，然
    後打開。若有使用濕度計，就放置在加濕器旁邊（但
    不要正對著加濕器吹出的氣流），以保持濕度。

3. 把加熱墊接上溫度控制器，並按說明書指示設定到
    目標溫度。本書所進行的發酵，溫度會是 30°C 或
    60°C。把溫度探針插入發酵箱。

4. 把發酵箱調節到所需的溫度和濕度。如果沒有調濕器，你可以檢查濕度計的刻度，然後手動調整加濕器來調節濕度。溫度則交由溫度控制器來調節。

5. 放入發酵物。請留意溫度控制器，確定溫度下降或升高時加熱器會開啟或關閉。你可能會看到溫度上下漂移一兩度，這是正常的。

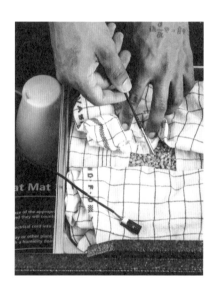

6. 蓋住發酵箱。要維持 60°C 的發酵物，請盡量密閉以保持溫度。若是米麴，就讓發酵箱的一側稍微打開，讓新鮮氧氣流入。如果你擔心蓋子會闔上，可以在瓶口放一根螺絲撐開瓶口。

你的想像力到哪裡，發酵之旅就能
走到哪裡。

跳出酸菜的 ———————
發酵框架

我們希望你在讀了書中內容並依照其中一兩道食譜製作出
發酵物之後，你會開始有信心自己進行創作。我們希望你
能把所學的拿出來應用到其他食材上。我們在 Noma 進
行的發酵研究，目的之一是希望把發酵技術從原本的文化
框架中獨立出來，以觀察同樣的生物過程作用在不同食材
時會發生什麼事。這並不是要漠視文化史的重要性，而是
想了解其他烹飪傳統可以如何增進我們這個文化的飲食。

例如，泡菜和酸菜是世界上最知名的兩種乳酸發酵產品。
把歷史悠久的食品和其生產技術區分開來，可說是重要的

一步。一旦你了解某種發酵過程的作用，也就是如何轉變食材、能增強什麼又削弱什麼，你就可以推敲還有哪些食材也適合運用同樣的處理方式。何以甘藍很適合做成酸菜？還有哪些食材也具有類似特質？還有哪些調味料可以用來輔助乳酸發酵所產生的酸？我們在 Noma 發酵實驗室，就是為此而進行了許多工作，我們也因此獲得了非常成功的產品。

請記住，實驗難免會失敗，但不要氣餒！本書中的每道食譜都是從某個想法出發，在經歷無數失敗之後慢慢調整，才能變得美味。事情沒有照著計畫走，才可能遇到驚喜和喜悅。

取代市售的 發酵產品

我們希望，即使書中的發酵物你一項都沒動手製作，也可以對發酵和烹飪的世界有更深入的了解。我們希望各地的廚師和餐廳大廚都能看到發酵產品的效用和價值，不論是否從頭開始製作。醬油不是只能當蘸醬，味噌也不是只能煮湯。如果你在本書中看到某項建議而感到心動，例如醬油焦糖，你不需要覺得必須自己製作醬油。用市售醬油就可以了。

我們還了解到，本書中的某些食譜結合了多種發酵物，有時是必要，有時則是為了強調不同食材放在一起可能會產生強大而美味的相互作用。在這種情況下，你可能只需製作一種發酵物，輔助品未必要做。或者，用替代品也足以完成一道食譜，並讓你了解自己想要的是哪種風味。

不幸的是，我們從來沒有見過與馬薩味噌（見 312 頁）或蚱蜢版古魚醬（見 393 頁）夠相似的東西，但是在這裡，

你可以從表中找到一些適用也好用的「近親」發酵物。同樣的，品質至上。市場上總會有更便宜或更精製的產品，而就發酵物而言，選擇可能很多。根據你的判斷和朋友或雜貨店員的建議，來斷定哪些產品是精心製作的。

我們的發酵物	市售的近親產品
巴薩米克式接骨木莓酒醋（201 頁）	傳統巴薩米克紅酒醋
珍珠大麥麴（231 頁）	乾米麴
黃豌豆味噌（289 頁）	日本岡山味噌
黑麥味噌（307 頁）	日本八丁味噌
黃豌豆醬油（338 頁）	生醬油
牛肉版古魚醬（373 頁）	伍斯特醬
玫瑰蝦版古魚醬（381 頁）	魚露（紅船牌）

度量單位 —————

不論是在 Noma 還是在本書，我們都使用公制度量單位，因爲公制的準確度和正確性都遠高於英制。倘若些微差異就會影響成品的成敗，正確性就十分關鍵。就算鹽含量的濃度只差 1%，最後的結果可能是讓你從想向所有朋友大肆炫耀，變成提都不想提。

寫給我們多疑的美國讀者：請了解公制單位無比合理，大多數的廚房測量工具都會納入公制標記和設定。使用公制系統，可以測量重量（克和公斤）和體積（毫升和公升）。爲了簡單起見，本書許多食譜使用的都是重量而不是體積：將空碗放在秤上，扣重歸零（也就是把讀數調整爲零，從而扣除碗的重量），然後放上食材，加到你所要的重量。如此一來，食材就不需要在量杯和調理碗之間移來移去。

能精準到公克的廚房電子秤對於本書食譜至關重要。你不需要花很多錢，就能買到高品質的秤。請確保手上有備用電池，才不會做到一半被耽擱。最後，我們列出了每種食譜的大致產量，這樣你才有概念會得到多少成品，不過要按比例調高或調低產量也都很容易。但請留意所需容器的尺寸。在某些情況下，可能需要在罐子或缸中預留一些空間，尤其如果調高產量，容器可能也需要跟著加大。

2.

乳酸發酵水果和蔬菜
Lacto-Fermented Fruits and Vegetables

—

由甜轉酸

Noma 的菜單上，每一道菜都跟乳酸發酵有關。乳酸發酵的實用性無遠弗屆。

乳酸發酵物能為接觸到的所有食物帶來果香、酸味和鮮味。例如，乳酸發酵的牛肝菌會產生味道意外強勁的汁液，我們用來調味新鮮海膽。在每一條海膽上滴一兩滴，這個風味能使你的毛髮豎立，因為它以不可思議的方式激發並凝聚了海膽的風味。這就像是調高照片中海膽影像的飽和度和對比。至於原本那株牛肝菌，我們把它浸泡在糖漿中，瀝乾，然後浸入巧克力，製成糖果，作為餐後搭配咖啡的甜點。

幸運的是，乳酸發酵其實很容易。過程很簡單：秤量你的食材，添加鹽量至 2%，然後等待。要放多少天，取決於你最終想要達到的酸味。

這一切都要感謝乳酸菌（乳酸桿菌）的辛勤工作。乳酸菌把糖轉化為乳酸，這就是製成酸泡菜、酸菜、黑麥麵包、酸麵團、優格和酸啤酒背後的祕密。乳酸菌也參與了葡萄酒、乳酪和味噌的製作（不過作用範圍較小），從而讓這些食物以及眾多重要發酵食品產生細緻而豐富的風味。

這是微生物的世界，我們也身處其中。

一般而言，乳酸菌是耐酸耐鹽的桿狀和球狀細菌。乳酸菌是厭氧的，這意味著它們可以在沒有氧氣的情況下蓬勃生長。乳酸菌消耗碳水化合物（大多是糖），並產生乳酸這種代謝物（代謝的副產物）。這個化學過程中，細菌利用酵素分解葡萄糖（$C_6H_{12}O_6$）以控制其化學位能，從而將每個葡萄糖分子轉化為兩個乳酸分子（$C_3H_6O_3$）。

乳酸菌菌種依發酵形式又分為兩種，一是專門用來把糖轉化為乳酸的「同型發酵菌」，以及不屬於同型發酵菌的「異

不同品系的乳酸菌，會帶來不同的
風味。

型發酵菌」。這代表乳酸菌的代謝產物不僅有乳酸，還會有其他分子，例如酒精、二氧化碳或醋酸。某些種類的乳酸菌能夠將蛋白質分解爲胺基酸，切達和帕爾瑪這類乳酪那難以言喻的美味就是來自這些菌。

乳酸菌就跟人類一樣，是勤勞的生物，戮力占領了世界。它們存在於哺乳動物的乳汁中，這表示你從誕生之初就與這些細菌有頑強的連結。對我們來說，幸好乳酸菌也幾乎存在於所有你想發酵的蔬果表皮和葉片上，耐心地等待符合它們需求的生存條件。

在 Noma，我們會讓已經存在於食物上的正常菌群啓動發酵過程，因此我們的乳酸發酵產品幾乎可說都是「自然發酵」。無論哪一種自然發酵物，在不同時間都會有多種菌株在上面相互爭奪地盤、壯大和隕落，每一菌種都爲風味的美妙合唱增添獨特的聲音。正是由於不同乳酸菌相互作用的複雜性，自然發酵才如此美味。

Noma 有一位老友派翠克·強森（Patrick Johannson，又名奶油維京人），他把自製的自然發酵奶油樣本送到食品實驗室進行分析，發現有十二種不同的乳酸菌菌種共居。市售發酵品通常會試圖操縱某些因子，以逼近自然發酵的複雜狀態，例如使發酵溫度隨時間的推移而變化，或是調整環境條件來迎合不同菌種並製造出特定風味。乳酸菌的行爲不僅取決於溫度，還取決於可取得的營養物質、菌群密度，以及有哪些鄰居。化學感知讓微生物得以相互交流，從生長方式到繁殖速度的所有訊息都能共享。

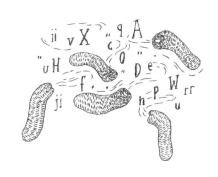

細菌確實能以化學梯度的語言彼此
溝通。

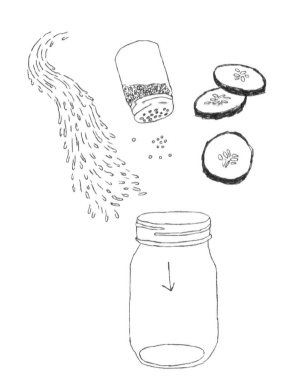

酸黃瓜的背後 ————

西方世界最常見的乳酸發酵蔬菜，就是在鹵水中進行乳酸發酵的標準版醃漬酸黃瓜。在 Noma，我們尋找更多可用乳酸發酵的蔬菜，但我們始終牢記最初讓酸漬蒔蘿變得如此美味的特徵。我們尋找的是(1)生食好吃且(2)嘗起來多汁但外形不糊爛的食材。第(2)的特性很重要，因為酸漬物的主要吸引力就在於爽脆。（所有斯堪地那維亞人都會這麼告訴你，綴上酸漬蔬菜的鹽醃魚片，是人一生中所能嘗到口感最佳的搭配之一。）我們已經成功以白蘆筍、小南瓜、甜菜和甘藍菜莖製作出乳酸發酵酸漬品。至於水田芥和熊蔥之類的綠葉蔬菜則……成果沒那麼豐碩。

當然，酸漬蔬菜只是其中一個選項。只要知道任何含糖的東西都可以進行乳酸發酵，發酵世界就開闊了起來。這是基本到不能更基本的認識，但是一旦你掌握到這件事，你忍不住要一直問：**還有什麼東西可以拿來乳酸發酵？**

只需加鹽，就能讓乳酸菌施展令人驚奇的轉化。

每年 9 月，漿果季節結束時，我們都會拿藍莓、覆盆子、桑椹、黑莓、白醋栗以及幾乎所有可取得的軟質水果來做乳酸發酵。這些發酵漿果雖然沒有發酵根菜的爽脆口感，但果泥一般的糊狀成品本身就相當棒，甜甜鹹鹹，還有多層次的酸味。

乳酸菌分解糖之後，得到的乳酸會與水果中原本的幾種酸混和。檸檬酸（主要來自柑橘類，但許多其他水果和漿果也有）相當酸，逼近灼燒感。葡萄和蘋果中的蘋果酸（想像一下澳洲青蘋果的酸味）則較為圓潤，較令人垂涎。抗壞血酸的味道鮮明而直接，香蕉到芭樂等各種熱帶水果中都有。不同種類的酸相互作用，是發酵水果中最有趣也最美麗的一面。

乳酸發酵漿果是風味的發電廠。

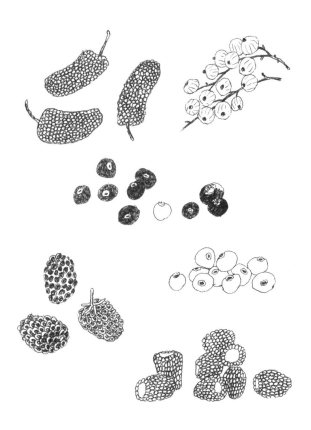

整片海帶放入由乾燥菇蕈、漿果和乳酸發酵牛肝菌汁液熬製的高湯中，烹煮 3 日後，切成細片，鋪放在新鮮凝乳上方，旁邊再擺上綠色豌豆。

由於漿果在乳酸發酵後形狀和質地通常會改變，因此我們常以榨汁器榨取果汁來用。發酵的漿果汁風味驚人，更有質地、會冒泡，而且又鹹又甜又酸。將發酵的覆盆子汁混和調味橄欖油，再加入一點帶花香的研磨辛香料（像是蓽茇或粉紅胡椒粒），然後舀起調製好的油醋醬淋在厚切的成熟牛排番茄上。撒上海鹽、糖，以及幾片撕碎的墨角蘭葉，就是一道晚夏的完美精華。榨過汁的漿果肉不要扔掉。搭配新鮮漿果，再加上新鮮的發泡鮮奶油，能帶來細緻且明亮的風味。

讓乳酸菌發揮效用

如前所述，乳酸發酵完全不難，這是因爲乳酸菌幾乎是隨手可得。話雖如此，乳酸菌仍要在一些基本條件都到位的情況下，才能完美發揮作用（跟搖滾明星一樣）。以下是確保乳酸發酵成功所應採取的各項措施。

排除空氣

乳酸菌在無氧狀態下能發揮最佳作用。在許多傳統的乳酸發酵中，要使乳酸菌在無氧狀態下快樂生長，只需使食材出水，讓食材浸泡在自己釋放的水分中。以酸菜爲例，切碎甘藍能破壞植物細胞並釋放水分，鹽會藉由滲透作用從植物中汲取更多水，而甘藍受到重壓後會浸在自己的汁液中，使乳酸菌得以執行工作。

然而，蔬菜受到重壓會碎裂。在 Noma，我們有時會希望發酵好的蔬果保持完整以展現最美的樣貌，因此我們使用塑膠袋和眞空封口機，確保乳酸菌不會接觸到氧氣。

只要你讓乳酸菌無從接觸氧氣，就能幫助細菌進行發酵，

壓緊食材，能隔絕空氣防止腐敗。

打從史前時代，人們就運用鹽能對抗微生物的特性來保存食物，鹽因此成為安全發酵不可或缺的工具。

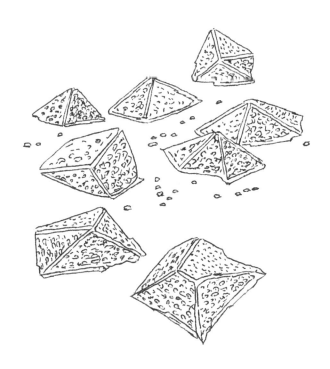

而且還排除了潛在的病原體。在發酵過程中移除氧氣，還能破壞不想要的黴菌，因為這些黴菌需要空氣來進行細胞呼吸。

足夠的鹽

乳酸菌不需要鹽就能繁殖，但可以耐受鹽，因此我們可以在乳酸發酵物中加入鹽，以進一步防止你不想要的外來者入侵。例如，即使肉毒桿菌是厭氧菌（能在無氧狀態下存活的微生物），但並不耐受鹽或酸。這是好消息，因為這就是導致肉毒桿菌中毒的細菌。

不同種類的乳酸菌表現出不同程度的耐鹽性，有些品種能在重量百分比高達 8% 的鹽度環境進行發酵。在 Noma，我們先從 2% 的鹽度進行乳酸發酵，這已足以阻止所有壞菌入侵，而且濃度又不會高到使發酵成品太鹹。

你還可以在鹵水中發酵，打造無氧又富含鹽分的環境。數百年來，許多傳統的發酵物（像酸黃瓜）都是透過這種方式製成。較軟的水果幾天之內就會開始溶解在鹵水中，但大小適中的爽脆蔬菜（甜菜、蘿蔔或嫩胡蘿蔔）浸入鹽水中，效果就非常好。

在鹵水中進行乳酸發酵時，請先將空瓶空罐放在秤上並扣重歸零。接下來，把蔬菜放入容器，確保它們緊密貼合且未被壓扁。注入足量的水，使蔬菜完全浸沒，並確認內容物總重量。秤出總重量 2% 的鹽，放入攪拌碗。再將容器中的水倒入攪拌碗，攪拌至鹽完全溶解，然後再倒回容器中。請注意，此處的鹽含量會高於 2% 鹽度的標準濃度。例如：假設大約需要 1 公斤的水才能覆蓋 1 公斤的花椰菜莖，此時你要在水中添加 40 克鹽以製作出 4% 的鹽水。隨著時間流逝，鹽將進入水果或蔬菜並排出水分。在這種比例下（鹵水對還未酸漬的食物），4% 的鹽含量最後會拉平，一旦發酵完成，鹽含量就會接近 2%，製作出完美的酸漬蔬菜。

如果醃製罐的瓶頸處稍微往內收，便能防止蔬菜於酸漬過程中浮上水面。或是你可以用重石壓住或抵住蔬菜，讓蔬菜沒入液面。在醃漬物最上方留下幾公分高的空間，旋上蓋子但不鎖死，這能防止外物進入，又能排出氣體。

慎選食材（並輕柔清洗）

避免使用上蠟、施用農藥或經輻照滅菌的水果或蔬菜。選擇有機蔬果是剔除上述問題的好方法。為確保你的蔬果擁有健康的自然乳酸菌群，請不要清洗得太徹底。以清水輕柔洗去可見汙垢即可。不要用力搓洗，也請勿使用蔬果專用清潔劑。

墨西哥 Mixe 區的 pasilla 乾辣椒，
放入乳酸發酵芒果味的蜂蜜中燜
煮，內餡再塞入巧克力雪碧冰。

不要把發霉或腐爛的蔬果拿來發酵。發酵固然神奇，但無法讓腐爛的蘋果死而復生。而且，這麼做只會讓有害的微生物阻止乳酸菌生長。這不表示不能把剩餘食材拿來發酵。剩餘的草莓和櫻桃切碎後混和，加點鹽放入梅森罐，一週之後就能製作出霜凍優格的美味配料了。

控制溫度

乳酸發酵在大約 21°C 的室溫下多數都能正常發揮作用，但在 Noma，我們將大多數乳酸發酵保持在 28°C 室溫。我們發現這是快速發酵的理想溫度，還能避免**過多**會產生異味的細菌活動。乳酸發酵在冰箱中仍會持續進行，只是速度慢得多。

切記：如果要防止酸漬物變得黏糊，發酵時請遠離熱源。蔬菜所含的天然酵素在較高溫度下會更迅速分解。如果你特別想保持酸漬物的爽脆，可以在鹵水中添加含有單寧的葉片（如葡萄葉或辣根葉），或使用富含礦物質的未精製海鹽或明礬，如此能強化植物細胞壁中果膠的作用。

留意食材搭配

由於 Noma 食譜中要件頗多，我們試著讓發酵物的風味保持相對純淨，如此發酵出來的東西便能維持多樣用途。比方說，如果我們以月桂葉來調整酸漬物的風味，做出來的成品也只能用在適合搭配月桂葉的菜色中。這並不是說你在發酵過程中不應使用調味料。像是月桂葉和芥末籽之類的乾燥芳香植物顯然能搭配許多偏酸的發酵物，但這並不是唯一的調味方式。可以嘗試用果汁取代鹵水中 5-10% 的水，這能注入明亮的風味，同時為乳酸發酵提供額外的甜度。可以先在鹵水中加入馬鞭草或檸檬香蜂草等風味鮮

明的新鮮香料植物，或者待發酵完成再加入乾燥的香料植物。若是辛香料，可以添加一點辣根或是對半剖開的辣椒。即使是低溫真空發酵，只要在加鹽時考量到總重量，就可以在真空袋或發酵罐中另外添加調味料。

不同蔬菜浸漬在相同鹵水中，也可以交換風味。花椰菜和黑皮波羅門參是絕佳盟友。洋蔥和蕪菁進行乳酸發酵時，加入一把檸檬百里香或橙花等芳香的香料植物，能使檸檬汁醃生魚帶有花的香調和爽脆的口感。要把不同食材放在一起發酵時，請依照常識搭配（例如，想使和諧一致的質地，就別用藍莓搭配蕪菁甘藍）。然而，發酵最奇妙且不可預測的，就是可以從原料中汲取新的風味。原本吃起來可能還算不錯的搭配，在與細菌、鹽、酸和時間共舞之後，可能最終會成為無比驚人的風味組合。

留意時間

發酵的時間掌握很重要。蔬菜水果在進入含鹽環境的那一刻起，大致上便開始朝著一個方向發展：由甜變酸。發酵不足的成品基本上會有股生澀味，但發酵也很容易過頭。過度發酵的水果或蔬菜往往具有相同的特性，那就是食物的原始特徵和風味都會被酸味的激烈浪潮沖刷殆盡。

發酵何時完成？這就如同在問義大利麵要煮多久才能達到彈牙的完美熟度，或是青花菜汆燙到什麼程度最適當。答案正如托馬斯·凱勒（Thomas Keller）所說：「放到嘴裡，吃看看。」檢查乳酸發酵過程的唯一方式，就是試吃。理想的乳酸發酵應保持原始食材的本質，又要有額外的酸度、鮮味和風味深度。

發酵是控時練習。發酵何時完成,
取決於你。

等等,先別扔掉!

最後這點並非乳酸發酵成功的關鍵,卻有助於你認定這個
發酵做到多成功。

我們在本書多次提到,發酵是延長剩餘食物壽命的絕妙方
法,否則這些食物也只是浪費掉。但乳酸發酵過程本身也
會產生非常有用的副產物,如果你不多留心,這些副產物
最終也會被扔掉。世界上一些最濃烈、最美味的調味料,
其實是發酵殘餘物。馬麥醬和維吉麥醬都是生產啤酒的殘
餘物。清酒粕是生產清酒的殘餘米粕,多方用於日本料理
之中,其中最著名的是作爲蔬菜的酸甜醃漬劑(粕漬け)。

在把酸漬用的鹵水或乳酸發酵李的剩餘汁液倒入下水道之
前,請想像一下這些汁液加入湯或油醋醬中的滋味。可把
這些汁液存放在密封容器中或回收再利用的調味瓶中。如
果乳酸發酵蔬果成品的味道不如所期,剩餘的鹹酸發酵汁
液也可以是絕佳的安慰。

剖半的李子，抹鹽後準備發酵。

乳酸發酵李

製作乳酸發酵李和汁液
1 公斤

結實的成熟李子 1 公斤
無碘鹽

要進入發酵世界，可以走一條平緩又宜人的路：從乳酸發酵開始。在這裡站穩腳步後，再更深入地探索需要技術的發酵方式。這種發酵過程非常直接快速，而且通常不到一週就能有成果。乳酸發酵李是絕佳起點，因為李子很容易買到，而且發酵方式很多，端看你擁有哪些設備，以及打算如何運用發酵出來的李子——是要成塊、片狀、整顆，還是泥狀，都可以。

使用器具

乳酸發酵的方法有二：把食材放入真空密封的塑膠袋中，或是置入容器後重壓。真空封口機能讓乳酸發酵變得極為簡單又一致。這是一小筆投資，但本書中的所有食譜都能派上用場。另一方面，使用可靠的玻璃或陶瓷瓶罐仍然能做出不錯的發酵物。這時你會需要重石，把李子壓入自己所滲出的汁液中。較小的陶瓷或玻璃發酵重石就很適合，但也比較難找到可以放入小容器的小尺寸。裝滿水的夾鏈袋可以放入任何容器，並且同樣適合拿來重壓。

還要提醒的是，本書中有很多步驟會建議你戴手套，以防止發酵菌遭微生物對手汙染，但進行乳酸發酵時，雙手洗

成熟而結實的李子

第 1 日

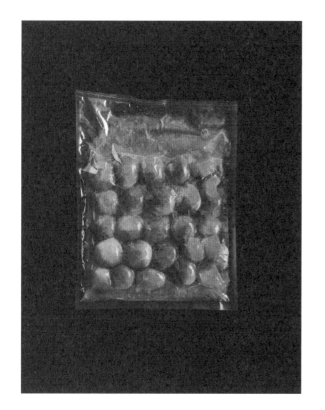

第 2 日

第 3 日

第 4 日

第 5 日

第 6 日

第 7 日

玻璃還是陶瓷？

你也許有注意到，本書所有的發酵物都是放在玻璃罐和乾淨的容器中，這是為了讓你看到罐子內部的情形。但其實，發酵物長期暴露在紫外線的照射下，品質會受到影響。當陽光直接照射到玻璃罐中，有可能殺死益菌。如果是間接照射，例如放在廚房中遠離窗戶的地方進行發酵，就不會有問題。

縮時攝影

本書的發酵過程，都是以縮時攝影的系列照片來呈現，盡可能傳達出視覺資訊。在某些發酵例子中，你可能無法察覺到每日或每週有什麼巨大變化，但你可能可以從照片中發現細微差異。

淨雖然重要，卻真的不需要戴手套。乳酸菌無處不在，包括你的皮膚。藉由觸摸食物，能在發酵物中添加一些屬於你自己的**風土**。

操作細節

要找成熟但果肉結實的李子，要味道甜美，且咬下時有點清脆。未熟的李子無法為乳酸菌提供足夠的糖分，做出來會是半發酵的水果，甜度不足以平衡乳酸。用過熟的李子則會分解。

如果李子有明顯汙垢，請用冷水沖洗，但不要搓洗，果皮上的天然細菌是成功發酵的媒介。以水果刀將李子縱向對剖。輕輕扭動兩半李子，使其分開，然後刀子探入有果核的那半顆，小心挖出。如果果核挖不出，可能必須切除。

秤出這些去核李子的重量，並計算出總重量的 2%，這就是要添加的鹽量。例如，如果去核李子重 950 克，那就需要 19 克的鹽。

接下來，你可以根據現有的設備，從以下兩種方法中任選一種。

在真空袋中發酵：把剖半的李子放入夠大的真空袋中，並單層平鋪。加入鹽巴，扭緊袋口之後，輕輕拋拌，讓鹽均勻分布。

將袋子平放在工作檯上。手指伸入袋內，將李子排列整齊，切面朝下。讓李子維持平放狀態，打開真空封口機，在最靠近袋口的邊緣以最大吸力密封。這樣可以使袋子保留足夠空間供後續使用，因為你會需要重複打開並密封。

乳酸發酵李，第 1 日（發酵罐）

第 4 日

第 7 日

在瓶罐中發酵：可將李子多次對切，分成八塊。這樣能讓李子更緊密貼合發酵容器，並消除李子塊之間的氣隙。接著將水果放入碗中，加鹽，再充分混和。然後用橡皮刮刀將李子和鹽刮入發酵容器中，並且確保果肉接觸到所有汁液和鹽。

讓李子朝下並受重壓，如此一來，當李子釋放出內部汁液時，李子依然能浸在鹵水中。最簡易的重壓物是使用夾鏈袋：袋子裝水到半滿，壓出空氣，然後密封。爲了提高安全性（萬一有裂縫漏水），可把袋子密封在另一個袋子中。將密封袋放入瓶罐中，並左右擺動，使密封袋完全把李子覆蓋住。接著，在瓶罐上加蓋，但不要蓋太緊，以免空氣無法排出。如果使用如圖所示的密封罐，在扣上蓋子前，請先卸下橡膠墊圈。

無論選擇哪種方法，現在都可以直接把密封好的李子放在一旁進行發酵。乳酸發酵在 21°C 的室溫下可以運作良好，不過 Noma 是在 28°C 的溫暖房間中進行乳酸發酵。因爲這個溫度夠高，足以加速發酵，但又不會高到導致發酵過度活躍，因而產生不良風味。乳酸發酵在大約 4°C 的冰箱中也能順利進行，只是會花上更多時間，並且會平添風險：水果還來不及產生足夠乳酸，就已經分解並褐化了。綜合所有因素，我們強烈建議你在 21°C 以上的溫度發酵李子。

在 28°C 下，李子通常要 5 天才能發酵到理想的風味；在 21°C 下，則可能需要 6-7 天，但最後還是要試吃爲準。李子在發酵時，異型發酵菌會產生二氧化碳。如果在眞空密封狀態下發酵，袋子就會像氣球一樣鼓脹。如果鼓到看起來快要破裂，就需要「戳」一下：剪開袋子一角，排出氣體，然後用眞空封口機重新密封（注意不要讓汁液

如果找不到玻璃或陶瓷製的小型發酵重石來壓,另取小夾鏈袋裝滿水也能做成好用的重壓物。

漏出)。重新密封時會再度壓縮李子,將富含乳酸菌的汁液壓回果肉,進而加速發酵。

在「戳袋子」時,應趁機品嘗一下李子的風味,檢查一下發酵進展。原則上,最好每天都能嘗一口。以這點來看,瓶罐發酵顯然比真空密封發酵來得便利,但是如果真空袋頂部有預留足夠的空間,重複打開和密封應該沒有問題。

如果用瓶罐發酵,請注意液體表面和水果邊緣附近可能會形成薄薄一層白色物質。這是酒酵花(kahm yeast),一種局部生長的花狀真菌,會在水果發酵完成、發酵液酸化之後長出。酒酵花無害,但如果被攪動並混入液體,可能會增添異味。若是發現酒酵花,要小心撈掉。

隨著水果逐漸發酵,果肉會變軟,李子的甜味開始轉變為令人愉悅的酸味,輕柔撞擊著你的舌頭根部和兩側,使口中微微生涎。李子發酵的時間越長,酸味就越強。如果發酵過度,最後就會失去水果的特性,最後你只能嘗到強烈的酸味。每天嘗一口,能確保水果不致發酵過度。最後,請注意,由於乳酸菌產生的二氧化碳會溶解在果肉中,因此乳酸發酵液可能會有些微氣泡,這再好不過。

李子發酵完成,從真空袋或發酵瓶罐中取出,然後將汁液過篩濾入小容器或塑膠袋中。此時應該會有大約 125 毫升的汁液,實際狀況視李子的成熟程度而定。發酵李子汁是了不起的產品,再繼續發酵下去,就能用來做出絕妙的油醋醬。發酵物能在冷藏保存一週,或是密封冷凍起來,可長期保存。

要存放李子,請放在有蓋容器或可重新密封的袋子中。冷藏保存可長達一週而不會變化太大,但是如果你不即時使

用，冷凍可以停止進一步發酵。和新鮮水果相比，發酵水果在冷凍中保存的效果更好。如果李子切成兩半，可將切面朝下放在襯有烘焙紙的托盤上，冷凍後再放入真空袋中密封，然後放回冷凍庫（這個過程稱為「單獨快速冷凍法」[individually quick frozen, IQF]）。真空密封方式能避免李子凍傷，但是用一般冷凍袋保存也行。

大功告成的乳酸發酵李：兼具甜、酸、鹹味和果香。

1. 李子和鹽。

2. 以水果刀剖半。

3. 小心剔除果核。

4. 秤量去核剖半的果肉，並加入其重量 2% 的鹽。

5. 以最強吸力真空封裝，袋口預留足夠的空間。

6. 讓李子發酵 5-7 天，可依照個人口味調整天數。

7. 在袋口邊緣剪出小洞，釋放出氣體。嘗一口果肉，確認發酵進度，再重新密封。

8. 李子發酵 5-7 天左右就完成了。將液體瀝出，並分開保存。

9. 李子置入密封罐，存放於冰箱，或是在不受壓的狀態下冷凍起來，以維持形狀。

乳酸發酵李的果皮烘乾後，磨成碎末，可以撒在酥塔上或是製成鹹味的辛香料。

建議用途

有嚼勁的乳酸發酵李乾 Chewy, Dried Lacto Plums

乳酸發酵的李子乾燥後，具有令人喜愛的嚼勁和濃縮的美味，這讓李子的用途更廣。將去皮的發酵李乾（剖半的最好）放在鋪有烘焙紙的烤盤或乾燥機的架子上，以 40°C 的溫度烘乾。

我們希望烘乾後的質地像杏桃乾。運用時，可以將它們想像為較不具臭味、更具果味的醃漬鯷魚乾。挖一點奶油，在平底鍋加熱到褐化，加入一點撕碎的鼠尾草葉，以及幾匙的李乾切片或切絲。放入一些壓碎的茴香香腸，再拌入煮好的義大利麵，就是簡單的一餐。也可以使用相同的奶油－李乾－鼠尾草組合，搭配煎烤花椰菜粒，或是幾支燒烤白蘆筍。

李皮脆片 Plum Skin Chips

乳酸發酵李的果皮可用食物乾燥機或低溫烤箱烘烤成脆片。我們在食物乾燥機中以大約 40°C 的溫度烘乾李子皮。如果你使用烤箱，盡量以 60°C 烤乾。李子皮擺放在乾燥機的架上，或是襯上烘焙紙的烤盤，單層烤乾。果皮乾燥所需的時間取決於你的設備，重點就是烤到果皮變薄脆，且冷卻後更脆。李皮乾碎末可以撒在很多食物上面，從沙拉到布朗尼再到冰淇淋都可以，能帶來水果的酸以及絕佳的口感對比。

乳酸發酵李皮乾粉末 Lacto Plum Powder

用辛香料研磨機將乳酸發酵李皮乾研磨成細粉。下次燒烤

牛排時，在烤好靜置階段以蒜瓣揉擦，然後撒上一些李皮乾粉末，並轉上幾圈新鮮現磨黑胡椒粒。李皮乾粉末會融入牛排焦化的脆皮中，使豐潤的牛排透出一股酸豆般的鮮明風味。

想做一頓新鮮豌豆燉飯當晚餐嗎？最後無需擠上檸檬汁，只需將一些李皮乾粉末過細篩撒在飯上。這種粉末還能完美結合北非風味：茄子淋上北非切莫拉醬 (chermoula) 之後，撒上李皮乾粉末再上菜，能讓鮮香誘人的菜餚更添活力。

乳酸發酵李胡椒紅蔥醬汁 Lacto Plum Juice Mignonette

由乳酸發酵李而來的汁液，能為新鮮海鮮提供美妙的酸味和鹹味，風味出眾，實際上更是直接取代法式胡椒紅蔥醬汁 (mignonette) 的首選。下回你撬開生蠔之後，可以附上一小杯發酵李子汁，取代檸檬塊或是香檳醋。半茶匙的李子汁淋在生蠔上，彷彿立體聲音響傳出的演奏。

李子卡士達 Plum Custard

乳酸發酵李子汁那引人入勝的甜味也相當好用，例如用來做成李子風味卡士達塔派就相當適合。將鮮奶油 100 克和全脂牛奶 100 克放在平底淺鍋中煮到微滾。同時，把蛋黃 5 顆和糖 50 克拌打至色澤變淡，然後加入發酵李子汁 75 克。牛奶和鮮奶油一加熱到微滾，先舀出幾匙為雞蛋混合液調溫，然後再拌入剩下的部分，直至充分混和。

卡士達混合液過篩後，注入一個個塔皮中。以 170°C 的烤箱烘烤至凝固，再冷卻至室溫，製成略帶酸甜鹹味的經典酥皮甜點。最後撒上李皮乾粉末，讓卡士達有加倍的李子風味。

乳酸發酵李子汁加入由蛋、鮮奶油和牛奶製
成的卡士達，能帶來明亮又有深度的風味。

上圖：乳酸發酵牛肝菌，一次能產出兩種東
西：牛肝菌本身，以及美味無比的汁液。

右頁圖：野生牛肝菌的最佳採集時間是北半
球的夏末。

乳酸發酵牛肝菌

**製作乳酸發酵菇蕈和汁液
1 公斤**

乾淨的牛肝菌 1 公斤，事先冷凍至少
24 小時

無碘鹽 20 克

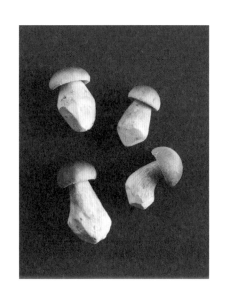

這道食譜真正可貴的是牛肝菌中瀝出的發酵汁。這是我們
Noma 廚房中的萬用調味料，可以用來爲所有食物調味，
從茴香茶到鮟鱇魚肝都可。它味道強勁（funk）又有平衡
感，任何東西一沾到就能刺激感官。

爲了盡可能獲取最多汁液，我們事先冷凍牛肝菌，破壞其
結構，再拿來發酵。這意味著，預凍和新鮮現採的牛肝菌
都很適合這種食譜。如果你買不到牛肝菌，蠔菇、雞油菌
和藍腳菇也都很適合發酵，並且各具特色。洋菇（鈕扣菇）
和棕蘑菇雖然發酵起來比較沒那麼有意思，但也都適用。

乳酸發酵李（見 69 頁）的操作細節，是本章中所有乳酸
發酵食譜的標準程序。建議在動手做這份食譜前，先閱讀
發酵李的食譜。

在真空袋中發酵：將冷凍菇蕈和鹽放入眞空袋，充分拋拌
均勻。菇蕈排成單層，再以最大吸力密封。盡可能在袋口
邊緣處密封，預留足夠空間，以便後續得剪開袋子排氣後
再密封。

乳酸發酵牛肝菌，第 1 日（真空袋包裝）

第 4 日

第 7 日

在瓶罐中發酵：將鹽和菇蕈在碗中拌勻，再移到發酵容器中，確保鹽都刮入容器，並用重石（可用裝了水的夾鏈袋）下壓。蓋住瓶罐，但不要鎖緊，讓氣體可以排出。

在溫暖的地方發酵菇蕈，直到菇蕈釋出大量液體、略微泛黃且有適當的酸度爲止。在 28°C 下約需 5-6 天，在較冷的室溫下則需要再多幾天，但最好在發酵進行數日後就開始測試味道。如果用眞空密封袋發酵，當袋子鼓脹時，你可能需要「戳」一下。（與其他發酵物相比，菇蕈在這方面的問題比較少。）剪開袋子一角，釋出氣體，品嘗菇蕈的味道，然後重新密封袋子。

一旦菇蕈達到所需的酸度和土質味，請小心從袋子或容器中取出。以細網過篩濾取汁液，菇蕈及汁液分開置於容器中，可在冷藏中存放數日也不會明顯變味。要防止繼續發酵，可將菇蕈單獨鋪放於烤盤上，冷凍後放入眞空密封袋或夾鏈袋，並擠出空氣，再放入冷凍庫。

保留的汁液可以經過澄清，以產生別具風味的清澈液體。將汁液置入可冷凍的有蓋容器中冷凍。待汁液結凍後，將冰磚移到襯有濾布的濾鍋上，下方以容器盛接冰磚融化時所流下的液體。濾鍋以蓋子或保鮮膜覆蓋後，放入冰箱等冰磚完全融化。過濾完成後，小心不要用力擰濾布，以免把菇蕈碎末擠出濾布。最後，再冷凍過濾好的汁液供日後他用。

乳酸發酵牛肝菌，第1日（發酵罐）

第 4 日

第 7 日

建議用途

糖漬牛肝菌法式小點 Candied Cep Mignardises

在 Noma，我們把發酵牛肝菌變身爲甜點：將發酵牛肝菌浸入等重的楓糖漿之中，冷藏 2 天。等牛肝菌兼具鹹甜酸的風味後，再放入 40°C 乾燥機中烘乾，直到牛肝菌具有耐嚼的太妃糖質地。蘸上調溫過的巧克力，就成爲頂級法式小點。

牛肝菌培根油醋醬 Cep-Bacon Vinaigrette

在 Noma，乳酸發酵牛肝菌是多用途的調味料。有鮮明的強勁味道，能讓某些食材變得很刺激。爲領悟這種滋味的魔力，先來製作簡單的溫熱油醋醬：把乳酸發酵牛肝菌汁液和等重的熬煉培根油脂拌勻。這道醬汁可用來淋燒烤蠔菇、慢烤花椰菜或鵝頸藤壺。

牛肝菌拌油 Cep-Oil Companion

乳酸發酵牛肝菌汁液的完美搭檔就是牛肝菌油。在平底鍋中以中小火加熱葡萄籽油 500 克和新鮮牛肝菌 250 克，直到牛肝菌冒泡。繼續加熱 10 分鐘，熄火加蓋，讓油冷卻至室溫。把平底鍋移至冰箱冷藏，讓牛肝菌浸漬於油中過夜。隔天濾出油，並保留油封牛肝菌供日後他用。將牛肝菌油和等重的乳酸發酵牛肝菌汁液混和拌勻，再拌入切成碎末的紅蔥或蒜頭，就做出風味強烈又美味的淋醬，適合搭配生扇貝或低溫水煮蝦。

上圖：乳酸發酵番茄，酸度和鮮味都加倍。

右頁圖：緩緩過濾乳酸發酵番茄，分離果肉和汁液。

乳酸發酵番茄水

製作乳酸發酵番茄和番茄水
1 公斤

成熟的番茄 1 公斤
無碘鹽 20 克

番茄本身就是富含鮮味的酸味水果,因此乳酸發酵番茄的目的不是要讓番茄進一步變酸,而是要讓酸及甜達到微妙平衡,使你誤以爲自己吃的是煮過的番茄醬汁。一如許多乳酸發酵物,乳酸發酵番茄的汁液非常適合用來作爲淋醬和醬料,但這不代表要丟棄果肉!果肉細切成糊狀,切拌到韃靼羊肉中,或是抹在烤麵包上搭配新鮮乳酪,或是拌入瑞可達乳酪作爲義大利千層麵餡料。

乳酸發酵李(見 69 頁)的操作細節,是本章中所有乳酸發酵食譜的標準程序。建議在動手做這份食譜前,先閱讀發酵李的食譜。

番茄切除蒂頭後,視番茄大小,切成四等分或八等分。

在真空袋中發酵:番茄和鹽放入真空袋,充分拋拌均匀。將番茄塊排成單層,再以最大吸力密封。盡可能在袋口邊緣處密封,預留足夠空間,以便後續得剪開袋子排氣後再密封。

乳酸發酵番茄水，第 1 日（真空包裝袋）

第 4 日

第 7 日

在瓶罐中發酵：將鹽和番茄在碗中拌勻，再移到發酵容器中，確保鹽都刮入容器，並用重石（可用裝了水的夾鏈袋）下壓。蓋住瓶罐，但不要鎖緊，讓氣體可以排出。

在溫暖的地方發酵番茄，直到番茄釋出大量液體且大幅軟化。在 28°C 下約需 4-5 天，在較冷的室溫下則需要再多幾天，但最好在發酵進行數日後就開始試味道。如果用真空密封袋發酵，當袋子鼓脹時，你還會需要「戳」一下。剪開袋子一角，釋出氣體，品嘗番茄的味道，然後重新密封袋子。

番茄的風味令你感到滿意時，在細篩上鋪上濾布，然後架在碗上。將發酵的番茄及其液體倒入篩子，再用保鮮膜全部包覆起來，放入冰箱過濾整夜。隔日，可以用手大力拍擊篩子，加速液體過篩，但不要直接擠壓果肉。

番茄汁液和果肉分開置於容器中，可放冰箱冷藏數日也不會明顯變味。爲防止番茄進一步發酵，可將番茄汁液和果肉分開放入真空密封袋或是夾鏈袋，並擠出空氣，再放入冷凍庫。

乳酸發酵番茄水，第 1 日（發酵罐）

第 4 日

第 7 日

建議用途

乳酸發酵番茄搭配海鮮 Lacto Tomatoes and Seafood

由乳酸發酵物所取得的汁液幾乎都可以用於醃製或澆淋海鮮，乳酸發酵番茄水也不例外。用你喜歡的香料植物來調味乳酸發酵番茄水，可試試蒔蘿、細香蔥、羅勒或紫蘇，切碎後與兩匙橄欖油攪打均勻。如果你想要，可加一點醬油來增加鮮味和強度，不過不加醬油，醬汁的味道會更清爽。醬汁可用來淋生蠔、蛤蜊或各種新鮮鱸魚片。

乳酸發酵液不但能用於製作海鮮菜餚的**收尾**醬汁，作為烹飪介質的效果也很好。可用乳酸發酵番茄水蒸貽貝，直接以這種又酸又鹹的汁液代替常用的白酒。

番茄水酸漬蔬菜 Tomato-Water Pickles

乳酸發酵番茄水所具備的酸度，足以快速醃製一批新鮮酸漬物。下回要是有朋友邀請你去參加庭院烤肉或派對時，可以試試這招：拿幾樣自己喜歡的爽脆蔬菜（胡蘿蔔、紅皮蘿蔔或芹菜），切片後浸入乳酸發酵番茄水。加入一點鹽，然後在冰箱中醃製至少 2 小時，隔夜更好。微酸漬的蔬菜瀝乾後就能供客人在晚餐時食用。如果你的孩子喜愛這些新鮮醃菜，更可作為他們隨手取用的零食。

番茄醬汁 Tomato Sauce

你可以考慮用乳酸發酵的番茄漿來代替市售的番茄醬汁。乳酸發酵番茄醬汁更鹹更酸，且風味絕佳。下次製作番茄肉醬麵時，可用乳酸發酵的番茄漿代替 ¼ 的壓碎番茄。如果覺得太酸，加一匙蜂蜜有助於平衡味道。

或者，可用平底鍋以優質的橄欖油雙面烘烤麵包片，加鹽調味後，趁熱在麵包片上塗抹一大匙乳酸發酵番茄漿，就做出完美的義式炭烤麵包片。你還可以撒上撕碎的羅勒葉或現刨帕爾瑪乳酪。如果你還想錦上添花，就在麵包片上鋪放薄片火腿吧。

乳酸發酵番茄泥乾皮 Lacto Tomato Leather

你可以將乳酸發酵番茄漿乾燥成美妙的耐嚼小點。高速攪拌果漿（內含番茄籽，能增添果膠，為番茄泥乾皮增加厚實感），直到果漿質地變得滑順。果泥過細篩後平鋪薄薄一層在襯有矽膠墊的焙烤盤上。以低溫烤箱（約50°C）烘乾，直到具有韌性，冷卻後從烤盤剝除。也可以使用乾燥機。乾燥後可以直接食用，或刷上一點蜂蜜再食用。

乳酸發酵番茄水混和新鮮蒔蘿，就是香料
植物風味的鹹味海鮮淋醬。

乳酸發酵白蘆筍擁有理想的爽脆，
以及平衡的苦味、酸味和鮮味。

乳酸發酵白蘆筍

LACTO
WHITE
ASPARAGUS

**製作乳酸發酵白蘆筍
500 克**

水
無碘鹽
削整好的白蘆筍 500 克
檸檬 ½ 顆,切片,每片 0.5 公分厚

每逢春季,我們就翹首企盼著白蘆筍,只可惜它的產季很短暫,幾乎才剛在廚房現身,產季就結束了。蘆筍發酵後,賞味期就能大幅延長,讓我們在最冷的月分都享用得到。

這份配方,來自我們的老友兼無政府主義農民索侖‧威夫(Søren Wiuff)。蘆筍適中的苦味與檸檬的檸檬酸和發酵形成的乳酸交互作用之後所產生的和諧感,完全不亞於熟透的葡萄柚。將乳酸發酵蘆筍縱剖成兩半,搭配熟肉冷盤食用,或是橫切成小圓形薄片,爲各色沙拉提供明亮的風味和爽脆的口感。

在 Noma,我們喜愛白蘆筍細緻的風味,但綠蘆筍也很適合用來發酵。

這份配方所需的鹽和水量,取決於你使用的容器大小。500 克的蘆筍大概適用 2 公升大的玻璃罐。爲了決定正確的鹽和水量,首先將玻璃瓶放在秤上然後扣重歸零(也就是讓秤預先減去容器重量,使讀數呈現零)。將蘆筍直立放置於罐中,這樣能排放得較緊密。倒入足夠的水以覆蓋蘆筍,要記下水和蘆筍的總重量。

乳酸發酵白蘆筍，第 1 日

第 7 日

第 14 日

然後在攪拌碗中加入總重量 3% 的鹽，再把水從玻璃罐倒入碗中。鹽和水攪拌均勻到溶解後，將鹵水倒入蘆筍罐中，然後鋪上檸檬片。以裝水的夾鏈袋（或是發酵用重石，或其他乾淨的物體）重壓，讓蘆筍浸入鹵水。蓋住瓶罐，但不要密封，讓氣體可以排出。

在 21°C 以上的地方發酵蘆筍 2 週。發酵數日之後就要開始試味道，如果嘗起來微酸（不足檸檬帶來的酸），就做對了。一旦蘆筍酸到你喜歡的程度，就整罐密封，放入冰箱冷藏。蘆筍在鹵水中能保存數月。

建議用途

新型醃黃瓜 The New Gherkins

我們使用乳酸發酵蘆筍尖的方式，就跟你使用醃黃瓜一樣，都是用來讓味蕾清爽一下，或作為甜點的佐料。晚餐時，上面淋灑少許橄欖油即可食用，搭配烤千層麵或是烤肋排都很適合。或者，下一回要做漢堡時，把乳酸發酵蘆筍尖切成薄圓片，鋪放在煎好的肉餅上，接著再加入你常用的調味料。試過之後，你就會跟我們一樣，倒數著白蘆筍產季的到來。

依序放入罐中排列緊密，但不要
塞太滿，以免蘆筍壓傷。

將藍莓均勻撒上鹽，這能降低翻動次
數，以減少藍莓受損。若是有藍莓結
團未沾到鹽，就無法發酵得好。

乳酸發酵藍莓

製作乳酸發酵藍莓
1 公斤

藍莓 1 公斤
無碘鹽 20 克

乳酸發酵藍莓可說是本章最簡單的發酵物，且用途廣泛。藍莓發酵前只需快速沖洗就好，發酵後的用途則是簡單又多樣：倒幾顆到早餐優格和烤蜂蜜燕麥脆片中，或加入蔬果昔，或是搗成果泥後，製成鹹鹹甜甜的蔬果漿，再淋到冰淇淋或新鮮乳酪上。發酵藍莓結凍和融化都很快，因此能隨時取用。

乳酸發酵李（見 69 頁）的操作細節，是本章中所有乳酸發酵食譜的標準程序。建議在動手做這份食譜前，先閱讀發酵李的食譜。

在真空袋中發酵：藍莓和鹽放入真空袋，充分拋拌均勻。盡量將藍莓排成單層，再以最大吸力密封。如果處理得當，藍莓發酵後外形仍會保持完好。盡可能在袋口邊緣處密封，預留足夠空間，以便後續得剪開袋子排氣後再密封。

在瓶罐中發酵：將鹽和藍莓在碗中拌勻，再移到發酵容器中，確保鹽都刮入容器，並用重石（可用裝了水的夾鏈袋）下壓。蓋住瓶罐，但不要鎖緊，讓氣體可以排出。

乳酸發酵藍莓，第1日（真空包裝袋）

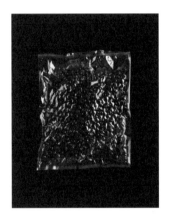

第4日

第7日

在溫暖的地方發酵藍莓，直到藍莓微微發酸但仍保有甜味和果香。在 28°C 下約需 4-5 天，在較冷的室溫下則需要再多幾天，但最好在發酵進行數日後就開始試味道。如果用真空密封袋發酵，當袋子鼓脹時，你還可能需要「戳」一下。剪開袋子一角，釋出氣體，品嘗藍莓的味道，然後重新密封袋子。

藍莓達到你想要的酸度之後，請小心從袋子或容器中取出，以細網過篩濾取汁液，藍莓及汁液分開置於容器中，可放冰箱冷藏數日也不會明顯變味。要防止進一步發酵，可將藍莓一顆顆放入真空密封袋或夾鏈袋，並擠出空氣，再放入冷凍庫。

建議用途

早餐配料 Breakfast Topping

發酵藍莓在 Noma 的美味廚房中扮演著極為重要的角色，不過大多數人都將藍莓視為甜點，或是早餐優格的配料，這是一定的。發酵藍莓能把簡單的早餐提升至更精緻的層級。一大匙原味優格，一匙乳酸發酵藍莓，再淋灑上蜂蜜，就能讓你飽足一個上午。

乳酸發酵藍莓調味醬 Lacto Blueberry Seasoning Paste

乳酸發酵的藍莓漿攪拌至柔順，再濾壓過篩，能作為酥塔的食材，或是蔬菜和肉類的鹹味調味料等。整支新鮮玉米塗抹些許奶油後，再刷上藍莓漿，或是為烘烤甜菜淋上藍莓漿，都能帶來令人讚許的味覺體驗。燻烤肋排或豬排前

後，可刷上乳酸發酵藍莓糊，或是以此取代你烤肉醬配方中的番茄糊或番茄醬。

乳酸發酵藍莓，第1日（發酵罐）

第4日

第7日

把乳酸發酵藍莓搗成泥狀，均勻塗覆在玉米棒上。

在丹麥，熱帶水果和辣椒取得不易，
但我們還是非常喜歡拿這些東西來
發酵。

乳酸發酵芒果味蜂蜜

LACTO
MANGO-SCENTED
HONEY

**製作乳酸發酵芒果味蜂蜜
700 克**

水 375 克

無碘鹽 20 克

蜂蜜 375 克

新鮮辣椒片 5 克

帶皮芒果塊 250 克

蜂蜜不太會起反應，也就是放著不會變質，但也不會在自然狀態下發酵。儘管蜂蜜中含有大量穩定的細菌和酵母，但由於蜂蜜中糖的含量過高，因此微生物的活動處於停止狀態。我們可以把蜂蜜稀釋到含糖量夠低，讓乳酸菌開始活動。每當天氣開始變暖，我們就會製作這份食譜。澳洲和墨西哥的 Noma 菜單中，都會有利用發酵蜂蜜製作出的甜點。

乳酸發酵李（見 69 頁）的操作細節，是本章中所有乳酸發酵食譜的標準程序。建議在動手做這份食譜前，先閱讀發酵李的食譜。

鹽和水攪拌均勻到溶解，然後加入蜂蜜，並再次攪拌，直至完全混和。

在真空袋中發酵：把蜂蜜混合物、辣椒和芒果放入真空袋，再以最大吸力密封。盡可能在袋口邊緣處密封，預留足夠空間，以便後續得剪開袋子排氣後再密封。輕輕搓揉內容物，使其分布均勻。

乳酸發酵芒果味蜂蜜，第 1 日
（真空包裝袋）

第 4 日

第 7 日

在瓶罐中發酵：將蜂蜜混合物移到發酵容器中，加入辣椒和芒果，再以湯匙或抹刀擠壓芒果成泥狀。以保鮮膜覆蓋瓶口，確認全部包覆，再蓋上蓋子，但不要鎖緊，讓氣體可以排出。

在溫暖的地方發酵蜂蜜，直到蜂蜜微微發酸，並吸收了辣椒和芒果的辣味和香氣。在 28°C 下約需 4-5 天，在較冷室溫下則需要再多幾天，但最好在發酵進行數日後就開始試味道。如果用真空密封袋發酵，當袋子鼓脹時，你可能需要「戳」一下。剪開袋子一角，釋放出氣體，品嘗蜂蜜的味道，然後重新密封袋子。

發酵到符合你的口味後，蜂蜜以細網過篩，取出芒果和辣椒。濾出的芒果也可以保留，另作他用（例如印度甜酸醬）。蜂蜜放冷藏可保存數週，放入真空密封袋或夾鏈袋，並擠出空氣，放冷凍保存更久。

乳酸發酵芒果味蜂蜜，第1日
（發酵罐）

第4日

第7日

建議用途

代替糖 Sugar Replacement

乳酸發酵蜂蜜最明顯的用途就是代替糖，而且風味更好也更有意思。乳酸發酵蜂蜜可以取代糖煮水果和果醬中的糖，而且比糖更能保持水果的原味和特色，效果大勝。用於茶或咖啡也很棒，尤其用於製作冷飲，更能彰顯出真正風味。

蜂蜜低溫水煮梨 Honey-Poached Pears

乳酸發酵蜂蜜幾乎能完美搭配任何水果，尤其是梨。在寬底的鍋中，放入乳酸發酵蜂蜜 500 毫升、白葡萄酒 500 毫升，以及切碎的新鮮迷迭香和百里香各 1 匙。將成熟且結實的梨子 6 顆去皮，放入鍋中，加蓋煮到微滾。煮約 3-5 分鐘後水果微軟時，鍋子離火並冷卻至室溫。能夠抗拒這些寶石誘惑的人少之又少，梨子切片後，挖一匙健康的冰淇淋來搭配，或是淋上一滴醋，並搭配硬質乳酪。

乳酸發酵鵝莓爆出的酸味，開啟了
Noma 的發酵之旅

乳酸發酵青鵝莓

製作乳酸發酵鵝莓和汁液
1 公斤

結實的成熟青鵝莓 1 公斤
無碘鹽 20 克

鵝莓在北歐很受人們熱愛，但它們在全球的溫帶氣候地區都能生長。鵝莓栽培品種的顏色從寶石般的淺綠色到深紅色都有，而且有縱向的條紋。發酵時，我們使用即將成熟且按壓有結實感的青鵝莓。這道食譜使用紅鵝莓也很適合，而且紅鵝莓通常比青鵝莓更爲多汁、香甜，發酵的速度也更快。

在真空袋中發酵：鵝莓和鹽放入眞空袋，充分拋拌均勻。盡量將鵝莓排成單層，接著再以最大吸力密封。如果處理得當，發酵後的鵝莓外形仍會保持完好。盡可能在袋口邊緣處密封，預留足夠空間，以便後續得剪開袋子排氣後再密封。

在瓶罐中發酵：將鹽和鵝莓在碗中拌勻，再移到發酵容器中，確保鹽都刮入容器，並用重石（可用裝了水的夾鏈袋）下壓。蓋住瓶罐，但不要鎖緊，讓氣體可以排出。

在溫暖的地方發酵鵝莓，直到你想要的酸度爲止。在28°C 下約需 5-6 天，在較冷的室溫下則需要再多幾天。鵝莓應該發酵到有酸味且微鹹，但最好在發酵進行數日後就開始試味道，以確保一切無誤。如果用眞空密封袋發

乳酸發酵鵝莓，第1日（真空包裝袋）

第4日

第7日

酵，當袋子鼓脹時，你還會需要「戳」一下。剪開袋子一角，釋出氣體，品嘗鵝莓的味道，然後重新密封袋子。

一旦鵝莓達到所需的酸度，請小心從袋子或容器中取出。以細網過篩濾取汁液，鵝莓及汁液分開置於容器中，可冷藏數日也不會明顯變味。要防止進一步發酵，可以將鵝莓一顆顆放入真空密封袋或夾鏈袋，並擠出空氣，再放入冷凍庫。

建議用途

鵝莓醃漬小點 Gooseberry Relish

把這些酸鵝莓剖半，等你吃下濃郁、油膩的菜餚（如海鮮巧達濃湯）之後，就有了讓味蕾清爽一下的好東西。但是乳酸發酵鵝莓也可作出令人讚歎的醃漬物。發酵鵝莓的果肉100克切碎後，再與切碎的歐芹和龍蒿各15克、蒜頭1顆切細末，一起攪拌均勻，再隨意灑一些橄欖油。如果需要，可加鹽調味。這種配料可塗抹在燜燉小排、燻烤鵪鶉或燒烤蔬菜（如蘆筍或小韭菜）上。

檸檬汁醃生魚醃醬 Leche de Tigre

發酵鵝莓的汁液是 Noma 餐廳歷來最愛用的調味料之一，本身就是兼具鹹、酸、果香的液體，能把鯛魚這類肉質結實的生魚片，轉化成美味的檸檬汁醃生魚。這個想法還能提升到另一個層次，就是製作出 leche de tigre（檸檬汁醃生魚醃醬的祕魯語）。以手持式攪拌棒將1份去殼生岩蝦與3份乳酸發酵鵝莓汁（以重量計）攪打均勻，然後擠

壓過篩。再依個人喜好加入紅蔥碎末和哈瓦那辣椒碎末，然後將醃醬倒在生魚片上，靜置約 5 分鐘，再搭配新鮮芫荽享用。

白脫乳鵝莓淋醬 Buttermilk-Gooseberry Dressing

發酵的鵝莓種籽很小，卻很美味，即使在發酵過程中，也都保有令人愉悅的口感，而且乳酸發酵後風味更佳。要從果實中取得種籽，先橫向切開鵝莓，然後輕輕往砧板壓，直到種籽彈出。鵝莓的種籽不多，但是種籽結合了令人驚豔的質地和酸味，挖得再辛苦都值得。將種籽與一匙白脫乳和一些黑胡椒粉混和，製作出少油卻能刺激感官的配料。這可以用來搭配新鮮去殼的蒸蛤、紅甘生魚片，或是搭配有魚子和接骨木花法式酸奶油的俄羅斯布林薄煎餅（參見 142 頁的食譜）。

乳酸發酵鵝莓，第 1 日（發酵罐）

第 4 日

第 7 日

乳酸發酵鵝莓的種籽跟果肉一樣好，值得花工夫取出來。

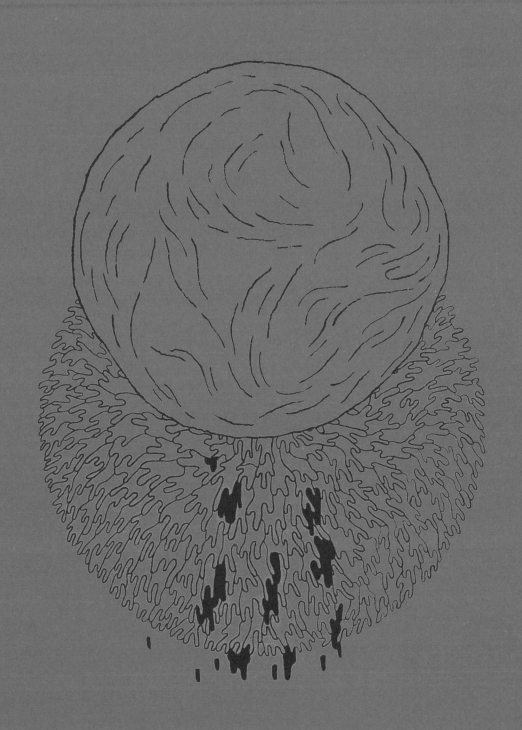

3.

康普茶
Kombucha

—

回溯歷史上的 ——— 釀造

我們在 Noma 開始投入時間和心力學習發酵的時候，讀了所有可以弄到手的相關文獻，每次在書裡看到不熟悉的詞彙，都會非常興奮。我們讀的可能是好幾世紀以前的東西，但對我們這地區來說卻是全新的知識。比如說，十年前丹麥幾乎沒有人喝康普茶。我們第一次自己做康普茶的時候，得要前往哥本哈根一座自稱爲自治嬉皮社區的克里斯欽自由城（Christiania），觀光客去那裡都是爲了買哈希（精煉大麻），我們卻是去買康普茶用品。

康普茶是帶有酸味和微量二氧化碳氣泡的飲料，傳統上用甜茶做成。康普茶的起源不是很確定，據信是西元前 200 年左右來自滿洲（現今中國東北方），由傳說中的韓國大夫康普（Kombu）東傳到日本，因此得名 kombucha（cha 即爲中文的茶）。

歷史上，日本、韓國、越南、中國和部分東俄地區都有飲用康普茶的習慣。不過，拜行銷之賜，加上大衆對益生菌越來越著迷，近幾年康普茶在北美和西歐流行起來。

康普茶源於古代的中國。

在 Noma，我們釀造有氣泡又生氣勃勃的康普茶，作爲某些佐餐果汁的基底，許多饕客選擇以此替代或搭配餐酒。康普茶爲 Noma 的飲料服務開啓了新境界，我們依照研發新菜餚的慣例，把康普茶和新鮮果汁、辛香料、油品，甚至是昆蟲混和在一起，創造出優雅又平衡的飲料。

雖然康普茶通常用甜茶做成，但幾乎任何含有足夠糖分的液體都可以發酵成康普茶，我們最喜歡的一些變化版以法式花藥草茶（tisane，香料植物浸漬液）或果汁做成，產生的圓潤感和深度風味是茶葉所沒有的。我們用洋甘菊、檸檬馬鞭草、接骨木花、番紅花和玫瑰花的浸漬液，以及蘋果、櫻桃、胡蘿蔔、蘆筍等蔬果汁做出很棒的康普茶。

我們追求的康普茶和人們爲了健康而勉強喝的酸味液體有天壤之別。老實說，我們認爲以茶葉製成的一般市售康普茶有點無趣。茶的風味通常會流失，這種單調的飲料無法眞正帶來任何新的體驗。

胡蘿蔔康普茶是我們很早就開始試做的康普茶，讓我們看到康普茶的潛力。它本身嘗起來就是一道完美的湯品，是保有些許胡蘿蔔甜味卻又帶點酸味的冷湯，所轉化出來的新層次可以與原始風味互補，而不會將其掩蓋。自此之後，我們便持續進行這項任務，盡可能以各種不同基底來釀造康普茶。我們越走越廣，甚至用乳製品、樹液或是辣椒熬的高湯來做實驗。

我們甚至還用康普茶來做菜。當你不只把康普茶看成新時代的健康飲料，就打開烹飪的許多可能性。康普茶發酵得越久，就會變得越酸，過不了多久，就可以用來做醃醬或油醋醬，或者取代醬汁中的白葡萄酒或香檳。或者，也可以用平底鍋把康普茶濃縮成神奇糖漿，吃美式煎餅時，就會很想淋上這種酸酸甜甜的淋醬。

胡蘿蔔康普茶是 Noma 最初投入釀造康普茶的品項之一。

合作發酵

康普茶由許多微生物共同合作而成。微生物先把糖轉化成酒精，再轉化成醋酸（也就是醋所含的那種酸）。微生物發揮作用時，會形成一層可見的漂浮物，一般稱爲康普茶「菌母」，也稱爲紅茶菌或紅茶菇（但這有時候會造成混淆）。嚴格說來，那叫做 SCOBY（Symbiotic Culture of Bacteria and Yeast，細菌和酵母的共生體），所以爲求簡單明瞭，我們會用「康普茶」來稱呼成品，用「SCOBY」來稱呼微生物組織或菌母。

從發酵用品店買到的新生 SCOBY。

7 天後釀造出一批康普茶的同一塊 SCOBY。

每個產地和每批康普茶的菌種都不相同，但主要爲酵母菌（一種單細胞眞菌）及醋酸菌。酵母菌通常爲釀酒酵母，但也可能包含許多近親菌種。醋酸菌也可能綜合多種菌種，但總是會有葡萄糖醋酸菌屬（Gluconacetobacter）或醋酸菌屬（Acetobacter）的幾種代表性菌種。

SCOBY 接種到含糖液體之後，其中的酵母菌就會攝取單醣並製造乙醇（葡萄酒、啤酒和烈酒的基本酒精型態）和一些二氧化碳，啓動一連串的發酵作用。接著共生的醋酸菌會利用周遭的氧氣把乙醇氧化成醋酸，使之發酵。細菌很快就會把酒精轉變成酸，也就是說康普茶不像葡萄酒或啤酒含有那麼多酒精，但也並非完全不含酒精。康普茶的酒精濃度大約落在 0.5-1%。一般啤酒大約是 5%，而葡萄酒大約是 11-13%，以上供你參考。

大致準則如下：

- 在理想條件下，酵母菌通常會把 2 單位的糖發酵成 1 單位的酒精。
- 在理想條件下，醋酸菌通常會把 1 單位的酒精發酵成 1 單位的醋酸。

SCOBY 這個組合詞裡的關鍵字是「共生」（symbiotic），常用來指稱合作無間的狀態，但其實包含多種不同的關係。「共生現象」譯自希臘文，意爲共同生活，寄生蟲、病原體和共生的生物體（會因對方而受益且不會傷害對方）卽符合此狀態。有一種極端狀況是寄生蟲使宿主變得虛弱或殺死宿主，相對的另一種狀況是共生關係中的每一方都得到好處。醋酸菌和酵母菌卽爲共生關係：細菌在這個關係中受益較多，但不會傷害酵母菌。和醋酸菌和平共處的酵母菌很能耐受酸性環境，也不太受到產酸夥伴的干擾。

佛手柑康普茶搭配當地薄荷
澳洲 Noma，2016

我們用佛手柑茶製成的康普茶，加上當地的澳洲薄荷以及新鮮柑橘，作為佐餐果汁。

SCOBY 中的細菌和酵母菌共同生存在稱爲生物膜（zoogleal mat，前述的漂浮物）的結構上。SCOBY 中的細菌繁殖增生後，會分泌纖維素，形成浮在液面的一層漂浮薄膜，就像一隻黏稠的水母。混合物發酵時，生物膜會長大，沿著液面擴及容器邊緣，接著厚度增加。醋酸菌生活在生物膜上，可以直接接觸到液體上方的空氣，獲得將酒精轉化成酸所需的氧氣。

醋變酸的過程和這個很類似，但有很重要的不同點：醋是兩階段發酵的產物。在第一階段，酵母菌把糖發酵成酒精。不同的酵母菌對於所產生的酒精會有不同的耐受性，酒精達到特定濃度的時候，酵母菌就會死亡（或者被釀醋者隨時以巴氏殺菌法殺死）。

在第二階段，醋酸菌將酒精發酵成酸，但沒有酵母菌的話，細菌終究會把養分用完，發酵作用也會停止。釀造者控制製程（醋的酸度）的方法是選擇會自行死亡的酵母菌菌株，或者在酵母菌產生足量酒精之後殺死酵母菌。

另一方面，康普茶則是持續發酵的產物，酵母菌會持續把糖發酵成乙醇，細菌再將乙醇轉化成醋酸。這代表康普茶不同於陳放數年或甚至數十年仍會保持微甜的醋。康普茶會變得越來越酸，直到用完所有的糖。即使你在對的時間點採收康普茶並冷藏起來，還是會繼續變酸。

這就是爲什麼有些市售康普茶嘗起來發酵過頭了，只喝到酸味而沒有清新感。恰到好處的康普茶應該仍有足夠的誘人甜味，又有足夠的鮮活酸味。糖與酸的理想平衡取決於康普茶共生作用的第三方成員：人類。何時爲採收康普茶的最佳時機，取決於我們。

有趣的是，人類甚至影響了製作康普茶的細菌和酵母菌的進化史。在微生物學發展之前，SCOBY 活力的最佳指標就是目測結果。康普茶製作者會把強健的 SCOBY 視為好兆頭和寶貝，並儲存、分送這樣的康普茶樣本，有能力製造出強勁 SCOBY 的菌種因此得以優先生存下來。SCOBY 中的微生物不需要生物膜就能發揮作用，但人類的介入確保了產生濃厚漂浮物的 SCOBY 存活下來。

甜蜜點

讓我們看看製作康普茶的基本流程：

1. 製作果汁、茶或浸漬液，加糖後冷藏。

2. 取先前製作的康普茶做回添發酵，以降低酸鹼值（見 33 頁）。

3. 加入 1 塊 SCOBY 或切片的 SCOBY，至少覆蓋液面 25%。

4. 容器加蓋，並讓混合物靜置發酵，理想上要放在比室溫稍高的溫度中。

5. 經常試試康普茶的味道，一旦酸甜的平衡達到理想程度，就取出 SCOBY 並保存起來，然後過濾康普茶，再放在冷藏庫中。

因此，關於本章所提到的平衡和時間點，有一個顯而易見的問題：製作康普茶應該要添加多少糖？

首先要知道，如果把 1 塊 SCOBY 放在 1 罐清水裡，它會

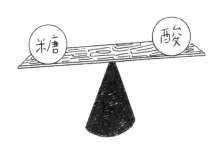

康普茶的甜味漸減，酸味就漸增。

因缺乏新陳代謝所需的糖分而死亡。相對的，如果把 1 塊 SCOBY 放在飽和的糖液中，它也會因為高濃度的蔗糖而死亡；微生物無法在這樣的環境下作用。這也是為什麼蜂蜜永遠不會壞掉，因為大部分成分是糖。

簡言之，康普茶應該加多少糖，這件事並沒有完美的標準答案，但是幾次反覆試驗讓我們知道大概要放多少。

甜度的表示方式是布里糖度（°Bx），也就是溶解的蔗糖（食用糖）量占總溶液多少百分比。計算方式是糖的重量除以糖和水加起來的總重量。我們發現，以高糖度（35°Bx，超甜）製作的康普茶絕不會比中糖度做出來的好喝。以 35°Bx 製作的康普茶含太多糖**和**太多酸。我們大部分的康普茶配方設定在 12°Bx。

至於康普茶發酵時間的長短，若把發酵過程想像成一道曲線就會很清楚。一開始，液體嘗起來熟悉又有點乏味。舉例而言，加了糖的接骨木花浸漬液一開始嘗起來就像沒什麼氣的汽水，但是第 7 天開始，康普茶來到曲線的高峰，喝起來就像令人驚艷的氣泡酒（但不含酒精）。原始的花香風味浮現出來，同時帶有氣泡與清爽感。但是過了高峰，康普茶會往曲線的另一端移動，變得酸嗆難喝。

和其他發酵相比，採收之後的康普茶更需要在適當期間喝完或煮完。在 Noma，我們常常會把康普茶冷凍起來，以暫停發酵作用，並確保康普茶維持在曲線的高峰。我們也會透過巴氏殺菌法達到這個效果，但是加熱之後，康普茶的風味會變差、變淡。

照顧你的 SCOBY ——

我們不但發現康普茶很美味，也認為製作和觀察它的成長過程十分有趣。照顧自己的康普茶時，會開始對它產生感情，就像人們培養酸麵團酵種時那樣滿心歡欣。

雖然沒有康普茶寵物店，但是在許多網站上都可以買到活的 SCOBY（見 447 頁〈發酵資源〉），更不用說天然食品店和釀造用品店。SCOBY 一般會置於小量的酸味康普茶基液中，以真空密封袋或真空罐裝的型態來販售。健康的菌種看起來應該像是半透明且緊實的明膠圓片。由於 SCOBY 需要空氣才能繁殖，所以收到之後必須馬上放到可以接觸到空氣的容器中。

如果你不打算馬上釀造康普茶，就必須先讓 SCOBY 處於靜止狀態。把 20% 的糖漿拌勻（水 800 克加糖 200 克，煮滾放涼），然後和新的 SCOBY 一起置於敞開的罐子裡。用透氣的布巾或濾布蓋起來，再以橡皮筋固定。請確保把 SCOBY 所附的全部液體倒進去，因為裡頭充滿同樣的細菌、酵母菌和酸，可以形成快樂的菌落。

現在，就像酸麵團酵種一樣，在康普茶釀造好到下一次釀造之間，都要餵養 SCOBY。如果你定期製作康普茶，就能掌握穩定節奏，把 SCOBY 從這一批康普茶放到下一批裡，持續讓它有事做。如果你採收了康普茶卻還沒準備好做下一批，就必須讓 SCOBY 漂浮在康普茶或糖漿裡，液體重量大約是 SCOBY 的兩倍。這樣的液體可以讓 SCOBY 維持一陣子，但 SCOBY 終究會把所有糖轉變成酸，這時你就必須幫它換新家。每 2-3 週就要重複這個程序：製作新鮮糖漿並把 SCOBY 移過去。（也可以把 SCOBY 冷藏起來，減緩它的新陳代謝，但我們喜歡把它養在接近室溫的環境下，準備好隨時做下一輪。）如果你發現 SCOBY 的表層乾掉了，請用下方的液體塗濕，讓表面維持酸化。

照顧你的 SCOBY，意即在製作每一批康普茶之間，要幫它準備一個合適的家。

要讓 SCOBY 長壽，另一個重要因素是爲它準備好環境（我們稱之爲回添發酵，見 33 頁）。如果把 SCOBY 直接放在含糖的液體中（茶、果汁、牛奶等等），其他野生酵母和細菌會爭奪液體中的糖，並帶來不討喜的霉味。更糟的是野生的真菌會產生水溶性的毒素，包括不好的麴菌（Aspergillus）。若要預防我們不想要的微生物生長，必須添加一些前一批的康普茶（如果這是你的第一輪康普茶，可以添加一些市售的康普茶）。

把一些康普茶添加到混合液中（總重量的 10%），會降低溶液的酸鹼值（通常會降到 5 以下），這樣就足以預防其他微生物生長。SCOBY 不僅可以耐受低酸鹼值，甚至可以在這樣的環境下成長茁壯。加入的康普茶還可以加強我們想在溶液中繁殖的細菌和酵母菌。

有一點必須注意，SCOBY 會帶有基底發酵液的風味，刺鼻的風味會被帶到下一批康普茶裡。爲避免此情形，每次都應該用 SCOBY 來發酵同樣或類似風味的液體。Noma 的 SCOBY「活體庫房」儲存了每一種基底發酵液。

SCOBY 是生物體的群落，人類在其中扮演要角。

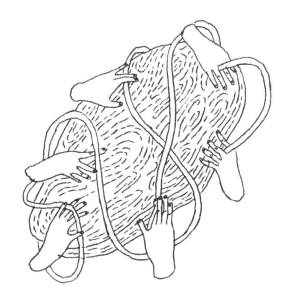

布里糖度和折射計

19 世紀早期，德國工程師阿道夫‧布里（Adolf Brix）發明了用於啤酒和葡萄酒業的布里糖度系統，因此糖度以他為名。布里糖度（°Bx）本身不是測量值，而是一種尺度對應溶液的比重。比重是溶液（例如糖漿）密度對一般水的密度的比值。溶液含越多糖，比重就越高。布里糖度是把比重轉換成度，讓我們對液體能用數值來評估甜度。

以下舉實例來理解布里糖度：簡易糖漿（以重量計 1 份糖兌 1 份水）的糖度是 50° Bx，而濃縮糖漿（以重量計 2 份糖兌 1 份水）的糖度則為 66.7° Bx。

可以用折射計（也稱糖度計）來測量布里糖度。溶解到溶液中的蔗糖會改變水折射光線的角度。折射計可以測量出這種角度變化，然後換算成布里糖度。Noma 用折射計來密切監測所有發酵計畫，並確保每批成品的品質穩定，但你不一定要買折射計，本書的食譜即使沒折射計也能做出來。

那要如何建立這樣的「庫房」呢？嗯，如果你想要，可以在 SCOBY 原本附的發酵液裡培養出新的 SCOBY，發酵液裡充滿生物體，可以為康普茶帶來生命力，從無到有產生一塊新的 SCOBY。但用此法培養 SCOBY 極其緩慢，如果你想要培養一塊新的 SCOBY 來做不同風味的康普茶，最好用切片來培養，也就是直接切下一片 SCOBY，放到準備好的糖漿裡。或者，你可以把一大塊 SCOBY 放在沒有添加任何東西的白糖漿裡養，每次要做新的康普茶就切一小片來用。

（我們不建議用市售瓶裝康普茶來培養 SCOBY，因為不論市售產品以哪一種方式封存，都會讓 SCOBY 缺氧。我們不知道市售瓶裝康普茶在架上放了多久，沒辦法保證微生物健康到能產生新的 SCOBY。）

最後，請隨時要有 SCOBY 可能會死去的心理準備。你可能以為很多種基底發酵液做出來的康普茶都會很好喝，但事實上，其中有一些所含的天然抗真菌或抗細菌成分會殺死 SCOBY。我們第一次用黑蒜高湯試做康普茶時，花了大概 20 天才適當酸化，時間是其他康普茶的兩倍之久。我們小看了蒜頭天然的化學抗菌機制。蒜頭含有蒜素（allicin）這種硫基化合物，會形成蒜頭的香氣並消滅真菌。

我們懷疑高湯裡的蒜素干擾了 SCOBY 的酵母菌複製，幸好還是有一些酵母菌挺過來了。我們開始做下一批黑蒜高湯康普茶時，就擁有專門能在含有蒜素的環境中發酵的健康 SCOBY 了。發酵是即時的進化，過程令人著迷不已。

折射計可以測量溶液的折射率，進而測出溶液的糖含量。

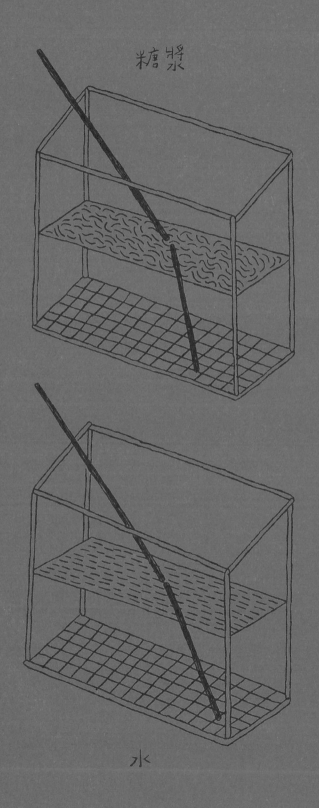

糖漿
糖水

水

上圖：保存得當的 SCOBY 可以用來
發酵數批檸檬馬鞭草康普茶。

右頁圖：新鮮檸檬馬鞭草能夠帶來
滿室清香。

檸檬馬鞭草康普茶

製作檸檬馬鞭草康普茶
2 公升

糖 240 克

水 1.76 公斤

乾燥的檸檬馬鞭草 20 克

未經巴氏消毒的康普茶 200 克（或 SCOBY 包裝中附的發酵液）

SCOBY 1 塊（見 447 頁〈發酵資源〉）

經典康普茶是用加糖的茶湯釀造，我們將遵照這個方法製作康普茶，唯一的不同在於我們的基底發酵液是香料植物浸漬液，而不是一般的茶葉浸漬液。你想要的話，可以把檸檬馬鞭草換成不同的香料植物或茶葉，同樣能掌握好影響康普茶風味、甜度、酸度還有發酵時間的各種因素。

哥本哈根的地質使自來水質偏硬、富含礦物質，會讓康普茶的風味有偏差，所以我們製作發酵物所用的水經過逆滲透系統過濾。如果你住的地方水質比較軟，自來水應該不會傷害發酵物。如果有疑慮，就先把水過濾好。

使用器具

製作康普茶不需要太多器具，只要有容量 2.5 公升以上的玻璃或塑膠容器。不要使用金屬容器，金屬會和康普茶所含的酸產生不良反應，而且無法觀察發酵狀態。SCOBY 需要氧氣，所以要避免酒瓶那一類的窄頸容器。大型廣口玻璃罐極其好用，透明塑膠桶還有高的特百惠（Tupperware）容器也很棒。你也需要用濾布或透氣的布巾蓋住罐口，並且用大條橡皮筋固定。處理 SCOBY 時最好戴上丁腈橡膠或乳膠手套。

檸檬馬鞭草康普茶，第 1 天

第 4 天

第 7 天

操作細節

一開始，用少量的水溶化糖。（只需要用重量相等的水及糖，糖能完全溶掉就好，加熱全部的水太浪費時間了。此外，把 SCOBY 放進去之前必須等水涼，酵母菌跟醋酸菌沒辦法耐受 60°C 以上的溫度。）以中型湯鍋盛裝糖和水 240 克，煮滾。鍋子離火，將檸檬馬鞭草放入，不加蓋，讓檸檬馬鞭草浸泡 10 分鐘左右。

茶浸泡好，將剩餘的 1.52 公斤水倒入攪拌，然後用細網篩或錐形篩過濾到乾淨的發酵容器中。

將未經巴氏消毒的康普茶 200 克倒入容器中（也就是其他材料重量的 10%）做回添發酵，來啟動發酵作用，並預防我們不想要的微生物生長。理想上要加入前一批檸檬馬鞭草康普茶或者口味互補的康普茶來做回添發酵。如果這是你第一輪做康普茶，就添加 SCOBY 包裝裡附的發酵液，並用乾淨的湯匙攪拌均勻。

戴上手套，把 SCOBY 小心放入液體中。SCOBY 應該會浮在液面上，如果沉下去也不用太擔心，有時候要 1-2 天才會浮上表面。

用濾布或透氣的布巾蓋住發酵容器頂部，然後用橡皮筋固定。果蠅特別**喜愛**醋酸跟酒精的味道，所以會靠近你的康普茶，要盡你所能隔絕牠們。

標示康普茶的種類、製作日期，以便追蹤進度。

SCOBY 在稍微溫暖的環境下最能發揮作用。如果在夏天釀造康普茶，可能會發現做起來比冬天快。在 Noma 發

酵實驗室裡，我們把房間維持在 28°C，以利快速製造康普茶，但你不需要特地打造一間專屬房間來製作康普茶。康普茶在較低的室溫下也能順利發酵，只是慢了些。如果你想要，可以把康普茶放在靠近散熱器的地方或者廚房比較高的櫥櫃上，提供康普茶稍微溫暖的環境。

隨著時間過去，你會注意到 SCOBY 受到液體中的糖滋養而快速生長。大約每隔一天掀開覆蓋的濾布看一下 SCOBY，它應該會往容器邊緣延伸，同時中間也會變厚。酵母菌會釋放二氧化碳，所以也可能看到 SCOBY 底下有氣泡。如果發現 SCOBY 的頂層乾掉了，可用湯勺澆一些液體上去。液體可以保持 SCOBY 酸化，避免黴菌生長。

我們可以用幾種方法測量康普茶的進展。最簡單的就是你早已備好的方法：嘗嘗看。在 Noma，我們希望做出來的康普茶能維持基底食材的本質，同時建立層次和酸甜的和諧對比。簡單來說，覺得好喝的時候就是做好了。我們餐廳釀造的康普茶通常發酵 7-9 天就會達到想要的滋味。如果你喜歡酸的康普茶，就再發酵 1-2 天。

我們在發酵實驗室用專業設備測量康普茶的酸度和甜度，使每批成品的品質一致。用折射計可以測量釀造成品的糖度。開始時先量一次，就知道最初含多少糖，接下來每次測量就會知道還剩下多少糖。酸鹼度計或酸鹼試紙則可以測量酸含量。浸漬過的檸檬馬鞭草糖漿一開始的酸鹼值在 7 以下，接近中性。用前一批的康普茶做回添發酵，會讓酸鹼值降到 5 左右。發酵作用會讓酸度增加到 3.5-4。如果你有設備也有意願，就持續追蹤康普茶的進展，並測量最後成品的酸鹼值與糖含量，這樣比較容易複製出相同成品。

康普茶裝瓶

把康普茶裝瓶可以延長保存期限並幫助產生碳酸。在你覺得康普茶的風味可以令你滿意的**前** 1-2 天（抓這個時間點需要靠經驗），過濾出液體，裝到消毒過的夾扣式瓶子中冷藏（如果你有鎖蓋工具，也可以用一般的啤酒瓶）。液體中殘餘的細菌和酵母菌會繼續作用，即使冷藏時也是。封裝瓶會鎖住發酵產生的氣體，部分氣體會溶解在液體中。以開放容器發酵的康普茶只有一點點氣泡，但裝瓶後氣泡會增加。

小心不要太早把康普茶裝瓶。如果康普茶裡面還殘留太多糖，就會產生過量二氧化碳，可能導致玻璃瓶爆開。若要降低這個風險，裝瓶前請確認康普茶已經差不多要做好了，如果你用折射計測量，大約是 8° Bx。請務必把裝瓶的康普茶冷藏保存，並在幾週內喝完。

如果 SCOBY 上出現有色黴菌（粉紅色、綠色或黑色），表示一開始的基底發酵液可能不夠酸。（不過健康的 SCOBY 也可能慢慢出現不同的顏色。）致病性黴菌可能產生有害毒素並溶解在液體中，這種情況下就不要留下液體或 SCOBY。你隨時可以釀造更多康普茶，所以不值得冒險分辨入侵的是壞黴或好黴。

當你滿意康普茶的風味時，就戴上手套取出 SCOBY，放到大小適中的塑膠或玻璃容器中，並以 SCOBY 體積 3-4 倍的康普茶浸泡起來。用濾布或透氣的布巾蓋住容器，並以橡皮筋固定。如果你這幾天就要再做下一批康普茶，可以把 SCOBY 放在室溫下沒關係。如果近期沒有要用 SCOBY，就冷藏，要用再取出。（詳細說明見 116 頁〈照顧你的 SCOBY〉。）

用鋪上濾布的篩子或細錐形篩過濾剩餘的康普茶。你可以立刻享用、保存起來稍後再喝或用在其他食譜中。康普茶置於密封容器中冷藏 4-5 天，風味都不太會變。如果你做了比較多，無法馬上用完，也可以用氣密塑膠容器或真空袋封裝冷凍。冷凍前，先把康普茶冷藏幾個小時，減緩發酵作用再封裝，否則結凍前可能會充氣膨脹，甚至爆開。

你可能要試個幾次才能做出願意帶到公司或學校分享的康普茶。沒關係！發酵過頭的康普茶還是可以用來做糖漿。同時，SCOBY 也很樂意泡在新一批康普茶裡，所以就繼續試吧！

在康普茶達到你想要的酸度前幾天，把它裝到
夾扣式瓶子中，它會繼續發酵並產生碳酸。

1. 水、SCOBY、檸檬馬鞭草、糖和康普茶成品。

2. 用重量相等的糖和水做成糖漿。

3. 把檸檬馬鞭草放到糖漿裡浸泡，再倒入其餘的水。

4. 將檸檬馬鞭草浸漬液用細網篩過濾到乾淨的容器裡。

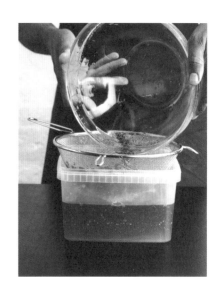

5. 添加未經巴氏消毒的康普茶來做回添發酵。

6. 把 SCOBY 放入發酵容器中,用布蓋好。

加入前一批康普茶來做回添發酵可降
低酸鹼值，同時也加入一群健康的細
菌和酵母菌。

玫瑰康普茶

製作玫瑰康普茶 2 公升

糖 240 克

水 1.76 公斤

野玫瑰花瓣 200 克

未經巴氏消毒的康普茶 200 克（或 SCOBY 包裝中附的發酵液）

SCOBY 1 塊（見 447 頁〈發酵資源〉）

在丹麥，到處都可以看到綻放的野玫瑰，稀疏的花朵與小巧的花瓣不像人工培養的混種玫瑰那麼引人注目，但香氣和風味卻格外迷人。這款康普茶保有甜玫瑰香味，也與發酵作用帶來的鮮明酸味達到平衡。如果你找不到野玫瑰，可以選擇香氣明顯但沒有噴灑化學藥劑或受汙染的任何一種花，花瓣大小不是那麼重要。

檸檬馬鞭草康普茶（見 123 頁）的操作細節可套用到本章所有康普茶食譜，建議先閱讀過該食譜，再來做這款玫瑰康普茶。

以中型湯鍋盛裝糖和水 240 克，煮滾，攪拌到糖溶解。離火，再把其餘的水 1.52 公斤倒進去，使糖漿快速冷卻。

糖漿冷卻至室溫，與玫瑰花瓣一起用果汁機攪打。花瓣沒辦法完全打成泥，但應該會變成碎片。把液體倒入容器中加蓋冷藏過夜，使之入味。

隔天，用細網篩將玫瑰甜茶過濾到發酵容器中。將未經巴氏消毒的康普茶 200 克倒入並攪拌，做回添發酵。戴上手套，把 SCOBY 小心放入液體中。用濾布或透氣的布巾

玫瑰康普茶，第 1 天

蓋住發酵容器，然後用橡皮筋固定。把康普茶標示好，並存放於溫暖處。

讓康普茶靜置發酵，每天追蹤進展。請確保 SCOBY 的表面頂層不會乾掉。必要時，用湯勺澆一些液體上去。當你滿意康普茶的風味時（大約是開始發酵後 7-10 天），就把 SCOBY 移到另一個容器保存，並過濾康普茶。你可以馬上享用，或者冷藏、冷凍、裝瓶。

第 4 天

建議用途

鴨肉玫瑰李子醬 Rose-Plum Sauce for Duck

玫瑰康普茶可以當作帶酸味、花香味的李子醬汁基底，用來搭配烘烤鴨胸或燒烤哈羅米乳酪（halloumi）。把大約等量的乳酸發酵李果肉（見 69 頁）和玫瑰康普茶（各 200 克）用果汁機打到滑順，就可以做出相當多的醬汁了。（如果你沒有乳酸發酵李，可以用 ½ 分量的市售日本梅干。）用細網篩過濾，添加一點橄欖油和少許碎花椒粒，用小碟盛裝出菜。

第 7 天

玫瑰康普茶與琴酒調酒 Gin and Rose Cocktail

Noma 的佐餐果汁菜單（其中有很多項添加了康普茶）用意就是讓饕客在佐餐葡萄酒之外有其他選擇，但不表示康普茶不能添加酒類。這個週末夜試試看，抓一把新鮮莓果和玫瑰康普茶 50 毫升攪拌在一起，再添加琴酒（或伏特加）28 毫升，過濾後倒進裝了冰塊的威士忌岩杯中。

莓果玫瑰蔬果漿 Berry-Rose Coulis

把玫瑰康普茶 500 克和當季莓果 250 克用果汁機攪打均勻。打越久，莓果釋放的果膠就越多，成品就越濃稠。此時，無需過濾，直接上桌就是清爽美好的夏日點心，或者也可以用細網篩過濾，搖身一變成爲清爽的蔬果漿，或者當作冰淇淋或義式奶酪的頂飾配料。

用鼓狀篩過濾玫瑰莓果泥，使質地更細緻。

蘋果康普茶是本書中最簡單也最萬
用的康普茶。

蘋果康普茶

製作蘋果康普茶 2 公升

未過濾的蘋果汁 2 公斤

未經巴氏消毒的康普茶 200 克（或 SCOBY 包裝中附的發酵液）

SCOBY 1 塊（見 447 頁〈發酵資源〉）

你可以用當地品種的蘋果來自製蘋果汁，用果汁機打到你喜歡的程度。但也可以用優質的市售未過濾蘋果汁。農夫市集常會販售新鮮現榨的當季蘋果汁。果汁含有天然糖分，所以這份食譜裡不必加糖。

檸檬馬鞭草康普茶（見 123 頁）的操作細節可套用到本章所有康普茶食譜，建議先閱讀過該食譜，再來做這款蘋果康普茶。

把蘋果汁倒入發酵容器中，再將未經巴氏消毒的康普茶 200 克倒入攪拌來做回添發酵。戴上手套，把 SCOBY 小心放入液體中。用濾布或透氣的布巾蓋住發酵容器，然後用橡皮筋固定。把康普茶標示好，並放在溫暖處。

讓康普茶靜置發酵，每天追蹤進展。請確保 SCOBY 的頂層不會乾掉。必要時，用湯勺澆一些液體上去。當你滿意康普茶的風味時（大約是開始發酵後 7-10 天），就把 SCOBY 移到另一個容器保存，並過濾康普茶。你可以馬上享用，或者冷藏、冷凍、裝瓶。

蘋果康普茶,第 1 天

第 4 天

第 7 天

建議用途

蘋果康普茶香料植物提神飲 Apple Kombucha Herb Tonic

把蘋果康普茶和新鮮香料植物混和攪打,可以帶來夢幻的香氣。身在哥本哈根的我們很幸福,只要在附近走走就能撿到花旗松的嫩枝來做香醇的蘋果松樹提神飲。(把新鮮松針葉 25 克和蘋果康普茶 500 克以果汁機攪打、過濾即成)。你也可以在當地市場為蘋果康普茶找到許多合適的搭配。用一般果汁機將羅勒 1 把(或鮮摘迷迭香針葉 10 克)與蘋果康普茶 500 克混和攪打,用細網篩過濾後,就是一杯使人活力充沛的提神飲料。

蘋果蔬果昔 Apple-Vegetable Smoothie

把煮好的蔬菜和水果康普茶混和攪打,是攝取一些纖維的方法(這也是把蔬菜偷渡到小朋友飲食中的好方法)。蘋果康普茶很適合搭配菠菜、酸模、甘藍或烘烤甜菜(這和玫瑰康普茶也很搭)。蔬菜富含纖維,用果汁機打過之後可以增加飲料的濃稠度。康普茶對蔬菜的比例是 4:1,打至少 1 分鐘,用細網篩過濾,就可以享用了。

把蘋果康普茶和香料植物一起打勻（此例為
花旗松針葉），就可以做出爽口的提神飲。

接骨木花康普茶就像是瓶裝版的斯
堪地那維亞夏日。

140

接骨木花康普茶

ELDERFLOWER
KOMBUCHA

製作接骨木花康普茶
2 公升

糖 240 克

水 1.76 公斤

新鮮接骨木花 300 克

未經巴氏消毒的康普茶 200 克（或
SCOBY 包裝中附的發酵液）

SCOBY 1 塊（見 447 頁〈發酵資源〉）

接骨木花是斯堪地那維亞地區的夏日代表風味。小巧、帶有香甜味的白色花朵，年復一年出現在 Noma 的菜單上。在北半球許多溫帶地區和澳洲及南美的某些地區，都可以在初夏時節看到接骨木花。

檸檬馬鞭草康普茶（見 123 頁）的操作細節可套用到本章所有康普茶食譜，建議先閱讀過該食譜，再來做這款接骨木花康普茶。

以中型湯鍋盛裝糖和水，煮滾，攪拌到糖溶解。同時，把花朵放到不會起化學反應的耐熱容器中，再把熱糖漿倒進去，放涼至室溫，加蓋冷藏過夜，使之入味。

隔天，用細網篩將接骨木花糖漿過濾至發酵容器中。擠壓花朵，盡可能把液體萃取出來。將未經巴氏消毒的康普茶 200 克倒入攪拌，做回添發酵。戴上手套，把 SCOBY 小心放入液體中。用濾布或透氣的布巾蓋住發酵容器，然後用橡皮筋固定。把康普茶標示好，並放在溫暖處。

讓康普茶靜置發酵，每天追蹤進展。請確保 SCOBY 的頂層不會乾掉。必要時，用湯勺澆一些液體上去。當你滿

接骨木花康普茶，第 1 天

意康普茶的風味時（大約是開始發酵後 7-10 天），就把 SCOBY 移到另一個容器保存，並過濾出康普茶。你可以馬上享用，或者冷藏、冷凍、裝瓶。

建議用途

接骨木花法式酸奶油 Elderflower Crème Fraîche

混和康普茶和乳製品的實驗在 Noma 的菜單上處處可見，你在家或許也可以找到各種用法。混和鮮奶油 800 克、全脂鮮乳 200 克和接骨木花康普茶 200 克，用濾布蓋住並靜置在室溫下發酵 2-3 天。鮮奶油會變濃稠，接骨木花的風味會讓酸奶油帶有花香，就像軟質白黴乳酪一樣。

第 4 天

余燙去莢新鮮甜豆 1 碗拌上幾匙這種奶油，再以爽脆的紅皮蘿蔔薄片和少量鮮摘香料植物，例如檸檬百里香、檸檬馬鞭草或細葉香芹來裝飾，就可以當作中午野餐的清爽開胃菜。

第 7 天

混和接骨木花康普茶、鮮奶油、牛奶，
做出有明顯花香的法式酸奶油。

咖啡康普茶為咖啡渣帶來新生命。

咖啡康普茶

製作咖啡康普茶 2 公升

糖 240 克

水 1.76 公斤

咖啡渣 730 克，或新鮮研磨的咖啡 200 克

未經巴氏消毒的康普茶 200 克（或 SCOBY 包裝中附的發酵液）

SCOBY 1 塊（見 447 頁〈發酵資源〉）

用過的咖啡渣其實還有充足風味，而咖啡康普茶可以爲咖啡渣帶來第二春。如果你想要，可以用新的研磨咖啡，但用量不需要那麼多。不要用深焙的咖啡，以免太苦，淺焙咖啡可以讓優質咖啡豆富有層次的果香味充分展現。

檸檬馬鞭草康普茶（見 123 頁）的操作細節可套用到本章所有康普茶食譜，建議先閱讀過該食譜，再來做這款咖啡康普茶。

以中型鍋盛裝糖和水 240 克，煮滾，攪拌到糖溶解。同時，把咖啡渣放到不會起化學反應的耐熱容器中，先倒入熱糖漿，再把其餘的水 1.52 公斤倒入。讓咖啡渣糖漿放涼至室溫，加蓋冷藏過夜，使之入味。

隔天，用鋪了濾布的細網篩過濾咖啡渣糖漿至發酵容器中。將未經巴氏消毒的康普茶 200 克倒入攪拌做回添發酵。戴上手套，把 SCOBY 小心放入液體中。用濾布或透氣的布巾蓋住發酵容器，然後用橡皮筋固定。把康普茶標示好，並放在溫暖處。

咖啡康普茶，第 1 天

第 4 天

第 7 天

讓康普茶靜置發酵，每天追蹤進展。請確保 SCOBY 的頂層表面不會乾掉。必要時，用湯勺澆一些液體上去。當你滿意康普茶的風味時（大約是開始發酵後 7-10 天），就把 SCOBY 移到另一個容器保存，並過濾出康普茶。你可以馬上享用，或者冷藏、冷凍、裝瓶。

建議用途

咖啡康普茶提拉米蘇 Coffee-Kombucha Tiramisu

下次你要舉辦晚餐聚會，不要用咖啡來浸手指餅乾，改用咖啡康普茶吧！提拉米蘇的卡士達醬十分濃郁香甜，配上令人精神為之一振的咖啡康普茶，是完美的對比組合。

歐洲防風草塊根搭配咖啡康普茶釉汁
Parsnips Glazed with Coffee Kombucha

假設你有一鍋削了皮、切四等分的歐洲防風草塊根，正在爐子上用冒泡的奶油慢慢焦糖化，那麼，起鍋前 2 分鐘，放入鼠尾草和百里香各 1 小枝，把火稍微調大，倒入咖啡康普茶大約 120 克溶解鍋底褐渣。平晃鍋子，汁液變濃稠並開始沾附到歐洲防風草塊根上時要特別留意。最後 1 分鐘，將奶油 1 大匙放入，讓奶油融化並裹上歐洲防風草塊根。起鍋並撒一點煙燻鹽，就大功告成。

煎烤歐洲防風草塊根裹上以咖啡康普茶和奶
油製成的釉汁。

把楓糖康普茶濃縮成更棒的糖漿，
讓一切回到最初始。

楓糖康普茶

製作楓糖康普茶 2 公升

純楓糖漿 360 克

水 1.64 公斤

未經巴氏消毒的康普茶 200 克（或
SCOBY 包裝中附的發酵液）

SCOBY 1 塊（見 447 頁〈發酵資源〉）

使用真正優質的純楓糖漿，不要用許多雜貨店會賣的食用
色素玉米糖漿。康普茶成品的品質取決於使用的原料。

檸檬馬鞭草康普茶（見 123 頁）的操作細節可套用到本章
所有康普茶食譜，建議先閱讀過該食譜，再來做這款楓糖
康普茶。

楓糖漿所含的糖早已溶解，所以不需要加熱，但需要加水
稀釋成到甜度大約 12°Bx。把楓糖漿、水和未經巴氏消
毒的康普茶 200 克倒入發酵容器，並攪拌均勻。戴上手
套，把 SCOBY 小心放入液體中。用濾布或透氣的布巾蓋
住發酵容器，然後用橡皮筋固定。把康普茶標示好，並放
在溫暖處。

讓康普茶靜置發酵，每天追蹤進展。請確保 SCOBY 的頂
層不會乾掉。必要時，用湯勺澆一些液體上去。當你滿
意康普茶的風味時（大約是開始發酵後 7-10 天），就把
SCOBY 移到另一個容器保存，並過濾出康普茶。你可以
馬上享用，或者冷藏、冷凍、裝瓶。

楓糖康普茶，第 1 天

第 4 天

第 7 天

建議用途

法式四香調酒 Quatre Épices Cocktail

把法式四香粉 25 克放入楓糖康普茶 500 克中冷泡幾天，可作爲聖誕季的飲料。若要自行混和四種辛香料，作法是取白胡椒 2 份、丁香 1 份、磨碎的肉豆蔻 1 份和薑粉 1 份，稍微乾炒出香味，然後直接加入康普茶裡。加蓋好冷藏至少 2 天，享用前再過濾。等孩子睡著後，倒一點咖啡香甜酒進去，喝起來更有節慶風味。

楓糖康普茶糖漿 Maple Kombucha Syrup

把楓糖康普茶收乾，讓它回復原狀，變回酸酸甜甜的可口糖漿。楓糖康普茶 1 公升放入醬汁鍋，開小火，慢慢收乾，直到會沾附在湯匙背面而不滴落。千萬別猴急，以免不小心煮滾而失去大部分的香氣和細微層次。收乾後，讓糖漿冷卻至室溫，並密封冷藏。楓糖康普茶糖漿和巧克力是不可思議的對味組合。你可以自己做巧克力慕斯然後淋上這種糖漿試試看。

康普茶烤肉醬 Kombucha BBQ Sauce

楓糖康普茶有種絕佳的運用方式：加在經典烤肉醬裡面（其他種康普茶糖漿也可以作此用途）。雖然許多烤肉醬的配方都有列出蘋果醋，以加入的酸度，但還是偏甜。用康普茶糖漿取代糖，就能帶來甜味，且由於它帶有更重的酸味，還可消解較油食材（例如肋排或雞腿）的油膩感。

以經典法式四香冷萃楓糖漿，
作為不含酒精的調酒。添加一
點咖啡香甜酒，就可以做成真
正的調酒。

芒果康普茶是用果泥做成，比其他康普茶更濃厚、更有口感。這款食譜用的是肯特芒果（Kent Mango），但其他許多品種都可以發酵出各自的獨特風味。

芒果康普茶

MANGO
KOMBUCHA

製作芒果康普茶 2 公升

糖 170 克

水 970 克

去皮切丁的成熟芒果肉 800 克

未經巴氏消毒的康普茶 200 克（或
SCOBY 包裝中附的發酵液）

SCOBY 1 塊（見 447 頁〈發酵資源〉）

本書其他康普茶都是比較稀的液體，黏滯性和水沒有太大差別。爲墨西哥圖倫（Tulum）快閃餐廳研發菜色的時候，我們想要用某種討喜但又能適當發酵的液體，爲佐餐果汁中的康普茶增添口感。如果果泥太濃稠，微生物就會被困住而不能自由活動。我們發現把等量芒果肉和水用果汁機攪打 1 分鐘，就能達到我們想要的質地。

因爲芒果泥不透明，無法用折射計測糖含量，所以眞的要靠你的味蕾來判斷。一般而言，越熟、越甜的芒果是越好的選擇。

檸檬馬鞭草康普茶（見 123 頁）的操作細節可套用到本章所有康普茶食譜，建議先閱讀過該食譜，再來做這款芒果康普茶。

以中型鍋盛裝糖和水 170 克，煮滾，攪拌到糖溶解，離火並冷卻至室溫。芒果和其餘的水以果汁機攪打約 1 分鐘，直到滑順。依果汁機容量，可能要分批攪打。

用細網篩將芒果泥過濾至發酵容器中，將簡易糖漿和未經巴氏消毒的康普茶 200 克倒入攪拌。戴上手套，把

芒果康普茶，第1天

第4天

第7天

SCOBY 小心放入液體中。用濾布或透氣的布巾蓋住發酵容器，再用橡皮筋固定。把康普茶標示好，放在溫暖處。

讓康普茶靜置發酵，每天追蹤進展。芒果泥可能會分離，變成一層厚泥浮在稀薄的液體上面，這樣沒關係，只不過 SCOBY 可能比較難得到所需要的氧氣。每天用乾淨湯匙伸到 SCOBY 下方把果泥攪拌均勻可以幫助生長，但注意不要攪過頭。也可以用湯勺澆一些液體到 SCOBY 上，把比較重的芒果泥沖下去。

當你滿意康普茶的風味時（大約是開始發酵後 7-10 天），把 SCOBY 上的芒果泥盡量刮掉，然後移到另一個容器保存。用鋪了濾布的細網篩過濾康普茶。你可以馬上享用，或者冷藏、冷凍、裝瓶。

建議用途

芒果西班牙冷湯 Mango Gazpacho

比較濃厚、有口質的康普茶拿來做為冷湯的基底也很不錯。想做出不一樣的西班牙冷湯，首先把 3 顆牛番茄切塊、壓碎並濾汁。混和番茄汁和芒果康普茶 500 毫升，並用鹽調味。添加一點綜合蔬菜：燒烤蘆筍切片、片菜丁、蠶豆，或燒烤青蔥切片，還有石榴籽 1 匙，以增加爽脆咬感。最後撒上燒烤過的歐芹和芫荽葉就完成了。

芒果檸檬香茅油醋醬 Mango-Lemongrass Vinaigrette

不像用法式花藥草茶或其他浸漬液做的康普茶，用果泥做的用途就沒那麼廣，不過你還是可以善加利用芒果康普茶的黏滯性和甜分。將檸檬香茅1根、芫荽1把和芒果康普茶500毫升一起攪拌，靜置15分鐘後過濾。加入幾滴健康的辛香料辣油，並用少許鹽調味。這款油醋醬可搭配烘烤全魚或燒烤蔬菜（如青江菜或酪梨），也可以用來裹上烘烤豬肩胛肉或燒烤干貝。

將新鮮香料植物和芒果康普茶一起搗過，會成為更具特色的飲料（或冷湯）。

4.

醋
Vinegar

—

醋讓一切變得更好

加一點醋可以爲你煮的任何東西增添一點清爽感，這是整個歐洲、甚至整個西方社會很流行的烹飪方式。你下次可以在市售橘皮果醬裡加點醋和 1 小撮鹽，口味馬上就會變得鮮明突出。如果你正在自製冰淇淋，加點果醋會帶來意想不到的風味（但要看冰淇淋種類而定）。大部分水果或煮熟的蔬菜在加點醋之後，都會變得更出色。

Noma 剛開幕時，醋大概是我們爲食物增添酸度的唯一工具。舉個例，我們用甜菜搭配蘋果，結果發現兩者之間需要另一種食物，一種帶果香味又有酸度的東西，以連結兩種主食材的土質風味和甜味。我們通常派陳年蘋果醋來執行這項任務。

在我們眞正找到乳酸發酵的方法之前，Noma 大部分都是用醋做酸漬食物。可能因爲醋漬品很容易做，所以斯堪地那維亞地區到處都有——1 份水、1 份醋、一點點鹽和糖，加上水果或蔬菜靜置即可。Noma 現在比較少出現醋漬食物，但我們還是會用植物嫩枝、菇蕈和時令花卉做一點。我們把花香味濃厚的花朵，例如接骨木花、玫瑰花瓣、款冬花、洋甘菊或蒲公英的花朵，放到蘋果醋裡冷藏幾週，做成適合搭配餐點（從烘烤骨髓到甜點都能搭）的醋漬花。醋漬花有很棒的副產品，卽使花朵早就用光了，剩下的醋會帶有花的色調與香氣，可以給帶有甜味或香鹹味的菜餚增添酸味。醋漬新鮮水果的效果也一樣好。你會發現，雜貨店賣的許多水果醋是把水果浸泡在中性無風味的醋裡製成。

協調的酸味對 Noma 的菜餚來說非常重要，這也是我們認爲醋非常好用的原因。Vinegar（醋）這個字源於拉丁文的 vinum acer，直譯就是「酸酒」。不過，這當然只是對醋的表面認知。陳釀醋（如巴薩米克醋）既有良好質

浸泡在醋裡一年的莓果和綠色蔬菜
Noma，2016

這道讓味蕾清新的菜包含乳酸發酵紅鵝莓和野生
櫻桃，搭配以南瓜醋醃漬的雞油菌、以玫瑰果醋
醃漬的玫瑰花瓣、以蘋果醋醃漬的接骨木花和款
冬花，還有以雲杉醋醃漬的黑醋栗嫩枝。

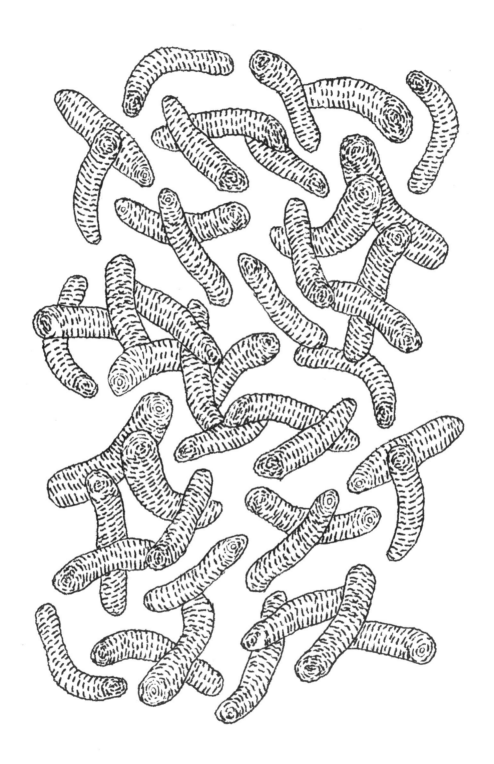

醋酸菌為好氧桿菌，雖然無法將水
變成酒，卻可以把酒變成美味的醋。

地又帶甜味。若是非常烈的醋，酸味會蓋過一切。在光譜的另一端，也有酸度相當低的醋（只有 1% 或 2%），可以直接飲用或當作醬汁。我們在夏天拿用剩的茴香莖葉製成的醋，就是拿來當醬汁用的完美例子。低酸度使食物原始風味充分發揮，增添清爽感，卻又不會減損茴香風味。

你可以在大型超市找到五花八門的醋，所以卽使不想自己釀醋，還是可以用本章建議的應用方式做做實驗。如果你準備好掉進兔子洞，就繼續讀下去。

時間的酸度試驗 ————

醋是廚房裡無所不在、無人不曉的臺柱，以至於許多人都沒想到它也是發酵產品。

事實上，醋是由一大類特定好氧菌（需要空氣才能發揮作用的細菌）將酒精發酵成醋酸製成。醋酸菌包含多種細菌，它們無所不在且由空氣傳播，存在於大部分生命體（包括你）的體表。

和康普茶一樣，醋是酵母菌和細菌合作的產物。首先，酵母菌把糖轉化成酒精，然後醋酸菌把酒精轉化成醋酸。差別在於酵母菌，釀醋者通常會挑選對酒精只有一定耐受度的酵母菌，也就是說，這種酵母菌在有機會把基底發酵液中所有糖分用光之前，就會死去。（或者有時候釀醋者會用加熱法殺死酵母菌。）要不然，一旦醋酸菌開始接著發酵，許多無法適應醋酸環境的酵母菌最後也會死亡。反之，康普茶則會變得越來越酸，直到所有糖被轉化成酒精（然後被轉化成酸），而醋則是只維持在某個酸度。

世界各地的醋會隨著文化而發展出五花八門的種類，且常

反映出當地原生的烈酒。由東方到西方，我們知道醋的發酵原料有米、高粱、小米、大麥、奇異果、蘋果、蜂蜜、莓果、椰子等等。上述絕大部分都含有可用來發酵的糖，酵母菌可以直接工作。至於米和大麥之類的穀物，則必須先由酵素把穀物中的澱粉分解成可發酵的糖。（欲知更多細節，參見 211 頁〈米麴〉一章。）

最早的醋源於已經發酵成酒精的物質，幾乎全是無心插柳的產物。微生物學問世之前，酒會酸化變成醋的原因根本是個謎。一如太陽必有起落，酒暴露在空氣中太久也一定會變成醋，但原因大家也只能猜想。

不過，這不代表人們對發酵的程序感到陌生。自人類文明建立以來，人類一直以水果釀酒。在伊朗靠近札格羅斯山脈（Zagros Mountains）某處，從西元前 6000 年新石器時代的廚房中挖掘出來的碎甕上，就有黃紅色的酒漬。幾千年後，古埃及人釀製自己的葡萄酒。有證據顯示，早在西元前 3000 年，埃及王的墳墓裡就放了一罐罐的酒陪葬。考古學家檢驗過這些罐子，也發現了醋的殘餘物質。

古代人也許不知道為什麼水果會變成酒、酒會變成醋，但他們了解這是**如何**發生。托勒密（Ptolemaic）時期的埃及紙莎草文獻《安赫舍順克的指南》（*Instruction of Ankhsheshonq*）中記載了如何保存酒：「如果沒有人把酒打開，酒就會越陳越香。」2000 年後，醋的製作方式不再神祕，這不僅是烹飪的躍進，更顛覆我們對自然的了解。

18 世紀中葉以前，主流說法是地球上的所有東西都是由火、水、土、風四種基本元素組成。現代化學的創立者之一，拉瓦謝（Antoine Lavoisier）首先提出空氣並非純粹、永恆不變的物質，而是由包括氧氣（oxygen，此名稱是拉

人類從西元前 6000 年前就開始發酵酒，接著是醋。

安東萬・拉瓦謝是現代化學的奠基者，
他發現了酒如何轉化成醋的過程。

瓦謝依據希臘文的「酸素」所創造出來）在內的各種成分組合而成。拉瓦謝以非金屬物質（如硫與磷）進行嚴謹實驗，準確推導出物質燃燒時，周遭空氣中的氧會被消耗掉，這些反應的產物就是酸。拉瓦謝推導出這些結果，並且得出結論：酒之所以變成醋，是由於空氣中的氧，氧讓醋酸菌得以進行氧化。

這項空前的發現傳遍整個歐洲，拜氧化概念之賜，醋的製作有了大幅進展。釀醋者只要增加酒的表面積，就可以加速製程。德國釀醋者便發展出「速釀法」，把酒滴灑在鬆散堆疊的木薄片上，同時使新鮮空氣不斷接觸液體，就能快速產生醋。數百年後，釀醋者依然採用此法。

我們在 Noma 也運用相同概念，並改良出自己的方式來釀醋。我們用寵物店水族寵物區就能找到的一般打氣幫浦，將氣打到即將釀成醋的液體中，為醋酸菌提供快速作用所需的氧氣。我們對待這些細菌就像在養金魚一樣，如此可以把發酵時間從數個月縮短成數週。你會在梨子酒醋（見 173 頁）的操作細節中讀到更多說明。

更快的速釀法 ———

我們在 Noma 以傳統的兩階段發酵法釀製好幾種醋，先從原料發酵出酒精，然後以我們的速釀法讓醋酸菌將酒精轉化成醋。

兩階段發酵釀醋法大致如下：

1. 把酵母菌接種到含有糖分的水果或蔬菜上，靜置發酵10-14 天，或到液體的酒精濃度達 6-7%。

2. 過濾酒精並加熱到 70°C，殺死任何殘餘的酵母菌。

3. 把液體倒進大型梅森罐裡，再倒入前一批釀好的醋，做回添發酵（見 33 頁）。

4. 開啟連接了打氣石（使空氣擴散成小泡泡的帶孔石塊或金屬）的打氣幫浦。發酵 10-14 天，或直到所有酒精轉化成醋。

我們就是這樣用梨子、蘋果和李子釀出絕佳的醋。不過，無法發酵出酒精的食材也可以釀出相當可口的醋。芹菜或茴香之類的蔬菜所含糖分太少，酵母菌無法產生足夠的酒精供醋酸菌使用。即使酵母菌能把所有可利用的糖轉變成酒精，也會耗費大量時間，使得液體很容易受到不好的微生物感染，導致變味或毀了整批醋。

為了讓醋酸菌產出酸度大約 5% 的醋，必須讓它們在酒精濃度 6-8% 的液體中作用。甜度低於 14°Bx（關於布里糖度，見 118 頁）的水果或蔬菜通常含糖量不足，無法在達到你所要的酒精濃度時，還有剩餘的糖去提供風味平衡的醋所需的甜味。這樣的情況下，為了彌補不足，我們會餵蒸餾乙醇給醋酸菌。

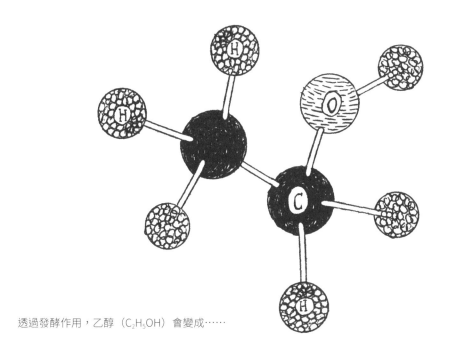

透過發酵作用，乙醇（C_2H_5OH）會變成……

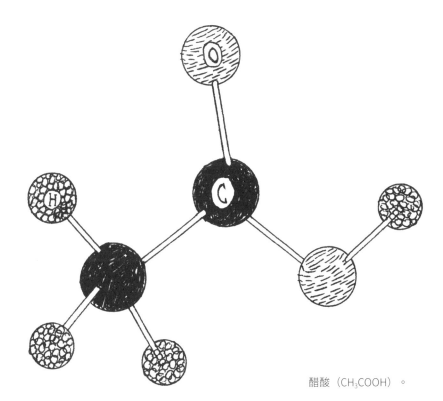

醋酸（CH_3COOH）。

乙醇（又稱乙醇酒精）是酒精飲料的成分。以純乙醇的形式販售時，稱為中性穀物烈酒或精餾烈酒，這種蒸餾產品的酒精濃度最高可達 96%（其餘 4% 是水）。有幾種品牌的瓶裝酒接近這個酒精濃度，例如北美的 Everclear 和 Gem Clear，或歐洲的 Primaspirit，這些用來釀醋都很完美。要避免使用「變性乙醇」（denatured ethanol）或其他任何標示酒精濃度 100% 的酒。不要使用任何含異丙醇、丁酮，或者除了乙醇酒精及水以外還含有其他成分的產品，食用這類產品並不安全。如果沒辦法取得乙醇，也可以使用任何沒有過多調味的酒，例如伏特加，雖然這樣需要加比較多烈酒才能達到同等的起始酒精含量。舉例而言，食譜標示需要用 100 克 96% 的乙醇，要達到同等的酒精含量，就必須用 130 克的酒精濃度 75% 伏特加。（見 189 頁〈如果沒有乙醇，就用伏特加〉。）

把乙醇添加到果汁或蔬菜汁裡的方式，就會變成單一階段發酵釀醋法。醋酸菌可以馬上發揮作用，不需要等酵母菌開始繁殖並從基底發酵液中製造出酒精。果菜汁裡的糖不會發酵，可以平衡最終成品的味道。我們採取此法，用了海菜高湯、胡蘿蔔、花椰菜、甜菜、小果南瓜等食材釀了許多醋。

你可能會問一個很實際的問題：「為什麼不直接在果汁裡面添加醋酸，跳過整個發酵程序呢？」

我們在 Noma 努力追求發酵品的層次和誘人風味，而如同許多烹飪程序，省略越多就會失去越多。白醋是由純乙醇發酵然後蒸餾成濃度約 5% 的醋酸，雖然在某些菜餚裡仍有用武之地，但風味相對來說比較嗆，也比較不細緻。醋酸菌發酵醋時，會產生醋酸以外的代謝產物，例如葡萄糖酸和抗壞血酸，使醋具有特色和深度。此外，發酵過程

中會發生許多無法預測的次反應，有些風味因此消失，有些新的風味也會因此產生。這些都是優質的醋所具備的特質。差異正是由細節造就出來的。

烈酒醋

你可能會問另一個問題，那就是釀醋過程中能否不要放新鮮蔬果。當然，為什麼不行？你也可以把蒸餾酒做成醋，只要先稀釋過或燃燒掉一些酒精就好（高酒精濃度會阻礙醋酸菌作用）。

稀釋是用烈酒釀醋最直接的辦法，但必須小心，以免把烈酒稀釋到失去風味的程度。與其稀釋風味清淡的李子露酒（plum aquavit），不如用沒有風味的伏特加來發酵。另一方面，像 Gammel Dansk 這種經典的丹麥苦味藥酒有很重的藥草味，即使稀釋到酒精濃度 8%，還是不會變淡。

如果是更精緻的烈酒（比如波本威士忌或 schnapps 酒），為了保留特色，最好去除酒精，而非加以稀釋。用醬汁鍋盛裝烈酒，點火以高溫燒掉鍋中酒精，直到火焰逐漸熄滅。過程中液體會變少，但最後就能得到原始烈酒的無酒精版本。烈酒的風味也會濃縮，所以你可以添加一些水，使風味協調一些。量好液體的量，再添加一點原本的烈酒，使酒精濃度回到 8% 左右。接著，就可以開始進行發酵釀醋法的第二階段：將一些未經巴氏殺菌的醋倒入，做回添發酵，再將氣打到發酵液裡，然後耐心等候。

天使稅

醋的味道與質地會隨著陳年釀造而大幅提升,與康普茶的發酵方式類似,但結果卻截然不同。因為消耗完所有酒精之後,醋酸菌就不會再製造酸,所以醋放上幾十年都不會變得更酸。以陳年容器釀造、蒸發作用還有緩慢的梅納反應,都能在經年累月間使陳釀醋的風味更有層次。(關於梅納反應的細節請見 405 頁〈眞正的慢煮〉。)

最著名的陳釀醋是巴薩米克醋,占了全世界所有銷售量的 35%,但除非你財力雄厚又有絕佳鑑賞力,否則你一生中嘗到的大部分巴薩米克醋可能都不是眞的巴薩米克醋,而是紅酒醋、煮過的葡萄醪(must)和焦糖混和而成的新釀莫德納巴薩米克醋(Aceto Balsamico di Modena)。這個例子正好可以讓我們看出走捷徑的代價。這種廉價版帶有傳統陳釀巴薩米克醋的某些風味,卻缺乏巴薩米克醋獨有的特色:濃稠、複雜的鮮味和木桶的風味。根據所用的木材不同,木桶陳釀會帶來焦糖、香莢蘭、煙燻、皮革和其他獨特的香調。

在北義地區,莫德納(Modena)和艾密里亞區的雷久(Reggio Emilia)皆以傳統方法釀造巴薩米克醋。這需要 5-9 個由不同木材製成的木桶,如桑木、橡木、杜松木、櫻桃木、梣木和相思木等等,分別打造成不同容量的木桶,從 66 公升依序至 15 公升。一開始,葡萄醪煮至焦糖化並濃縮,

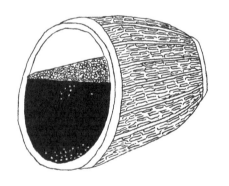

醋在木桶中慢慢熟成,由於蒸發作用,醋液會隨著時間減少,增強原有風味的同時,也帶來新風味。

其中的糖被大量各式各樣的酵母菌發酵成甜酒。接著，甜酒被環境中特有的醋酸菌酸化成醋。裝在最大木桶中的醋至少要熟成 1 年，才移到小一級的木桶。由於木材密布半透的氣孔，水和部分的醋酸會從木桶內蒸發掉，但較大的芳香化合物會留下，使醋的風味更溫潤濃郁。隨著時間蒸發掉的部分俗稱「天使稅」（Angel's Share，釀造威士忌也會遇上），但留下來的才是真正無比美好的珍饈。

從大桶中取出分量剛好的醋，移到下一級的較小木桶中。最大木桶空出的容量則用剛酸化的葡萄醪補充。其下每一級木桶中的醋，相繼移到小一級的木桶，而空出的容量則由大一級木桶的醋補充。依傳統方法釀造的巴薩米克醋，必須至少經過 12 年熟成才能標上 DOP（Denomination of Origin of Production，原產地標示，由歐盟實施的保護制度）。12 年一到，便從最小木桶中抽出一小份釀造完成的巴薩米克醋，送到識貨的消費者手中。

釀造巴薩米克醋可說是極其費時費力。其實，任何經過木桶熟成後的醋，風味只要短短 3 個月就能有顯著的提升。要彌補時間差，你還可以嘗試從帶有類似巴薩米克醋濃郁焦糖風味的醋開始。我們在 Noma 就把黑蒜頭醋放在木桶中熟成，結果相當成功。你也可以更創新些，先把無花果乾或李子乾放進你喜歡的醋裡，浸漬 1 個月後，再把醋過濾出來，並移到較小的木桶裡慢慢熟成。

丹麥生長的葡萄很少，接骨木卻很多，因此當我們著手開發利用正統巴薩米克醋的特質時，就採用唾手可得的接骨木。請閱讀我們的巴薩米克式接骨木莓酒醋（見 201 頁）食譜，了解一下我們在 Noma 長期以來的計畫，以及我們如何向遠方的傳統學習，並加以修改。

製作梨子酒醋時，得先將梨子泥發
酵成梨子酒。

梨子酒醋

製作梨子酒醋約 2 公升

甜而成熟的梨子 4 公斤

液態賽頌酵母 1 包（35 毫升）

未經巴氏殺菌的梨子醋，或其他未
經巴氏殺菌的淡味醋（如蘋果酒醋）

為了讓你對釀醋的兩個階段都有完整的概念，我們的食譜
會先從天然糖分發酵成酒的階段開始，然後再進入第二階
段：藉由醋酸菌的協助，把酒精發酵成醋酸。

首先要釀酒。梨子酒是帶氣泡、酒精含量低的飲料，無論
常溫或冰鎮都很好喝。梨子有很多種，每種都可以做出不
一樣的梨子酒和梨子醋。選擇梨子的原則是：「我會想喝
這種梨子汁嗎？」如果答案是肯定的，那當然要釀起來！

梨子皮上附著的野生酵母足以自行發酵，但自然發酵是一
場賭局，你永遠沒辦法確定到底會產生什麼風味，時間也
不那麼好掌握。有時候可以採取自然發酵，但既然要進入
第二階段發酵，我們就要更準確掌握梨子酒的風味和酒精
含量，所以會用酵母菌作酵種。可以用來發酵的梨子品種
很多，可用的酵母菌品種也很多。（如果把發酵中的不同
變數相乘下來，就知道風味能夠有多少種不同變化。）釀
造用品店大多可以根據你所用的梨子，介紹適合的酵母給
你。不要使用烘焙用酵母，不然你的梨子酒嘗起來會有麵
包味。我們在 Noma 偏好使用賽頌酵母，這種酵母其實是
酒香酵母菌屬和釀酒酵母菌屬這兩種菌株混和起來發揮作
用，發酵過程中會帶來濃厚酒香，但不會帶來任何苦味。

這款梨子是康佛倫斯梨。不過,比起品種,梨子要夠甜夠成熟才重要。

使用器具

要進行第一階段發酵,必須使用食品級有蓋塑膠桶以及水封排氣閥(見 442 頁)和橡膠塞,你可以在釀造用品店買到這些。塑膠桶要找裝入食材後還剩 15% 容量的稍大尺寸。你也需要蘋果榨汁器(見 442 頁)或錐形篩,用來壓榨發酵液。可以用同一個桶子進行第二階段發酵,或者用比較小的 3 公升廣口梅森罐。不管用哪一種容器,都需要用濾布或乾淨的布巾蓋住頂部並以橡皮筋固定。

我們的速釀法還需要一個打氣幫浦和打氣石(見 442 頁),釀造用品店或寵物店都有賣。詳情請見食譜說明。建議所有器具都要先清潔並殺菌過(見 36 頁)。

操作細節

梨子要非常甜而且成熟,才能做出合格的梨子酒。清脆的安琪兒西洋梨(d'Anjou)可以做成可口的點心,但糖和纖維的比例不夠高,沒辦法達到我們想要的酒精濃度。波士梨(Bosc)或康佛倫斯梨(Conference pear)之類的品種成熟時會非常甜,就能做出絕佳的梨子酒。

釀醋的第一階段是用酵母菌把水果中的糖轉變成酒精。先準備 1 個裝了梨子之後還有 15% 空間的桶子。5 公升的桶子應該就剛剛好。

去掉梨子的梗(不去籽沒關係),再切成容易處理的小丁。用食物處理機把梨子丁打成粗泥,不必打到完全滑順,只要看不到一塊塊的梨子即可。

把梨子泥倒進發酵桶，添加酵母菌並混和，翻拌梨子泥，確保酵母菌分布均勻。扣上桶蓋，確保達到氣密狀態，再為水封排氣閥加水，並插入橡膠塞中。（這比想像中簡單。如果你從來沒有自己釀過東西而且不知道該怎麼做，可以詢問釀造用品店的店員或者看線上影片。）

把桶子放在比室溫稍低的地方，理想溫度是 18°C 左右。在較高溫度下發酵會使梨子酒帶有混濁的霉味。發酵 7-10 天，確切時間則取決於你想要的甜度有多高，可以嚐嚐看再決定。發酵過程中，每天要把蓋子打開，戴上手套或用殺菌過的湯匙攪拌梨子泥。早期階段還沒有任何汁液可以用來嘗味道，但把湯匙伸進梨子泥就可以讓你知道所有必要訊息。隨著梨子泥發酵，桶蓋會膨脹起來，水封排氣閥偶爾會咕嚕冒泡。這是酵母菌產生的二氧化碳所造成，是很正常的現象。如果你想要保留一些糖分來平衡醋酸的風味，就不建議把梨子酒放到糖完全發酵成酒精（14-16天）。如果你發現梨子酒發酵過頭，只要添加一點過濾好的新鮮梨子汁稀釋即可。此時調整糖的平衡會比稍後調整來得更容易。

梨子酒發酵完成時，就要把汁液從果泥裡榨出來。我們在 Noma 是用蘋果榨汁器，基本上就是個帶曲柄的有孔金屬或木滾筒，專門用來榨汁。把發酵過的果泥裝進布袋，然後把布袋放入滾筒，接著轉動曲柄把手，果汁就會從底部開口流出來。

如果你沒有蘋果榨汁器，找個品質良好的老式錐形篩鋪上濾布，在上面擠壓果泥榨出梨子酒也行。有些水果會穿透濾布，那就要用細網篩或濾布再過濾一次，但不需要對過濾這件事太執著。梨子酒稠稠的沒關係，果汁越濃稠，做出來的梨子酒就會有越好的口感和酒體。

梨子酒醋，第 1 天

第 7 天

第 14 天

現在梨子酒做好了。雖然本章談的是醋，但你還是可以把梨子酒冰鎮過並拿來享用一番，或加熱並添加一些熱紅酒用的辛香料，或者把梨子酒裝進夾扣式瓶子，放在冷藏庫，進一步發酵成氣泡梨子酒。不過，接下來的步驟會讓你做不成氣泡梨子酒，所以現在就必須決定要不要讓梨子酒變成醋。

我們不希望酵母菌干擾醋的風味或者繼續把糖發酵成酒精，所以這時得把酵母菌殺死。把過濾好的梨子酒倒入有蓋的鍋子裡，加熱到大約 70°C，呈冒蒸氣但還沒微滾的程度。蓋上鍋蓋，維持這個溫度煮 15 分鐘並偶爾攪拌一下。離火，放涼，讓溫度降至室溫。

如果你把梨子酒分別倒進數個梅森罐裡，用濾布蓋好並靜置在流理檯上，最終就會釀出梨子醋。此稱為靜置法，必須等待 3-4 個月，讓水果酒透過自然發酵並適當酸化。

我們會做兩件事來提升速度和可控性。第一，我們會做回添發酵（見 33 頁）：測量梨子的重量，依此重量的 20% 秤出未經巴氏殺菌的梨子醋來做回添（或者類似的未經巴氏殺菌的醋）。例如，如果你做出 1.8 公斤的梨子酒，就添加 360 克的醋。

第二步是打氣到醋裡。醋酸菌需要氧氣才能作用，這是靜置法所沒有的。一開始就要選擇正確的發酵容器——發酵液的表面積越大越好，但不能用金屬桶。可以用發酵梨子酒的同一個桶子，或者換成 3 公升的廣口罐。把回添了梨子醋的梨子酒倒入容器，戴上手套，把打氣石放入液體中，並使打氣石沉在容器底部。把軟管從容器頂端伸出來，接上打氣幫浦，並以濾布或透氣的布巾蓋住容器。用橡皮筋固定濾布，但小心不要阻礙軟管的氣流。注意，果

蠅超愛醋的味道，某些地區甚至稱果蠅爲「醋蠅」，所以一定要確保濾布完全封好。如果軟管出口有縫隙，就用膠布封起來。把打氣幫浦的插頭接上插座，讓梨子酒在室溫下進行發酵。

持續打氣之下，大概 10-14 天就可以釀好醋。回添發酵幾天之後，就可以每天嘗嘗味道，如果還是覺得有酒味，就得讓醋再發酵久一點。也可以用酸鹼度計或酸鹼試紙來測試你的醋有多酸，通常酸鹼值落在 3.5-4 就差不多了，但老實說，我們覺得嘗嘗看還是比較準。醋的糖分、黏稠度和風味全都會影響舌頭感受到的酸度。用儀器測量不一定能讓你做出理想的成品。

雖然醋只要不接觸到空氣都可以穩定保存，但是梨子醋釀好之後，過濾並以有蓋的瓶子盛裝冷藏，才能盡量保持新鮮風味。如果發現瓶底有任何殘渣，可以在使用前把醋搖一搖。或者，如果你比較喜歡清澈的醋，可以輕輕地把上部清澈的醋液倒進新容器，以去除沉在瓶底的殘渣（我們稱之爲「轉桶」）。

1. 把梨子切丁，並用果汁機打成粗泥。

2. 把梨子泥移至發酵容器中，加入酵母菌，蓋上蓋子，
   並放上水封排氣閥。

3. 讓梨子泥發酵 7-10 天。

4. 壓榨梨子泥,以榨出梨子酒。

5. 把梨子酒倒入新的容器,倒入未經巴氏殺菌的醋,做回添發酵,架設打氣石和打氣幫浦。

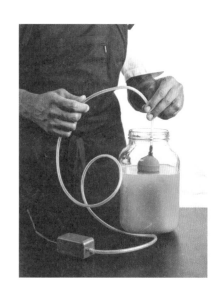

6. 發酵 10-14 天,直到酸度夠了。把釀好的醋過濾、裝瓶、冷藏。

建議用途

梨子酒油醋醬 Perry Vinaigrette

梨子酒油醋醬帶有清爽又細緻的甜味，可以做出我們最理
想的油醋醬。把優質橄欖油3份、梨子酒醋1份和芥末籽
一小團攪打在一起，最後加鹽調味，就能用這款油醋醬讓
新鮮綠色蔬菜、汆燙黃莢菜豆或稍微炒過的羽衣甘藍美味
提升。

梨子荷蘭醬或貝亞恩蛋黃醬 Pear Hollandaise or Béarnaise

許多經典醬汁（如荷蘭醬或貝亞恩蛋黃醬）會用白酒來稀
釋白酒醋，但因為梨子酒醋沒有一般白酒醋剛入口的嗆
味，所以可以獨立作為醬汁的基底，不必稀釋。量出梨子
酒醋250毫升，倒入小鍋，加上1顆切絲的紅蔥與十幾顆
胡椒粒。煮到收乾剩 1/3 的量，接著過濾。把醬汁倒入雙
層蒸鍋頂層，加入蛋黃3顆，邊煮邊用打蛋器攪打，直至
醬汁變濃稠，從打蛋器流下時呈緞帶狀。最後用鹽和卡宴
辣椒1撮作調味。

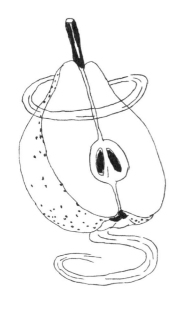

要讓果香味加倍，可以取又硬又甜的梨子切細丁，放入
250毫升的梨子酒醋中，浸漬數小時。把梨子細丁瀝出來，
醋留著用來做成上述的醬汁。醬汁收乾到 1/3，再拌入梨子
細丁。這是風味鮮明又濃郁的醬汁，可以搭配燒烤胸腹膈
肌牛排和1碗清煮豌豆。

用折射計測量甜度更準確

如果想要測量得更精準，就用折射計。如同康普茶章節中的說明（見118頁），光的折射受水中含糖量影響，故折射計可以測量出溶液的甜度，以布里糖度表示。布里糖度隨著梨子酒發酵、酵母菌把糖轉化成酒精而下降。

要以折射計測量到準確數值，光線必須能夠穿透液體。若是遇到發酵水果塊，就必須擠一些果汁並使用細網篩或濾布過濾，這樣得到的液體仍會有點混濁，但至少測出來的數值會比較準確。開始發酵之前先測一次含糖量，然後每天或每兩天再測一次。隨著梨子酒發酵，把測量到的數值對照右表，就能把布里糖度的差值轉換成酒精濃度。依據此表，可得知保存在 20°C 中的發酵物在不同布里糖度差值之下約略的酒精濃度。梨子酒的酒精濃度大約在6-7% 時，就可以準備釀醋了。

（注意，釀造者通常會用一種不同的測量值來追蹤發酵物的含糖量變化，稱為「比重」，比重與液體的密度變化有關。我們最後的發酵成品中含有水果纖維，就比較難精確測量出比重。而且，也需要使用大量的樣本，通常至少要幾百毫升才能測量比重，對於我們的某些發酵品而言並不可行，尤其只是要快速測量一下的時候。）

糖度與起始點的差值（° Bx）	約略酒精濃度（%）
0	0
0.58	1
1.15	2
1.73	3
2.3	4
2.88	5
3.45	6
4.03	7
4.6	8
5.18	9
5.57	10
6.33	11
6.9	12
7.48	13
8.05	14
8.63	15
9.2	16
9.78	17
10.35	18
10.93	19
11.5	20

李子酒發酵成醋。

李子醋

製作李子醋約 2 公升

成熟李子 4 公斤，洗淨、去籽，並
切成 8 塊

液態賽頌酵母 1 包（35 毫升）

未經巴氏殺菌的李子醋，或其他未
經巴氏殺菌的淡味醋（如蘋果酒醋）

這是另一種兩階段釀製的醋，先把水果中的糖變成酒精，
再把酒精轉化成醋酸。黑色、紫色或深紅色的李子都能做
出美味的醋，混和各種李子則能產生更有層次的風味。

梨子酒醋（見 173 頁）的操作細節可以套用到這份食譜，
建議先閱讀過該食譜，再來做這款李子醋。

把切好的李子放入桶中，添加酵母菌，混和並翻拌李子
塊，確保酵母菌分布均勻。比起梨子或蘋果之類的梨果
類，李子的含水量更高，自己就會液化，所以不需要打成
泥就能順利發酵。扣上桶蓋，確保達到氣密狀態，再為水
封排氣閥（見 442 頁）加水，並插入橡膠塞中。

把李子放在陰涼處發酵約 8-10 天，每天攪拌一次，直到
有明顯酒味但仍帶甜味。

用蘋果榨汁器（見 442 頁）或用手和鋪了濾布的錐形篩
榨出李子酒，然後再過濾一次，李子酒就完成了。測量
並記下酒的重量，然後移到有蓋的湯鍋裡。把酒加熱到
70°C，呈冒蒸氣但還沒微滾的程度，蓋上鍋蓋，維持這
個溫度煮 15 分鐘。離火，放涼至室溫。

李子醋，第 1 天

第 7 天

第 14 天

把酒倒入第二階段的發酵容器中，可以用原本用來發酵李子的桶子，也可以用 8 公升的廣口罐子。將李子酒重量 20% 的醋（未經巴氏殺菌）倒入進行回添發酵。將打氣石放入液體中，並使打氣石沉在容器底部，把軟管從容器頂端伸出來，接上打氣幫浦。用濾布或透氣的布巾蓋住容器，並以橡皮筋固定。用膠布把軟管周圍的縫隙貼起來，並開啓幫浦。

讓李子醋發酵 10-14 天，最後幾天要經常試試味道。當酒味全部消散，醋有足夠酸度但仍有果味時，用濾布過濾。雖然醋只要不接觸到空氣都可以穩定保存，但是李子醋釀好後，以有蓋的瓶子盛裝冷藏，才能盡量保持新鮮風味。

建議用途

烘烤肉或燒烤肉醃醬 Marinade for Roasted or Grilled Meat

李子醋是絕佳的醃肉醬基底。先用煎鍋以高溫把牛尾外部煎至焦糖化。將等量的醋、牛高湯、牛肉版古魚醬（見 373 頁）和橄欖油混和在一起做成醃醬。先舀出幾匙醃醬備用，剩下的醃醬和牛尾用塑膠袋裝起來，冷藏醃漬 2 小時。把牛尾放至烤肉盤，加上芳香蔬菜和你喜歡的香料植物，用鋁箔紙緊緊包好，以低溫（160°C）慢烤數小时。牛尾烤軟後，去骨，淋上先前保留的醃醬，再調味嘗嘗看。

同樣的醃醬也可以用來醃漬牛肋排或豬肋排。中火慢慢燒烤肋排，直到表皮變脆但內部軟嫩爲止。醃醬會使肉帶有酸味和鮮味（這是所有優質炭烤肉應該具備的特質），而沒有傳統醬料的黏稠感或甜味。

聖誕節燉紫甘藍 Christmas Cabbage

在斯堪地那維亞地區寒冷的聖誕季節，家家戶戶都會吃紫甘藍。紫甘藍去梗，切越細越好，然後用適量的鴨油煎炒（1 顆紫甘藍大約用 100 克鴨油）。每顆紫甘藍添加李子醋 200 毫升，蓋上鍋蓋，以微滾慢煮 2 小時，偶爾攪拌並刮一下鍋壁。不要讓液體完全煮乾，而是要濃縮並與煮軟的紫甘藍融合成濃郁的燉菜。煮到這樣的程度，加鹽調味就可以出菜。或者講究些，做些烤雞翅版古魚醬（見 389 頁），加幾匙提升鮮味。

在斯堪地那維亞地區的冬日，餐桌上總是可見紫甘藍。我們喜歡用李子醋和烤雞翅版古魚醬非常緩慢地燉煮紫甘藍。

上圖：芹菜汁發酵之後，會變成格外清爽、充滿蔬菜味的醋。

右頁圖：依據檢測套組所附的比對圖測量醋的酸鹼值。

芹菜醋

製作芹菜醋約 2.5 公升

芹菜 3 公斤，把每枝芹菜梗分開並沖掉沙土

未經巴氏殺菌的芹菜醋，或其他未經巴氏殺菌的淡味醋（如蘋果酒醋）

96% 乙醇（中性穀物烈酒）

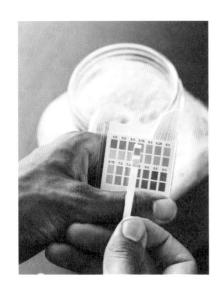

一旦嘗過芹菜醋，你一定會納悶過去沒有芹菜醋怎麼生活。芹菜醋的風味萬千，芹菜本身細緻的青綠調十分搭配蔬菜沙拉，也可以為西班牙冷湯提味，或者和核桃油混和後淋上蘋果切片。

這種發酵法與我們做梨子酒醋（見 173 頁）和李子醋（見 183 頁）的兩階段發酵法不同。我們不自己釀造酒精，而是添加乙醇到蔬菜汁裡，以餵養醋酸菌。同樣地，梨子酒醋的操作細節對於我們的速釀法相當有幫助，建議先讀過該說明，再來做這款芹菜醋。

使用器具

你會需要一臺榨汁機、容量至少 3 公升的食品級塑膠桶或廣口罐子，以及打氣幫浦和打氣石（見 442 頁）。還有濾布或透氣的布巾，和用來把濾布固定在容器頂部的大條橡皮筋。我們建議你用手操作時戴上無菌手套，而且所有器具都要徹底清潔和殺菌（見 36 頁）。

操作細節

榨出芹菜汁（芹菜的纖維很容易卡住榨汁機的刀片，所以過程中你可能需要清理榨汁機一、兩次），用細網篩過濾，秤好分量後倒進發酵容器中。

添入芹菜汁重量 20% 的未經巴氏殺菌的醋，進行回添發酵。例如，榨出 2 公斤的芹菜汁，就添加 400 克未經巴氏殺菌的醋。

接著倒入酒精，這是醋酸菌發酵所需的材料。算出芹菜汁加上醋的重量，這個重量的 8% 就是需要添加的酒精量。（例如，芹菜汁和醋的總重量是 2.4 公斤，就添加 192 克的 96% 乙醇。）把乙醇加進發酵容器中。

芹菜醋，第 1 天

你的基礎混合物已經準備好發酵，接下來使用的設置和梨子酒醋用的相同。像芹菜醋這樣的單一階段發酵醋，要讓發酵作用盡快完成，才能維持芹菜汁的品質和完整風味，所以並不適合消極、長時間的發酵。

將打氣石放入液體中，並使打氣石沉在容器底部，把軟管從容器頂端伸出來，接上打氣幫浦。用濾布或透氣的布巾蓋住容器，並以橡皮筋固定。用膠布把軟管周圍的縫隙貼起來，並開啓幫浦。如果發現醋的泡沫堆積到滿出來，代表幫浦可能運轉過度。可以在管路中加裝一個小型塑膠閥來調節氣流，或在更大的容器裡發酵。或者，每次泡沫積太多就關掉幫浦，並把泡沫攪散。不管用哪一種方法，幾天後，泡沫通常就會消散。

第 7 天

單一階段發酵的醋嘗起來酒精味會比兩階段發酵的醋濃。純乙醇的風味強烈，要到酒精完全發酵完才會消散。發酵作用接近尾聲時，可能隱約有點指甲油或去光水的味道。只要再過一些時間而且繼續打氣，這些味道就會消散。

醋酸會降解色素分子並改變顏色，所以你會發現綠色蔬菜亮麗的葉綠素在釀醋時消失了。不必爲了醋黯沉的橄欖色外觀煩惱，最後的風味會好到足以彌補這個狀況。

第 14 天

如果沒有乙醇，就用伏特加

如果買不到 96% 乙醇，就用中性烈酒，比如伏特加。不過，因為伏特加的酒精濃度比較低（40%），必須調整配方才能因應水分過多的狀況。首先，增加我們用來做回添發酵的醋量，添加的重量從 20% 提高到 23.4%。在芹菜醋配方的例子中，如果我們有 2 公斤芹菜汁，就添加 468 克醋。

接著，我們需要添加更多酒精才能彌補酒精濃度的差異：添加總重量 20% 的酒而非 8%。以芹菜汁加醋總重量 2.468 公斤為例，我們得添加 494 克伏特加。

記住，多加了以上這些液體後，蔬菜汁及其風味會變淡。最後做出來的醋也會跟著變淡，但還是嘗得出來是芹菜醋。

（和所有良好實驗一樣，你可能會想用更有風味的酒來試試看。儘管試，但可以先試這種方法。）

讓醋發酵 10-14 天，或發酵到酒味完全消散，醋已酸化但仍保有新鮮芹菜的風味。接著，用濾布過濾。雖然醋只要不接觸到空氣都可以穩定保存，但是芹菜醋釀好之後，用有蓋的瓶子盛裝冷藏，才能盡量保持新鮮風味。如果你發現瓶底有殘渣，可以在使用前把醋搖一搖，或者慢慢把上層較清澈的醋倒進新容器，以去除沉留在瓶底的殘渣（我們稱之為「轉桶」）。

建議用途

英國黃瓜湯 Cucumber Soup

把一些英國黃瓜切成適當大小，加鹽 1 撮和蚱蜢版古魚醬幾茶匙（見 393 頁），用果汁機打到滑順，再用細網篩過濾。加入芹菜醋 150 毫升，攪拌均勻，以青綠、嗆辣（piquant）的酸度來提味。黃瓜湯以冰水浴冰鎮或直接出餐皆可，或者把你喜歡的夏季蔬菜切丁加進去，作為清爽的開胃小菜。

芹菜香料植物醋佐新鮮乳酪
Celery-Herb Vinegar with Fresh Cheese

芹菜醋有明亮的蔬菜風味，是製作浸漬調味醋的完美起點。芹菜醋 500 毫升，加入 100 克的茴香莖葉、歐芹葉或任何你喜歡的甜味香料植物，並混和均勻。浸漬 5 分鐘再過濾，帶有新鮮香料植物純粹風味、鮮明的青綠調香料植物醋就大功告成了。你可以用橄欖油、海鹽和紅辣椒碎片來裝飾新鮮瑞可達乳酪或莫札瑞拉乳酪，最後再淋一點芹菜香料植物醋收尾，即可出菜。

白胡桃瓜的微甜汁液所含的糖分不
足以發酵出足量的乙醇,添加中性
穀物烈酒就可以讓它發酵成醋。

白胡桃瓜醋

BUTTERNUT
SQUASH
VINEGAR

製作白胡桃瓜醋
約 2 公斤

白胡桃瓜 4 公斤

未經巴氏殺菌的白胡桃瓜醋，或其
他未經巴氏殺菌的淡味醋（如蘋果
酒醋）

96% 乙醇（中性穀物烈酒）

Noma 運用過的所有發酵配方中，這是最有彈性的一款。
白胡桃瓜醋提供極佳的酸味刺激感，但又不會酸得張牙舞
爪。白胡桃瓜奶油般的甜味會讓你以為實際的酸度沒那麼
高。這款醋很實用，可以當作醬汁用。

芹菜醋的操作細節（見 187 頁）可以套用到這份食譜，建
議先讀過該說明，再開始製作這款白胡桃瓜醋。你可能也
需要閱讀梨子酒醋（見 173 頁）的操作細節，其中的資訊
對製作本章所有食譜都很有幫助。

白胡桃瓜清洗後剖半、去籽，切成容易處理的小塊，不用
去皮。戴上手套，把南瓜塊放入榨汁機榨出汁，再用細網
篩過濾南瓜汁，秤好分量，倒入發酵容器。

添入南瓜汁重量 20% 的未經巴氏殺菌的醋，進行回添發
酵。計算南瓜汁加醋的總重量，乘上 8%，就是要添加的
的乙醇量。（如果買不到純乙醇，可以調整配方，依照
189 頁的說明，使用酒精濃度 40% 的烈酒，例如伏特加。）

將打氣石放入液體中，並使打氣石沉在容器底部，把軟管
從容器頂端伸出來，接上打氣幫浦。用濾布或透氣的布巾

醋 Vinegar —— CHAPTER 4　　191

白胡桃瓜醋，第 1 天

第 7 天

第 14 天

蓋住容器，再以橡皮筋固定。用膠布把軟管周圍的縫隙貼起來，然後開啓幫浦。白胡桃瓜醋需發酵 10-14 天，最後幾天要經常試試味道。如果頭幾天南瓜汁有泡沫，可以暫時關掉打氣幫浦，把泡沫攪散。當你嘗不到酒味，醋的酸度也剛好時，就可以用濾布過濾。雖然醋只要不接觸到空氣都可以穩定保存，但是醋釀好之後，用有蓋的瓶子盛裝冷藏，才能盡量保持新鮮風味。醋的亮橘色會隨著時間變黯淡。

其他速釀醋（蔬果汁液＋乙醇＋回添發酵製成的醋）：

- 甜菜
- 燈籠椒
- 黑醋栗
- 胡蘿蔔
- 花椰菜
- 根芹菜
- 黃瓜
- 茴香
- 豆薯
- 日式海帶和柴魚高湯
- 榅桲
- 甘薯
- 白蘆筍

建議用途

慢燒胡蘿蔔 Slow-Cooked Carrots

買一些漂亮的胡蘿蔔，不要用其貌不揚的燉湯胡蘿蔔。削皮，並隨意切塊、切細條、斜切或不切都可以。在平底鍋中，以小火融化 1 大球奶油，再鋪上一層胡蘿蔔，慢慢煮至焦糖化，大約 30-50 分鐘（取決於你偏愛的火候）。若是用慢煮，奶油會呈微微冒泡，此時每 6、7 分鐘要把胡蘿蔔翻面一次。如果作法正確，胡蘿蔔應該會帶有焦糖化的顏色和質地，令人想起黃金葡萄乾。快要好的時候，把

以白胡桃瓜醋溶解慢燒胡蘿蔔的鍋底褐渣。

小雞油菌浸漬在白胡桃瓜醋裡1天（最長浸漬1年），可以做出相當棒的酸漬菜。

火稍微轉大，每2、3根胡蘿蔔可加鹽1撮和白胡桃瓜醋1匙。只需要讓胡蘿蔔裹上薄薄一層液體，使胡蘿蔔帶有一點酸味和另一層風味。這個方法用在歐洲防風草塊根、蕪菁、蕪菁甘藍、南瓜或任何可以慢燒的蔬菜也非常好。

速成酸漬食物 Quick Pickles

你可以用自己喜歡生吃的鮮脆水果或蔬菜來做，但我們先以黃瓜爲範例。把黃瓜切成薄片（厚度0.3公分），並稍微用鹽調味，放碗裡醃約10分鐘，再倒入白胡桃瓜醋。徹底攪拌，使黃瓜完全沾裹醬汁，如果你喜歡，也可以加一點紅辣椒碎片增加辣味。餐前1小時做這款酸漬食物，醃好時正是端上桌的時候。

我們喜歡用白胡桃瓜醋來酸漬的另一樣食材是雞油菌。把雞油菌洗淨，放入平底鍋用一點點油（越少越好）稍微煎炒，直到煎熟但不過軟的程度，盛盤放涼後，放進玻璃罐裡。倒入足以淹過雞油菌的醋（約雞油菌體積的兩倍，因爲菌菇會吸收一些醋），把玻璃罐密封起來。雖然隔天就有美味的菌菇可以吃，不過用這個醃法可以冷藏保存數個月。如果封罐過程更仔細，玻璃罐先用沸水浴法處理過，那麼把酸漬食物放在陰涼黑暗的地方可保存半年到1年。這款酸漬食物適合拿來配烤雞或烤魚，送禮也很不錯。

煎炒蝦 Sautéed Shrimp

下次要煎炒蝦仁，在蝦子開始變不透明時，添加一點白胡桃瓜醋和蝦版古魚醬（兩者等量）。（如果你還沒製作381頁的玫瑰蝦版古魚醬，可以用等量的伍斯特醬和魚露替代。）可以此汁液溶解鍋底褐渣，並在焦糖化的時候裹上蝦仁——這道菜令人食指大動。

把威士忌釀成醋之前，必須先燃燒
掉部分酒精。

194

威士忌醋

製作威士忌醋約 2 公升

酒精濃度 40% 的威士忌 1.5 公斤＋
350 克

未經巴氏殺菌的蘋果酒醋 400 克

水

這是釀醋的第三種方式，我們一開始就用主要成分為酒精的液體，把酒精濃度從 40% 降到 8% 左右。作法是把烈酒裡的酒精燃燒掉，之後再添入一些酒，讓酒精濃度回升。訣竅是要找到一款夠有特色的酒，即使經過烹調、稀釋，也依然可口的酒。

我們為了向澳洲威士忌的釀造傳統致意，曾在雪梨的快閃餐廳試做威士忌醋。雖然最終沒有用這款醋做成任何菜餚（這是 Noma 開發菜單的常態），但是我們很喜歡這款醋，認為值得收錄在本章。這款醋的勁道比本書中其他醋更重一點，和具有風味的肉類極為相配，尤其是用一點甜味來平衡酸味的時候。

梨子酒醋（見 173 頁）的操作細節對本章所有醋的食譜都很有幫助，建議先閱讀過該食譜，再來做這款威士忌醋。

使用器具

你需要一個容量至少 3 公升的食品級塑膠桶或廣口罐子，以及打氣幫浦和打氣石（見 442 頁），也需要濾布或透氣的布巾，還有用來把濾布固定在發酵容器頂部的大條橡皮

威士忌醋，第 1 天

第 7 天

第 14 天

筋。建議用手操作時，戴上無菌手套，而且所有器具都要徹底清潔和殺菌（見 36 頁）。

操作細節

以中火預熱附蓋的大型雙耳湯鍋。由於威士忌煮滾時可能會溢出，無論如何都該避免這種情況，所以使用的鍋子越深越好。鍋子不該冒煙，但應該要非常燙，好讓威士忌裡的酒精迅速煮沸（flash-boil）。確保爐子周圍沒有易燃物，以及附近沒有熱敏式火災警報器。

一旦鍋子預熱到適當溫度，就小心並快速把約 500 克威士忌倒進去，酒會馬上沸騰且立即冒出火焰。如果沒有，就用點火槍或長火柴點燃酒精。**請格外小心**，點燃的酒精可能造成嚴重燒傷，你可能看不太到火焰，但火焰卻能升騰得很高。不論何時，只要覺得火焰太大，就把爐火轉小，並將鍋蓋緊緊蓋上，把火熄掉。

火焰熄滅後，再將 500 克威士忌倒入。重複此步驟，直到燒完 1.5 公斤威士忌所含的酒精，然後離火。酒液會大幅減少，因為我們已經燒掉 40% 以上的酒液。（注意，很難將酒精完全去除，不過這樣用來釀醋沒有問題。）木桶陳釀為威士忌帶來的所有濃烈風味分子，現在都已濃縮在燃燒後的液體中。

加水，直到液體總量達 1.25 公斤。此時，把其餘未經處理的 350 克威士忌和 400 克未經巴氏殺菌的蘋果酒醋倒進去。如此液體的酒精總含量就會在 8% 左右，且有足量的醋酸菌可以展開酸化過程。

把液體倒進發酵容器。水果醋或蔬菜醋經過長時間緩慢發

把燃燒後的威士忌、未經處理的威士忌和蘋果酒醋加在一起,開始進行發酵。

酵會有風味改變的風險,但用威士忌釀醋沒有這個問題,所以只要把濾布蓋好,用橡皮筋固定,然後放在室溫下靜置 3-4 個月,就可以釀好威士忌醋。

比較可靠、快速的方法,是將打氣石放入液體中,並使打氣石沉在容器底部,把軟管從容器頂端伸出來,接上打氣幫浦。用濾布或透氣的布巾蓋住容器,並以橡皮筋固定。用膠布把軟管周圍的縫隙貼起來,並開啟幫浦。

威士忌醋發酵時間比其他款醋稍短,大約 8-12 天,最後幾天要經常試試味道。威士忌完全不含糖,所以威士忌醋的味道有點酸澀,如果沒有早點使用,甚至會有點單調。風味平衡的威士忌醋,殘餘的酒味應該不會太明顯,而會在喉間留下圓潤而溫暖的感受。

除非你發現有殘渣,否則這款醋不需要過濾。雖然醋只要不接觸到空氣都可以穩定保存,但是威士忌醋釀好之後,用有蓋的瓶子盛裝冷藏,才能盡量保持新鮮風味。

牛肉版古魚醬加威士忌醋,就變成 Noma 版越南酸甜辣蘸醬。

建議用途

威士忌醋醬汁 Whiskey Vinegar Sauce

經典的越南酸甜辣蘸醬(nuoc cham)是由魚露、萊姆汁和糖做成,是酸味、甜味和臭味的完美結合,而我們可以用自己的發酵品來仿製。把威士忌醋 4 份和蜂蜜 1 份混和,再用一點牛肉版古魚醬(見 373 頁)調味,就可以作為鴨肉、鵪鶉或熟成牛肉等紅肉的理想蘸醬,用來搭配生或熟的綠色蔬菜或根莖類也很適合。

苦味藥酒醋

**製作苦味藥酒醋
約 2 公升**

Gammel Dansk 苦味藥酒 400 克
水 1.185 公斤
未經巴氏殺菌的蘋果酒醋 350 克

Gammel Dansk 苦味藥酒是丹麥經典的香料植物香甜酒。在 Noma，我們用這款酒來製作甜點，而且總是會放一、兩瓶在餐廳酒廊，供餐後想來一小杯提神苦味酒的客人享用。比起威士忌之類的烈酒，Gammel Dansk 苦味藥酒的酒精含量較低。像這樣的酒，我們用很直接的方式（稀釋），讓酒精濃度降至適合釀醋的百分比。藥酒的風味相當強烈，卽使兌了水，效果也絲毫不減。

梨子酒醋（見 173 頁）的操作細節對本章所有醋的食譜都很有幫助，建議先讀過該食譜，再來做這款苦味藥酒醋。

把 Gammel Dansk 苦味藥酒、水和醋倒入發酵容器並攪拌均勻。將打氣石放入液體中，並使打氣石沉在容器底部，把軟管從容器頂端伸出來，接上打氣幫浦。用濾布或透氣的布巾蓋住容器，並以橡皮筋固定。用膠布把軟管周圍的縫隙貼起來，並開啓幫浦。

讓苦味藥酒醋發酵 8-12 天，或充分酸化爲止。除非你發現殘渣，否則這款醋不需要過濾。雖然醋只要不接觸到空氣都可以穩定保存，但是醋釀好之後，用有蓋的瓶子盛裝冷藏，才能盡量保持新鮮風味。

苦味藥酒醋，第 1 天

第 7 天

建議用途

吃苦當作吃補 Bitters as a Booster

這款苦味藥酒醋的風味很強勁，但品咂它的苦味和酸味非常有趣——這兩種屬性既能相輔相成，又能緩和彼此的效果。你不會用這款調味料做菜給兒童吃，但可以這道菜偷加一點、那道菜偷加一點，讓菜多了一些意想不到的複雜性和鮮明風味。比如說，下次做紅酒燉牛肉時，添加一點這款苦味藥酒醋（量不用多，只要能在喉間微微感受到醋的風味就夠了），就能巧妙提升燉牛肉的香鹹濃郁感。添加少許這款苦味藥酒醋，也可以增強華爾道夫沙拉（Waldorf Salad）或滑順沙拉醬（例如美乃滋或法式酸奶油）的滋味。

第 12 天

將新鮮接骨木莓添加在接骨木花酒中，
可以提升陳年熟成的風味。接骨木莓有
微毒性，生吃可能會讓胃不舒服，煮過
或發酵過就可以安心食用。

巴薩米克式接骨木莓酒醋

製作巴薩米克式接骨木莓酒醋約 5 公斤（熟成前）

糖 1.15 公斤
水 1.15 + 1.7 公斤
去莖的接骨木花 500 克
液態賽頌酵母 1 包（35 毫升）
未經巴氏殺菌的蘋果酒醋 1 公斤
去莖的成熟接骨木莓 600 克

沒有什麼比接骨木花更能代表斯堪地那維亞的風味，在 Noma 的工作經驗中，也很少有食材比接骨木花更重要。想像一下這幅畫面：25 位廚師沿著長桌坐好，在一袋袋垃圾袋裝的灌木枝中東挑西揀，一邊對抗過敏，一邊不斷加速挑出一朵朵小花，處理完 60 公斤之後，全部清理乾淨，隔天又從頭開始再來一遍。

有好一段時間，接骨木莓醋一直是我們廚房的重要食材。不過，這款巴薩米克式接骨木莓酒醋是一項沒有終點的實驗，我們並不知道下個 10 年的最終風味會是如何。如果你想加入實驗，這份食譜就是我們的作法。

使用器具

要進行第一階段的接骨木莓酒發酵，你需要 5 公升的食品級塑膠桶、氣密蓋、橡膠塞和水封排氣閥各一個。要進行第二階段發酵時，你可以用同一個容器，或用一個 5 公升的廣口罐子。你還需要一個 5 公升的木桶來進行熟成。如果你決定要讓醋熟成很長一段時間，就需要更多尺寸遞減的木桶。折射計並非必要。建議用手操作時，戴上無菌手套，而且所有器具都要徹底清潔和殺菌（見 36 頁）。

巴薩米克式接骨木莓酒醋，第
1 天

第 7 天

第 14 天

巴薩米克醋不是 Noma 食材櫃的常備品，但卻是美食學的重要角色，也是世界各地的掌廚者愛用的食材。巴薩米克醋的釀造過程涉及發酵和熟成領域中最迷人的部分，所以我們為自己的巴薩米克醋研發出以下食譜。

操作細節

陳釀巴薩米克醋的過程始於製作接骨木花糖漿。先把接骨木花放進乾淨的耐熱容器。將糖和水各 1.15 公斤放入大湯鍋中，煮滾，攪拌到糖溶解，離火。將糖漿淋上接骨木花，放涼至室溫。接骨木花很容易浮起來，用幾張保鮮膜貼覆液面，可以讓花朵保持在液面下，接著容器加蓋，放冷藏 2 週以入味。

用細網篩將糖漿過濾到 5 公升的桶子裡，最後擠壓接骨木花，盡可能榨出所有汁液。倒入其餘的水 1.7 公斤，使含糖量降到 30°Bx（一開始是 50°Bx）。如果你有折射計，可以精確測量出布里糖度，作為發酵的參考點，如此你就能知道發酵的程度。把酵母菌加進稀釋的接骨木花糖漿裡，用乾淨的湯匙攪拌。扣上桶蓋，確保達到氣密狀態，再為水封排氣閥加水，並插入橡膠塞中。

把桶子放在比室溫稍低的地方，理想溫度是 18°C 左右，靜置發酵 2-3 週。我們希望接骨木莓酒仍殘餘足夠的甜度，且酒精濃度達到 8-10%。如果你有使用折射計而且一開始有測量糖度，就在發酵 14 天之後再測量一次。用第 181 頁的表把你測量到的糖度差值換算成酒精濃度。

一旦達到你想要的酒精濃度，就倒入蘋果酒醋，進行回添發酵，並倒入全部的接骨木莓。把蓋子、水封排氣閥和濾布裝回去，以橡皮筋牢牢固定。讓酒在室溫下發酵 3-4 個

添加賽頌酵母，讓接骨木花糖漿裡的糖開始發酵。

把接骨木莓醋置於木桶裡熟成,可以
產生多層次的微妙變化與複雜度。熟
成越久,就越美味。

選擇熟成木桶

找木桶的過程可能會很有趣。為了熟成巴薩米克醋，你需要一個木桶，木桶的木材有氣孔，可使醋隨著時間蒸發。傳統上，不會把木桶的塞孔塞住，而是蓋上布來隔絕外物並加速蒸發。木桶內部通常以明火燒焦過，使木桶因易揮發的化合物（例如香莢蘭醛、單寧酸和萜烯）而帶有許多風味。

每種木材都有自己的特色，可視喜好挑選。從 5 公升的木桶開始，之後尺寸遞減直到最小的 1 公升木桶，這樣的木桶並不難找。

我們的巴薩米克式接骨木莓酒醋現在是用布萊迪（Bruichladdich）蘇格蘭威士忌的橡木桶熟成。用過的木桶（可以是葡萄酒桶、波本威士忌桶或雪利酒小木桶等任何木桶）會讓你的醋有特殊風味。不管你拿到的是用過的或全新的木桶，裝醋之前都要裝滿水浸泡 1 天，使木材膨脹，以確保木桶不會滲漏。

月，由於接骨木莓很容易浮起來，所以每隔幾天要用乾淨的湯匙攪拌一次。這款醋可以用緩慢的步調酸化得非常好。我們在 Noma 都以這種傳統方式製作，但如果你想要快點完成酸化的階段，可以依照這章的說明使用打氣幫浦和打氣石。

當醋發酵到你滿意的程度，就以細網篩過濾，在篩子上擠壓莓果，盡可能榨出所有汁液，再用濾布過濾。用漏斗把醋裝進木桶，然後蓋住木桶的開口。把木桶靜置在陰涼的地方或地下室，理想溫度是 18°C 左右。環境的溼度會影響木桶內的蒸發速率，所在之處越乾，蒸發得越快。由於我們要讓醋熟成好幾年，蒸發作用因此要維持在中等速度，所以要避免過於乾燥的環境。

傳統的巴薩米克醋至少要熟成 12 年，但只要 1 年，你就會察覺風味有很明顯的變化。如果你打算長時間釀造，12 個月之後，就需要把木桶內容物移到更小的木桶裡。隨著時間過去，醋液會因為蒸發作用而減少。移入每年縮小一級的木桶，可以讓醋和木材的接觸面積達到最大，也就是會有更多風味轉移到醋中。從醋液蒸發後的量來選擇大小剛好的木桶。這就是我們在 Noma 的接骨木莓醋熟成計畫，我們打算花長時間發展醋的風味和層次。

巴薩米克式黑蒜頭醋

製作巴薩米克式黑蒜頭醋約 5 公升（熟成前）

黑蒜頭（見 417 頁）500 克

水 3.375 公斤

糖 1.125 公斤

夏多內酵母 1 包（40 毫升）

未經巴氏殺菌的蘋果酒醋

在 Noma，我們持續尋找各種利用發酵來減少食物浪費的方法。這款醋的原始版本，源於製作黑蒜泥乾皮留下了的大量蒜皮。我們已經改良過這份食譜，使用整球蒜頭來釀醋，包括蒜皮。巴薩米克式接骨木莓酒醋的操作細節（見 201 頁）可以套用到這份食譜，建議先閱讀過該食譜，再來做這款巴薩米克式黑蒜頭醋。

把整球黑蒜頭剖半，然後再把每半縱切成 4 塊。用大湯鍋把水和糖煮到微滾，攪拌到糖溶解，加入蒜頭，然後把火轉小，使液體蒸發量降至最低。加蓋煮 1 小時，離火，放涼至室溫，加蓋冷藏過夜，使之入味。

用錐形篩將做好的黑蒜頭高湯過濾到大碗裡，用湯勺盡可能把蒜頭所含的汁液壓榨出來，但不要讓蒜頭穿過錐形篩，接著再用鋪了濾布的篩子過濾一遍。添加酵母菌到黑蒜頭高湯裡，用乾淨湯匙攪拌，然後倒入發酵容器。扣上桶蓋，確保達到氣密狀態，再為水封排氣閥加水，並插入橡膠塞中。

在陰涼處發酵 2-3 週，黑蒜頭酒就完成了。嘗起來應該有明顯的酒味，但依然保有相當的殘存甜味。

巴薩米克式黑蒜頭醋，第 1 天

用鋪了濾布的網篩過濾黑蒜頭酒，再倒進第二階段的發酵
容器中，可用原本發酵酒的桶子，也可另外取用 5 公升的
廣口罐。測量酒的重量，倒入黑蒜頭酒重量 20% 的未經巴
氏殺菌蘋果酒醋，進行回添發酵。將打氣石放入液體中，
並使打氣石沉在容器底部，把軟管從容器頂端伸出來，接
上打氣幫浦。用濾布或透氣的布巾蓋住容器，並以橡皮筋
固定。用膠布把軟管周圍的縫隙貼起來，並開啓幫浦。

讓酒在室溫下發酵成醋，大約要 14 天。嘗嘗看醋的味道，
確保已經產生足夠的醋酸。把醋過濾後倒進木桶中熟成。
讓木桶靜置在陰涼的地方或地下室，理想溫度是 18°C
左右。你可以陳放好幾年，醋的風味會越來越獨特，只要
陳放 1 年就會有極大差別，但可以再讓醋熟成久一點。把
醋移到更小的木桶裡，你的耐心會得到回報。

第 7 天

第 14 天

建議用途

中式烏醋替代品 Substitute for Chinese Black Vinegar

無論是新釀或陳釀黑蒜頭醋，都可以用在所有你會使用中式烏醋的地方。一小碟黑蒜頭醋只要加上 1 滴芝麻油和一些辣油，就是餃子或包子的完美蘸醬。淋一些黑蒜頭醋在剛蒸好、熱騰騰的鮮脆綠色蔬菜（如青江菜或芥藍）上，再用香鬆（以烘烤過的海苔、柴魚和芝麻做成的日式乾燥調味料）調味。

黑蒜頭醋加黑麥味噌醬
Black Garlic Vinegar and Ryeso Sauce

黑蒜頭醋的另一種仿亞洲用法是重新詮釋的中式蒜蓉豆豉醬。我們用本書中的另一種發酵品——黑麥味噌（見 307 頁）來取代乾燥、發酵的中式豆豉。用研缽和研棒把 100 克黑麥味噌（ryeso）磨細，然後加黑蒜頭醋 50 克，持續混和直到質地均勻。（理想上你應該用木桶陳釀醋，成品才會比較濃稠，但如果你無法等上 1 年，可以用平底鍋把新釀的醋收乾到剩下 1/3，再混和黑麥味噌。）用鹽調味，加入磨碎的新鮮辣根，進一步提升辣油的溫和辣味。這款醬和你慣用的醬非常不同，卻模擬了發酵黑豆香甜的麥芽基調，這都要歸功於黑麥味噌和黑蒜頭製作過程中極緩慢的焦糖化。不管作爲蘸醬或者直接厚塗在表面，這種醬和紅肉就是絕配。如果你覺得少了發酵黑豆的那股香臭味，別猶豫，加幾滴魷魚版古魚醬（見 385 頁）吧！

混和黑麥味噌和巴薩米克式黑蒜頭醋，就
成為濃烈、富含鮮味的蘸醬或調味糊醬。

醋 Vinegar —— CHAPTER 4　　209

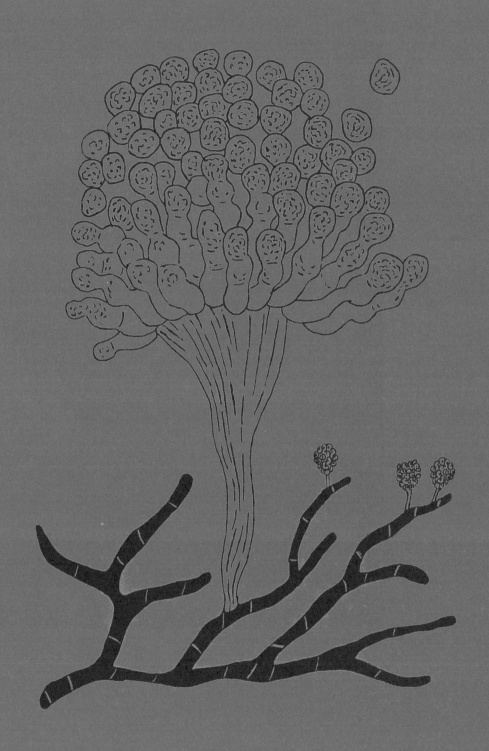

5.

米麴
Koji

—

魔法黴菌

「任何夠先進的科技均與魔法無異。」英國作家亞瑟‧克拉克爵士（Sir Arthur C. Clarke）如是說。生態系統是地球上最優異的科技之一，是幾十億年來由際遇和環境默默摸索改良而成。自然界是無窮無盡的奇蹟之源，變化無限，也深不可測，永遠都有新發現。

我們也發現米麴和魔法無異，而且還是最棒的那種，因為所有人都可以運用這個魔法。只需放一點米麴到嘴裡品嘗，你就能親自體驗麴的絕妙之處。

米麴一詞來自日本，指接種了米麴菌（*Aspergillus oryzae*）這種真菌的米或大麥。更確切地說，米麴菌是一種會產生孢子的黴菌，在溫暖潮濕的環境中，會生長在煮熟的穀物上。（在英語系社會，米麴的英文 koji 也指已接種的穀物、黴菌和孢子。）

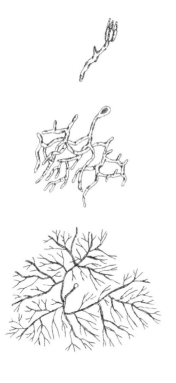

米麴菌的菌絲生長時，會擴展成一個可見的網絡。

在適當的條件下，當米麴菌極微小的孢子降落在適當的基質上，例如煮熟的大麥或米，孢子就會長出菌絲，這種分枝狀真菌細胞長得就像白色細根。當真菌細胞增殖，菌絲就會進入穀物中，伸展捲鬚，長成一面網絡，稱為菌絲體。一開始只是寥寥幾塊白色絨毛，2 天的時間就會長成濃密的白色厚絨，完全覆蓋穀物並與穀物結合，形成黴菌穀物「糕」，也就是麴。24 小時後，麴會開始釋放醉人酒香、百香果和杏桃的芬芳。48 小時後，麴就帶有甜味、果味，且充滿鮮味。

菌絲深入穀物、消化外部基質，並且吸收養分以供應代謝作用所需的能量時，就會釋放酵素，也就是為麴帶來風味和香氣的化學物質。真菌會產生一群酵素，把澱粉（澱粉酵素）、蛋白質（蛋白酵素）和脂肪（脂肪酵素）分解成各自的組成單元，也就是單醣、胺基酸和脂肪酸。

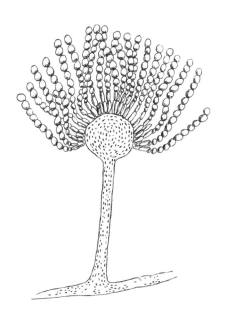

不可思議的黴菌——米麴菌。

當你開始探索發酵的世界，很快就會碰上麴，幾乎不可能錯過，就像去了巴黎不可能不去參觀艾菲爾鐵塔。不過，麴在過去五年或十年才真正開始進入西方廚房。正如我們這些 Noma 人 2010 年到日本旅行時，才真正打開眼界，看見麴的可能性。

味之素株式會社出產各種調味產品（包括世界上許多的味精），該公司在東京有一所名為「鮮味資訊中心」（Umami Information Center）的研究機構，對鮮味和運用方法的探究極為認真。雖然我們在哥本哈根對麴已有所涉獵，但造訪日本這所中心之後，我們一回到丹麥便埋頭進一步鑽研鮮味。我們在測試廚房和發酵實驗室花了數週時間探索用我們本土的材料來提取鮮味的方法。我們很快就發現，麴將會是進入「第五味」大門的關鍵鑰匙。

許多食材本身就能夠變成美味菜餚，有些則比較適合用來輔助烹調，而二者皆宜的只有少數。例如雞蛋，本身就相當可口，但也相當萬用。麴就是這一類食材。

旭蟹佐幼嫩夏威夷豆
澳洲 Noma，2016

以濃重的乳酸麴汁和玫瑰油調味的
澳洲旭蟹冷清湯，湯中放上未成熟
的夏威夷豆仁薄切片。

多虧有麴，我們或多或少不再使用傳統收乾的方式去熬煮肉類高湯和製作醬汁。歐洲製作醬汁的傳統常識總要我們把骨頭（魚骨、牛骨、豬骨、龍蝦殼）煮滾數小時，然後收乾高湯，再添加奶油。但把麴煮成較淡的清湯，就可達到同樣濃郁、多層次的風味，而沒有動物膠和乳製品的厚重感。麴幫助我們找到處理生鮮食材的巧妙技藝，凸顯而不會扼殺掉這些食材天生的特質，猶如在嘎吱作響的門上噴了恰到好處的潤滑劑，而非塗上一層厚重的膏油。

麴猶如巫師的魔杖，使其他食材變了個樣，並誘出了食材中的甜味和鮮味。在 Noma，麴是我們製作豌豆味噌和醬油的基本材料。此外，雖然麴不是製作肉類版古魚醬和魚類發酵品的必要材料，但我們也習慣添加麴，不僅是為了麴的風味，也是為了利用麴所產生的酵素。添加麴會加速發酵，同時更有效率地分解蛋白質和澱粉。越懂得用麴，麴就越不可或缺，如同瑞士刀，總在各種意料之外的地方派上用場。

米麴菌愛穀物 ————

野生黴菌多數是相當隨機地生長在孢子撒落的地方，但米麴菌卻有點挑剔。在 Noma，我們試過在各種植物和水果上培植米麴菌，從醋栗到胡蘿蔔都試了，但只有少數真的長得不錯。米麴菌偏愛穀物。

穀物是禾草類的種籽。在自然界，繁殖成功通常是一連串的取捨。是一次把時間和精力投資在一個後代上比較好，還是把資源放在產生許多後代並且希望有些能存活到成熟比較好？舉例而言，酪梨樹要很久才會成熟，也要耗費許多能量才能結果。酪梨樹把自己的小孩送到這個世界之前，就為孩子打包好豐盛的午餐，所以酪梨的種籽又大又

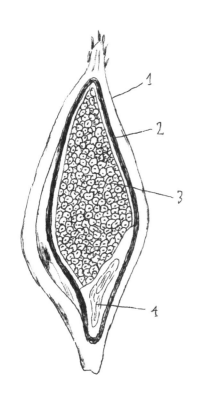

大麥的構造剖面圖

1. 殼或外皮
2. 麩皮
3. 含有澱粉的胚乳
4. 胚或胚芽

結實。另一方面，禾草類就較為儉省，只提供最少的資源給後代啟動生長，不過禾草類是同時生產許多種籽。禾草類以具保護力的外皮或殼把能量包裹起來，以澱粉的型態留給後代。澱粉是糖與糖連結而成的複雜長鏈，草的種籽（比如大麥）一旦萌芽，新生嫩芽就會開始產生澱粉酵素，把澱粉分解成比較簡單的麥芽糖，以供應代謝作用所需的能量，直到草能透過光合成自己的食物。

世界上最早釀造啤酒的是巴比倫人和埃及人，他們注意到穀物天生有把澱粉分解成糖的能力，並運用這點創造出孵芽（malting）的過程（**麥芽糖**〔maltose〕這種雙醣便是因此得名）。麥芽工人讓穀物接觸濕氣，使其萌芽，然後透過烘烤和乾燥，使穀物的生命週期終止。接下來，他們把麥芽和熱水混和，然後酵母就可以把釋放出來的糖發酵成酒精，像是啤酒，或是威士忌的醪。米麴菌的功能跟孵麥芽一樣，可以作用在從未萌芽的煮熟穀物，解開切斷其中的澱粉鏈。不過，孵芽只作用在穀物中的澱粉，但麴也會分解周遭富含營養的蛋白質層。

如同澱粉由單醣鏈構成，蛋白質則由胺基酸構成，一旦分解，這些胺基酸就會在我們舌尖上以鮮味呈現。麴有分解蛋白質（還有少量脂肪）的能力，這就是麴異常萬用的關鍵。畢竟，甜味固然有用，但作用有限。

稻米之外 ——————

1729 年，義大利神父暨生物學家米凱利（Pier Antonio Micheli）首先分類出**麴菌屬**（*Aspergillus*）。黴菌的柄和孢子讓他想起灑水器（aspergillum），這是天主教儀式中用來灑聖水的聖器。種名 *oryzae* 則是來自拉丁文的「米」。但這只是麴的故事的一小部分。

在古代日本，米是貴族階級的食物。大部分人都吃不起米飯，包括種植稻米並將之繳交給封地領主作爲稅款的佃農和自耕農。他們大多吃大麥之類的穀物維生，於是日本大部分的麴都生長在稻米之外的穀物上。

隨著時間推移、經濟的轉變和社會階層的變化，以大麥麴製成的味噌已經不流行。現在日本較常見且受歡迎的是米麴。在 Noma，我們用珍珠大麥來培麴。

一開始，我們爲了在地化才決定使用大麥，想把這種神奇黴菌應用在我們這個地區。有鑑於北歐有豐富的啤酒釀造歷史，我們也自然會想到大麥。數年後，我們在 2015 年把整個工作團隊移到日本，開了快閃餐廳。我們對於第一次嘗試在米飯上培麴相當興奮，但很快就又回頭使用大麥，因爲我們還是比較喜歡大麥麴的風味。米麴菌生長在不同穀物上，會有不一樣的反應，並依可利用的營養成分產生獨特的代謝物。米飯所含的澱粉比大麥多，我們覺得成品有點太甜。

而且，我們在做第二階段發酵時，用麴來進行乳酸發酵以製造酸汁，多餘的糖導致發酵過度旺盛，產生了異味。

我們曾對多種穀物進行接種實驗，不過總是都回到大麥，但這不代表應該忽略其他基質。在 Noma，我們會把米麴菌接種到所有東西上，從小米到新鮮堅果都試過了。黑麥麴有某種肉味和風味，讓我們想到帕爾瑪乳酪。把麴接種到科尼尼小麥（Konini，紫麥的原始變種）會有強烈的堅果味。小麥麴則有一點麵包味，並帶著馥郁的花果香。

所有穀物在烹調和接種前都需要精碾過。先前提過，種籽的澱粉被包裹在外皮裡面，外皮既堅韌又具保護性，所以

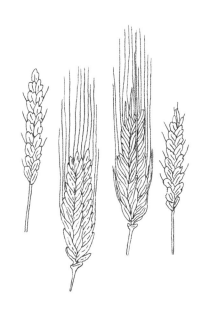

大麥是古老文明的基本作物，也是我們偏好用來培麴的基質。

麴的菌絲要穿透外皮接觸到澱粉並不容易。雖然這並非不可能的任務，但是麴在脫除外皮、麩皮和胚芽的穀物上長得比較好。從日本清酒的分級上，就可以看出這一點。清酒釀酒師要把麴接種上去之前，會先碾掉米粒的外層，碾掉越多，製成的清酒就越昂貴。我們從日本帶回一臺小型精米機（見 443 頁），專門用來精碾出我們想要做成麴的穀物。

如果你決定用不同穀物來做實驗，請記住穀物的蛋白質位於穀粒的外層，就在麩皮之下，過度精碾會去除這層蛋白質。這層蛋白質是麴的風味來源，也是某些第二階段發酵物的鮮味來源。這些風味在清酒裡多半不受歡迎，但卻是我們製麴時所追求的風味。換言之，你在碾掉麩皮時，要保持蛋白質層完整。

麴的各種面向 ————

古代中國和日本的廚師首先發現了控制和運用麴的方法。兩千五百多年前，有一些大膽的中國廚師決定嚐嚐一批放到長黴的煮熟穀物，然後發現這批穀物帶有香甜豐潤的鮮明熱帶水果味。當然，這不像聽起來那麼安全或單純。米麴菌有超過 250 種黴菌近親，其中有許多種會製造黃麴毒素這種高致癌性的毒素，對於免疫系統功能不良的人，恐有致命之虞。但米麴菌不一樣，許多研究皆顯示，麴不含黃麴毒素，可以安全食用。值得一提的是，米麴菌是一種由古老黑黴馴化而來，如同狗是從狼馴化而來。有潛在危害的微生物經過無數世代的緩慢演化並淘汰，變得實用而溫馴。

首次提到麴的書籍是西元前 300 年的《周禮》，該書將這種黴菌稱爲「鞠」。根據記載，數個世紀以後，麴在中

國變成大宗商品。大約 300 年後的中國官方文獻記載了釀造穀物酒和豆醬的說明，並附有穩定繁殖的知識。到了公元第八世紀，麴傳到了日本。

麴菌透過隨機突變開始出現顏色變異，而人們選育了白化突變種。培麴者發現，添加大約 1% 的木灰到煮熟的米或大麥中，就可以只長米麴菌而不長其他野生黴菌。木灰使米飯的酸鹼值升高，創造出不適合其他黴菌生長的環境。（米麴菌可以耐受微鹼的環境。）透過選育白化菌株，就很容易發現並移除入侵的其他菌，保持遺傳品系純正。進一步的突變則產生出許多種能製造不同代謝物的亞種。日本長達 1,200 年的培育過程，對應到法國，就是乳酪熟成師（affineur）在地窖中將野生菌接種到乳酪上。在法國，某些乳酪與特定細菌培養有關，比如洛克福耳青黴菌 *Penicillium roqueforti*，在藍紋乳酪裡發現的）或亞麻短桿菌（*Brevibacterium linens*，造成 Limburger 乳酪的橘色外皮）。

日本使用麴變化出一整個星系般多變誘人的調味品，包括味噌、醬油、**甘酒**和清酒。在數世紀間，麴的培養一直是不外傳的祕密。培養真菌菌株的培麴者不超過十名，近千年來一代又一代負責選擇特定品質的菌株來培養。製作味噌和釀造清酒的人會向培麴者訂購小量的孢子，稱為**種麴**。最終，市場開放了，如今日本的製造商所培養的特定麴菌品種已成千上萬。

米麴菌有無數變異種，各有特性及特色。我們在 Noma 最常用的麴也用來生產大部分的清酒，是一種黃色菌株的白化變異種。我們也用琉球麴菌（*Aspergillus luchuensis*）這種變異種來製造檸檬酸。它沒有米麴菌明顯的熱帶水果風味，反而創造出些微青蘋果和生蠔菇的風味。琉球麴菌培

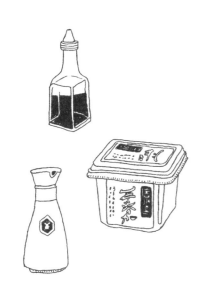

麴是味噌、米醋、醬油、甘酒和清酒等種種發酵食物的關鍵。

麴源於中國，但在日本發揚光大。

植在米飯上，產出的麴相當單純，並帶有蘋果風味和檸檬的清爽。但是培植在大麥上，琉球麴菌會有另一層迷人特性，產生出土質風味和宜人的苦味，幾乎就像葡萄柚一般。泡盛麴菌（*Aspergillus awamori*）是更古老的變異種，孢子非常黑。在沖繩，當地人把泡盛麴菌培植在秈稻亞種的米飯上，製作出的蒸餾酒精飲料稱為泡盛酒。泡盛麴菌和琉球麴菌一樣會產生檸檬酸這種代謝物，進而做出一種令人喜愛的酸味麴（不過要注意，因為檸檬酸重到無法蒸發，所以不會蒸餾到酒的成品中）。在 Noma，以泡盛麴菌製成的大麥麴帶給我們葡萄醪的基調，就跟葡萄醪品牌 Saba 一樣。

你可以花一輩子來探究各種黴菌長在一種基質跟另一種基質上的排列組合變化，不過即便如此，對於麴驚人的多樣性，你也只能略窺一二。

要當不屈不撓的培麴者，所面臨的最大障礙，是如何得到特定的孢子。在業餘手作愛好者之間，麴的流通性還不像精釀啤酒那麼普遍。但你在當地雜貨店架上沒看到種麴，不代表找不到。

在網路上搜尋「麴菌」(koji kin)、「種麴」(koji tane 或 tane koji) 或「麴菌孢子」(koji spore)，就會找到許多販售自釀清酒材料工具組的製造商。這些公司大多位在日本，但少數北美的商家還是有少量孢子種類可供選擇（見 447 頁〈發酵資源〉）。

白化的米麴菌菌株風味最佳，尤其是用於本書所提及的應用方式。泡盛麴菌和琉球麴菌等變異種只要花一點時間就能在網路上找到。如果你懂日文，或有懂日文的朋友，也很有幫助。無論如何，一般而言，最廣為使用的還是拉丁學名。

麴的孢子很堅韌，能承受運送，真空冷凍可保存許多年，室溫可保存 6 個月。

打造一個屬於麴的家

發酵物都是複雜的活體，需要符合需求的環境才能繁衍，而麴又是發酵世界中較挑剔的。最適合麴的環境非常特別，但別因為這點就阻礙你自己動手培麴。麴在 2 天內就會成熟，即使你第一次（或頭幾次）搞砸了，再試一次也不會白費太多時間或精力。就像養小孩一樣，第二次總是比較容易。

泡盛麴菌，在大麥上生長 48 小時

綠色的米麴菌，48 小時

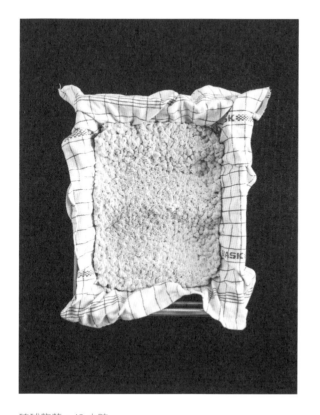

琉球麴菌，42 小時

琉球麴菌，48 小時

在開始談到第二次、第三次嘗試之前，我們先來看看從頭到尾的完整過程。

1. 將珍珠大麥洗淨、浸泡，蒸煮至全熟。

2. 將珍珠大麥粒撥鬆，靜置冷卻到室溫，然後接種米麴菌孢子。

3. 將接種好的珍珠大麥放入發酵箱，理想溫度維持在30°C，濕度維持在 70-75%。

4. 讓麴生長 24 小時。戴上手套翻動珍珠大麥，再劃出三道溝，幫助散熱。

5. 再給麴 18-24 小時完成生長。麴會繼續長，但要在真菌產生孢子之前就採收。

你可能會立刻面臨的第一件事，是必須保持溫度和濕度恆定。你幫麴創造的環境要像米麴菌誕生的地方，也就是像中國南部的溫暖潮濕氣候。真菌也需要氧氣才能進行細胞呼吸，所以空氣流通是基本條件。由於麴生長時會產生相當可觀的熱，必須讓熱散發到別處去，所以空氣流通又更加重要。在狹小空間中，麴的溫度常常躍升到 42°C，一旦超過這個溫度，黴菌就會相繼死亡。

在日本，傳統上清酒釀酒師會在鋪了杉木板的**麴室**（koji muro）培麴。放置麴的淺托盤也是由杉木原木製成，具有獨特風味和抗微生物的特性，有助於排除其他適合長在煮熟穀物上的微生物，有利麴的生長。麴盤永遠不需要清洗，久而久之，麴菌就住在麴盤裡，如同以啤酒聞名的比利時修道院也有獨特的酵母菌株住在屋椽上一樣。

傳統上，鋪了杉木的**麴室**是麴發酵的地方。

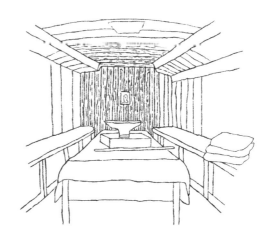

當我們決定認真做發酵時，就用了數個可以堆疊起來的貨櫃打造了一系列的發酵室。要你這麼做或把家裡的房間改造成黴菌培育室實在過於荒謬，所以要想一些比較實際的選項。解決方案不少，比如訂製的木櫃、不插電的小冰箱、野餐用的保冷箱、移動式層架配上乙烯樹脂的塑膠外罩，或者是實驗室級的環境控制櫃等等。無論是自製或頂級設備，發酵箱必須做到三件事：保溫，保濕，可讓麴呼吸。

報廢的冷藏冷凍設備非常好用，不論是老舊的上掀式冷凍櫃、直立式冷藏櫃或小冰箱都可以。這些設備都能達到隔熱效果，而且能確實保持內部溫度和濕度。冰箱和保冷箱也都防水且容易清潔，這點真的不錯，因為這麼高的相對濕度下，一不小心濕氣會聚集在箱內而毀了發酵箱。保冷箱或保麗龍箱（就像你帶去野餐用的那種）也好用。以重新再利用的冷藏設備當作發酵箱時，得要讓空氣流通。可在冰箱或保冷箱的頂端鑽數個1公分的孔，覆上網子或濾布，以免其他生物進入。保麗龍箱則可稍微撐開蓋子。若是空間寬敞的發酵櫃，則可以偶爾打開門讓新鮮空氣循環流通。

接著談自製的發酵箱，用木櫃來做效果絕佳。木櫃不至於造成氣密狀態，使麴無法呼吸，同時也易於清潔。只要一個附有鉸鏈門的簡單直立式長方形櫃子就夠了。我們也看過興致勃勃的業餘發酵迷無視食物乾燥機製造商的警示，自己改良食物乾燥機來培麴。

至於麴盤，就用 5-6 片杉木原木自製即可，也不必用到專業木工技術。不然鋪上微濕布巾的烤盤或帶孔不鏽鋼方形調理盆也很好用。不過，孔洞非常重要，否則濕氣聚積會把黴菌淹死。麴沒辦法生長的地方，一定有什麼東西不合要求。

依據要製作的麴量來選擇發酵箱的大小和種類。如果是每幾個月才培養一盤麴，就不值得在自家地下室擺一臺二手小冰箱，但若是小餐廳要用，每週至少要培麴一次的話，投資一臺小型保溫櫃、醒麵機或控制式蒸氣保溫箱（如 Winston 品牌的 CVAP），可以讓你輕鬆完成發酵。蒸氣保溫箱、數位式醒麵機，甚至是更高階的蒸烤箱，都有層架空間，按幾下按鈕就能調節好熱度與濕度。不用說，這些昂貴的專業設備可以省去對許多廚房都很寶貴的整整兩天時間。

選擇 DIY，就必須找到方法去控制發酵箱內的溫度和濕度的方法。若是較小的發酵箱，如保麗龍箱，在箱底鋪上熱源溫和的加熱墊，就能發揮效果。若是較大的發酵箱，如再利用的冰箱，就需要小型的風扇式電熱器。建議你最好買一個數位溫度控制器，要附有探針，以及可以接上電熱器的電源插座，好控制電熱器的電源供應。控制器會監測箱內溫度，並依據溫度開啟或關閉電熱器。

維也納炸鮑魚排佐澳洲本土調味食材
澳洲 Noma，2016

維也納炸鮑魚排是用米麴油把黑唇鮑
魚燜煮到柔嫩，再捶打過，並裹上米
麴粉和麵包粉，加以煎炸而成。

調節濕度的方法很多，可以放一小壺熱水在發酵箱內，也
可以覆蓋一條乾淨的濕布在麴上面。不過，最適合小型發
酵箱的是連接至調濕器的小型超音波加濕器。這些設備都
不會太貴，而且尺寸也不大，多數的發酵箱都放得下。當
箱內的相對濕度爲 70-75% 時，凝結的水氣會聚積在箱底。
可以把微濕的布放在箱底作調節，這樣既不會乾掉，但也
不會變得更濕。

供大家參考：我們在發酵實驗室裡打造了防水隔熱的房
間，並以線圈加熱器作爲熱源，線圈則掛在 PID 控制器
上。PID 控制器是（電腦化）數位控溫器，以熱電偶溫度
計測量加熱速率並依此調整電源供應，透過回饋演算法的
方式調節溫度。PID 控制器通常可以讓溫度穩定維持在誤
差 1°C 以內。濕度控制則是依據調濕器的指示由高壓噴
嘴噴出細緻水霧。這是非常精巧的裝置，而且效果很好。
我們不期待你比照 Noma 打造出這些複雜設備，只是讓
你對於如何妥善架構好設備有個概念，這對設置小型版本
的發酵環境相當重要。

關於設置小型發酵室的詳細說明，可見第 42 頁。

為大麥接種時，用撒粉罐撒上乾燥
米麴菌孢子。

珍珠大麥麴

製作珍珠大麥麴
1.1 公斤

珍珠大麥種麴 500 克（米麴菌孢子；
詳見本食譜的說明）

麴很挑剔。米麴菌需要特定條件才能生長，你得費些心思創造有利於米麴菌生長的環境。

話雖如此，麴是強健**且**生命力旺盛的黴菌。其他黴菌，比如紅麴（red yeast rice），採收前可能得花上 7 天培養。在最佳條件下，麴不到 2 天就會成熟。這些條件非常特殊，但即使在家做也不難。

使用器具

你必須製作一個發酵箱，可以閱讀之前的說明或第 42 頁的〈製作發酵箱〉。你也需要與發酵箱大小相配的杉木托盤，或者是帶孔塑膠托盤或金屬托盤。如果要用杉木，須用未經加工處理的原木料。從這個分量的麴來看，32×26公分的帶孔方形調理盆相當理想，再小會沒有足夠空間讓穀物周遭的空氣流動。鋪上乾淨的棉質布巾，可吸收過多的濕氣，有助麴菌生長。最後，如同處理其他敏感微生物，戴上乳膠或丁腈橡膠手套可保持衛生。

最後提醒：如果想製作比較傳統的麴，這份配方也適用於日本米（短粒米）。

一袋來自日本的種麴。

操作細節

市面上有兩種不同的種麴產品：粉狀的孢子，或覆滿孢子的乾燥米粒或大麥粒。可以從網路上和釀造用品店買到各種分量的包裝（見 447 頁〈發酵資源〉），一點點就可以用很久。一包 100 克的種麴所含的孢子足以接種 100 公斤的穀物。你只需要投資這麼一次，做出自己的麴之後，就可以不斷培養自己的孢子供未來使用（見 241 頁〈收成自己的孢子〉）。兩種版本的種麴都可用來接種新鮮的麴。（用生長在米飯上的孢子來接種大麥也沒有問題，反之亦然，麴對食物沒有大小眼。）

一開始，把大麥放在大缽裡，倒滿冷水。用手攪動麥粒，然後倒掉濁水。再重複一次。倒第三次水，直至淹過大麥數公分。在室溫下浸泡至少 4 小時，或冷藏浸泡過夜。

大麥浸泡完成後，用濾鍋瀝乾大麥粒，沖洗至水變澄清後，甩乾。

麴菌生長的理想基質是含水但粒粒分明且結實飽滿的穀物。沸煮法容易使穀物含水過多，變得濕潤又軟糊。黴菌在這樣的環境會長得太快，在達到理想的酵素濃度前就進入繁殖週期。如果穀物非常濕，孢子其實會淹死，永遠不會生長。蒸煮法可以完全煮熟穀物，但不會使穀物含水過多。在 Noma，我們有蒸烤箱，可以把蒸氣加入對流烹煮循環裡，用來蒸穀物極為好用，但是傳統的蒸鍋也很好，或在有蓋的鍋子裡架上篩網或濾鍋也可以。

若使用蒸烤箱：以 100°C，風扇速度 80%，蒸煮 45 分鐘。

若使用一般蒸鍋：以微滾的水蒸煮約 20 分鐘，但 15 分鐘

時就開始測試。咬開一顆大麥粒，煮得恰到好處的大麥粒應該要厚實但容易咀嚼，中心不應該堅硬或呈白色。

蒸煮大麥的同時，準備好要用來發酵麴的托盤。若使用杉木托盤，應確保托盤是乾淨的，沒有碎屑。若使用金屬或塑膠盤，則應確保盤子已清洗並殺過菌。在金屬或塑膠托盤內鋪上一條布巾。如果使用廚房擦巾，請確保擦巾是清潔的（以無芳香劑的清潔劑洗淨），且已使用蒸氣殺菌並擰乾。

大麥蒸好之後，要趁溫熱時分散大麥粒，殘留的澱粉才不會使大麥粒結塊。戴上雙層乳膠或丁腈橡膠手套以免燙到手。用雙手將大麥粒輕搓到發酵托盤上，別太用力，免得搓破，保持穀粒完整有利於麴的生長。撥散大麥粒，置於流理檯的烘焙冷卻架上，冷卻到 30°C。如果你等不及，也可以用電風扇吹涼（不過如果你沒耐心，也許不應該培麴）。大麥粒蒸好、撥散、冷卻之後，就到了接種時間。

若使用孢子粉：把少量粉末放到濾茶器裡，在大麥粒上方輕拍濾茶器。孢子的密度極高，一茶匙就含有十億以上的孢子，足以接種一整盤大麥。戴上手套，徹底翻動大麥，確保角落也都翻到了，然後再撒一遍孢子。再次翻動大麥，大功告成。

若使用附在乾燥穀物上的種麴：把含麴穀物裝入不鏽鋼撒粉罐（就像你用來撒糖粉那種）直到半滿，然後撒三遍，不要只撒兩遍，否則撒到穀物上的孢子總量會不夠。每撒過粉一次，就要戴上手套翻動大麥。如果沒看到撒粉罐撒出孢子粉霧，就要多裝一點含麴穀物到撒粉罐裡。

把接種好的大麥平均分撥散開來，先從托盤側邊開始撥

蒸煮前，把大麥浸泡到吸飽水分非常重要。

大麥麴剛接種後的樣子

30 小時後

散，以免被遺漏的大麥無法透氣。用乾淨、微濕的布巾覆蓋，確保每個地方都蓋住。

把托盤放入發酵箱。用蒸架或金屬網架把托盤從發酵箱底部墊高，保持麴的周圍都有空氣流通。如果是比清掃用具櫃還小的發酵箱，蓋子或門要開一個縫讓新鮮氧氣流入、過多的熱能逸出。早期我們在餐廳培麴時，已遇過太多次黴菌被悶死的狀況。把溫度計探針插入鋪好的大麥，並確保濕度計有在運作。

不管使用哪種裝置，密切注意穀物溫度是培麴成功的關鍵。在室溫下，麴的生長相當緩慢，也難以生根。但溫度超過 42°C，麴菌會被煮到死亡。濕度也必須小心監控。如果環境太潮濕，麴菌很容易淹死。另一方面，如果穀物乾掉了，菌絲會遭遇太多阻力，無法穿透澱粉。把溫度計探針插入穀物，並將溫度控制器設定在 30°C。發酵期間濕度要保持在 70-75%。成功完成這一切的祕訣，參閱〈製作發酵箱〉（見 42 頁）的說明。

假設一切順利，24 小時後就會看到第一層黴菌長出來的跡象：會有纖細、不甚明顯的白色絲線覆蓋在大麥上，稍微把大麥粒黏結在一起。把麴從發酵箱裡取出，放在乾淨的架子上。同樣像大麥剛煮好時那樣，戴上手套把大麥粒撥散開來。混拌大麥粒可以讓長在托盤底部的麴接觸空氣，並弄斷菌絲體，而由於麴會試著伸展網絡，這麼做便能促使麴進一步生長。

翻動大麥粒並撥散所有結塊，把穀物耙成三道，像田埂那樣。這樣可增加麴接觸新鮮空氣的表面積，並幫助散熱。

生長 24 小時後，麴的代謝作用會疲乏。你的任務是讓麴

再生長 24 小時。把麴放回發酵箱，溫度計探針插入中間那道穀物堆的中心。如果發現溫度竄升，就調整溫度控制器，並把門或蓋子打開 30 分鐘，讓發酵箱冷卻。如果你擔心麴還是持續升溫，就再把麴撥散，會有助於降溫。

再過 12 小時，麴的菌絲體會和大麥粒牢牢連結在一起，形成稠密的塊狀。第 36 小時，麴會被一層淡綠色或白色（取決於你使用的麴菌菌株）的絨毛覆蓋，但是要到第 44-48 小時才會產生完整的酵素和風味。那時，麴聞起來應該有強烈的果香，就像成熟的杏桃。

要採收麴就得讓麴停止生長。把整個托盤冷藏 12 小時來降低溫度。如果近期就要使用，可以密封冷藏數天。其實我們發現麴冷藏幾天後，風味會大幅提升。麴採收後就可以立刻使用，但冷藏會抑制麴的生長，此時酵素仍繼續在作用，使麴變得更甜。如果沒有馬上要用，密封冷凍可保存 3 個月。

製麴流程的最後一步是清洗工具，保持衛生，包括發酵箱、托盤（如果不是使用木製托盤）還有溫度計探針。如果是用木製托盤，只要用微濕的布巾擦乾淨，放在通風良好的地方風乾即可。

42 小時後

48 小時後

1. 大麥和米麴菌孢子（種麴）。

2. 以冷水徹底清洗大麥，然後浸泡 4 小時。

3. 蒸煮大麥 20-30 分鐘，直到大麥變軟嫩但不崩散。

4. 在大麥仍溫熱時，輕輕撥散，以免結塊。

5. 至少讓大麥冷卻到 30° C。

6. 將米麴菌孢子接種到冷卻的大麥上。

7. 24 小時後，你應該開始看到菌絲體生長的跡象。把大麥混拌均勻，並耙成三道。

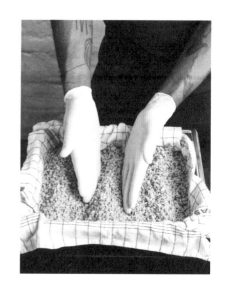

8. 48 小時後，麴應該已經充分生長。

9. 冷藏大麥使真菌停止生長。密封冷藏或冷凍。

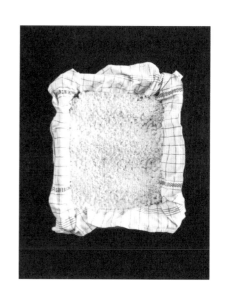

收成自己的孢子

如果你定期製麴，到某個時候你可能會想採收孢子。

製作一批麴，戴上手套把大麥粒撥散到一個乾淨、不會起化學反應、無孔的托盤上。在第 48 小時，菌絲體會變得非常強健，所以你可能必須掰開結塊，但盡量不要把麥粒弄碎。將大麥粒撥散開來，以製造最大的表面積，讓麴可以萌發孢子。用微濕的布巾覆蓋麴，放回發酵箱。讓麴再長 36 小時。繼續監測溫度和濕度，但不需要再翻動大麥粒。

36 小時之後（總共 84 小時），你應該會看到毛茸茸的白色、綠色或黃色孢子（取決於你買的是哪種麴菌菌株）。如果你碰觸大麥粒（戴著無菌手套），手指會沾上粉。如果你攪動大麥粒，大麥粒會散發一股塵狀的孢子，而且帶有強烈、近似肉的氣味。如果生長順利，應該會有許多孢子。

你必須把穀物弄乾，使孢子成為可穩定保存的狀態，並避免孢子受到其他微生物感染。把蓋在麴上和作為發酵箱濕度來源的布巾移除，並擦乾發酵箱壁上的濕氣。把蓋子或門開得比培麴時更大，以增進空氣流通。將長了孢子的穀物放在發酵箱約 2 天，直至穀物完全變硬。

密封的乾燥麴置於食物櫃陰暗處可存放 6 個月，冷凍則可長期保存。

建議用途

酥脆大麥麴丁 Crunchy Koji Croutons

你可以用新鮮的麴糕做很多東西，但只要把麴糕切成厚片，用熱油煎至上色就已經很美味了。如果想更進一步，可以把麴糕切成一口大小的方塊，然後油炸成金黃酥脆的大麥麴丁。用紙巾吸油，再用鹽調味即成。大麥麴丁有甜味和很重的鮮味，結合起來會讓你以為剛剛吃的是美味的火腿脂肪。想要讓這個效果加倍，可以在大麥麴丁上放一片薄薄的伊比利火腿，做成令人上癮的一口大小單面三明治。或是將牛肉版古魚醬（見 373 頁）塗在香煎脆麴丁上增添鹹味，以平衡麴糕自然的甜味。

燉菜和湯 Stews and Soups

將新鮮麴糕壓碎成腰豆或蠶豆大小，在煮蔬菜湯的最後 10 分鐘加進去。盡可能放入任何你會使用的蔬菜到湯裡，以增添甜味的基調，還有令人驚喜且懷念的麵疙瘩口感。燉肉時，可以在最後 1 小時加入麴碎塊，這樣會讓肉湯更濃厚，也會為整道料理增添額外的甜味和豐潤滋味。

接種琉球麴菌（一個完全不同種的麴
菌）時，大麥麴會帶有柑橘風味。

檸香大麥麴

CITRIC
BARLEY
KOJI

**製作檸香大麥麴
1.1 公斤**

珍珠大麥 500 克

白化琉球麴菌孢子（見 447 頁〈發
酵資源〉）

相較於主流的米麴菌，琉球麴菌比較難找，但風味非凡，
讓人想起青蘋果和檸檬。我們在 Noma 偶然遇見這種特
殊的黴菌時非常興奮，因為它所產生的檸檬酸和麴的濃郁
鮮味形成強烈對比，值得你找來試試。不過，我們要先提
醒你，琉球麴菌另有一種黑色的菌株，不但黑漆漆，風味
也截然不同，所以你要找的是白化的菌株。把琉球麴菌接
種到大麥上，作用和米麴菌是一樣的，但必須注意一些更
細微的地方。

珍珠大麥麴的操作細節（見 232 頁）可以套用在琉球麴菌
上，建議你先讀過該食譜的說明。

依照珍珠大麥麴的製作說明洗淨、浸泡和蒸煮大麥。將乾
淨布巾鋪在帶孔托盤上，將穀粒倒上去撥散。若使用的是
附著在穀粒上的琉球麴菌孢子，就用撒粉罐接種到大麥
上；若使用的是孢子粉，則用濾茶器。但請留意，琉球麴
菌的孢子遠多於米麴菌，用撒粉罐撒兩遍就綽綽有餘。如
果你用的是孢子粉，1 茶匙應該就夠接種整盤。

檸香大麥麴剛接種後的樣子

30 小時後

36 小時後

把麴盤放到發酵箱。檸香麴喜歡的溫度比米麴菌低一點，所以目標溫度要維持在 28°C，而非 30°C。濕度在 70-75% 即可。

24 小時後，戴上手套翻動穀粒，並耙成三道。此時，你會嘗到明顯的甜味，並聞到一絲檸檬酸味。再過 24 小時，甜味和酸度會穩定發展，帶出其他風味。36 小時過後，檸香麴會有一種微妙的風味，帶有檸檬、青蘋果和蠔菇的滋味，這時候就該採收了，而非像接種米麴菌的麴，要整整生長 48 小時才能採收。如果任由琉球麴菌發酵下去，琉球麴菌會把大麥分解得比米麴菌更徹底，而且 40 小時之後會開始出現非常明顯的苦味，使麴變得極似葡萄柚。除此之外，苦味增強的同時，甜味也消失了。（有趣的是，琉球麴菌在米飯上生長時完全沒有苦味，不過整體風味也沒那麼好。）

若要採收麴，把整個托盤冷藏 12 小時以停止麴菌生長。如果近期就要使用，可以密封冷藏數天，或冷凍以備日後使用。麴冷凍可保存 3 個月。

若要採收琉球麴菌孢子，把穀物撥散開來，再放 36 小時繼續生長。依照第 241 頁的說明，將形成孢子的麴弄乾，並裝在可重複密封的袋子或氣密容器中保存。

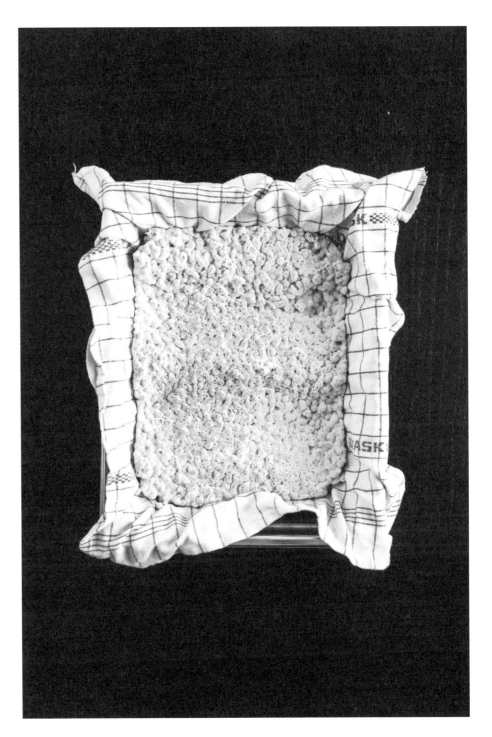

42 小時後

甜檸香麴汁

製作甜檸香麴汁
約 1 公升

檸香大麥麴 1 批（見 243 頁），於
第 42 小時採收

在這份食譜中，我們把檸香麴所產生的酸味萃取到汁液裡，幾乎可用在所有平時會用到白葡萄酒的料理中。神奇的是，發酵 42 小時的麴，苦味幾乎不會轉移到清澈的汁液裡。麴汁嘗起來像是蘋果汁和檸檬茶的混合液，帶有淡淡的土質風味。

想照這份食譜做甜檸香麴汁，必須製作一批檸香大麥麴，但是讓麴多長幾個小時。這道麴汁的關鍵是所含的檸檬酸，而發酵 42 小時的檸檬酸明顯比 36 小時更多。

將麴和兩倍重的水（大約 2.2 公斤）以果汁機高速攪打 1 分鐘；必要時可分批處理。把混合物倒入可冷凍的有蓋容器或耐重夾鏈袋裡，保留足夠空間供混合物凝固膨脹，然後放進冷凍庫。

麴混合物結凍後，放到鋪上濾布的濾鍋或篩子中，架在深容器上，以盛接融化的液體。濾鍋加蓋冷藏 3-4 天。冰塊全融化後，小心取下濾鍋，丟棄固體物，獲取清澈的黃色液體。

加蓋冷藏可保存 5 天。若不打算馬上使用，可以冷凍保存。

左頁圖：檸香麴和水攪打過，冷凍，然後過濾，就能做出超實用的麴汁。

右圖：用檸香麴汁清蒸紙包魚。

建議用途

白葡萄酒替代品 White Wine Stand-In

把甜檸香麴汁想成帶有鮮味和酒體的白葡萄酒，用來蒸鳥蛤或為肉原汁提味。用來做紙包魚也很完美：用檸香麴汁代替酒，添加到烘焙紙包裡，搭配有柑橘味的香料植物，如檸檬百里香或鳳梨鼠尾草，和清淡的蔬菜，如幼嫩的夏季小南瓜。以烤箱烤約 15 分鐘，打開紙包，露出蒸得恰到好處且酸甜麴汁已入味的魚。

檸香麴甘酒可以兩用，既可以當作
飲料，也可以當作烹調介質。

氣泡檸香麴甘酒

製作氣泡檸香麴甘酒
約 2 公升

檸香大麥麴2公斤（1批；見243頁）
水 2 公斤
夏多內酵母 1 小包（40 毫升）
去氯錠（½ 片，非必要）

甘酒是用米麴、米和水製作的日本經典甜味飲品。有時發酵過且帶有微量酒精，有時則否；有時是泥狀或已過濾，有時則保留軟黏感。大部分食譜是把剛煮好的米飯、等量米麴與水混和，然後放在電子鍋裡「保溫」6-8 小時。由於真菌產生的酵素在 60°C 能以較高功效進行一個個催化反應，將澱粉轉化成糖，所以溫度是製作甘酒的關鍵。

在 Noma，我們在這片領域取得的最大成功，是以琉球麴菌發酵大麥，製成一種並不正統的甘酒。（不過要是你只能找到普通的米麴菌，也不要因此放棄。）最終產物只含有微量酒精，既不是啤酒，也不是清酒。老實說，我們從未真的在餐廳供應這款飲品，但它真的甘美到我們應該這麼做。

把麴放入真空袋，倒入水混和後密封，以 60°C 循環水浴煮 8 小時。或者，把混合物直接放在電子鍋裡「保溫」，或放在發酵箱裡。

用鋪了濾布的細網篩過濾液體，盡可能擠出液體，但別用力到把固體物擠過篩子。丟棄糊狀物。

夏多內酵母會把檸香麴裡面的糖發
酵成酒精。

水封排氣閥可以讓甘酒在發酵時排
掉氣體。

甘酒冷卻至室溫，然後將夏多內酵母拌入。把混合物倒入發酵桶、罈子或玻璃罐，蓋好，並裝上水封排氣閥。（見142頁。可以在任何釀造用品店買齊這些標準釀酒工具。）讓混合物在陰涼的地下室或車庫發酵 4-5 天。成品會是類似淡蘋果酒或啤酒的微酒精飲料，有少許氣泡，也比原始食材酸澀。

就像製作康普茶，必須在發酵達到我們**想要的**程度之前，就要停止發酵。甘酒有很多可發酵的糖，而我們想把大部分的糖留在成品中，所以一釀好就要盡快裝瓶和飲用。冷卻會讓發酵作用變慢，但是甘酒是活性發酵物，所以即使冷藏，含糖量還是會持續下降。

如果你想要讓發酵作用完全停止，替代方法是拌入「殺菌劑」，如去氯錠（由焦亞硫酸鉀製成），這會完全抑制酵母繁殖力。去氯錠在釀造用品店和網路上都很容易買到。以本食譜製作的甘酒量，半錠應該就足夠。另一種選擇是用熱水浴殺菌：將甘酒倒入夾扣式玻璃罐，直到八分半滿，放入一鍋 70°C 的水中 15-20 分鐘。這樣可以有效殺死酵母菌，但也會流失部分風味。真的沒有什麼方法比趁新鮮喝掉甘酒更好。

建議用途

蛤蜊和鳥蛤 Clams and Cockles

甘酒的特質與啤酒、蘋果酒和葡萄新酒相似。你可以而且絕對應該用甘酒來做菜，添加少許在湯或燉菜裡提味，或是在可能用白葡萄酒來烹調的時候，改用甘酒。舉例來說，甘酒非常能爲雙殼類增色。倒入橄欖油、適量甘酒、蒜頭1瓣、一些蔥花來蒸1公斤的蛤蜊或鳥蛤。蚌殼打開後，就從鍋子取出，留下湯汁繼續煮，加入一小塊奶油攪散，放入一些龍蒿末、歐芹末、細香蔥末，上菜前淋在剛剛取出的蛤蜊上。

檸香麴甘酒很適合用來蒸海鮮。

上圖：把乾燥、研磨過的麴過篩，
製成麴粉。

右頁圖：食物乾燥機設定為 50° C，
烘乾麴碎塊。

乾麴和麴粉

**製作乾麴或麴粉
約 500 克**

麴（任何一種）1 公斤

麴經過乾燥，就能變成廚房裡的可用食材，你的乾貨食材櫃也多了一樣嶄新法寶，在異國風味的糖和中筋麵粉之間占有一席之地。

盡可能把麴剝碎，在放有烘焙紙的托盤上平鋪開來，用食物乾燥機以 50°C 烘乾，直至完全乾燥，通常需 24 小時。這時將乾麴密封冷凍，可保存數個月。

或者，將乾麴用果汁機高速攪打 45 秒至 1 分鐘，直到成為細緻粉末。用細網篩或鼓狀篩將粉末過篩，下方用大碗盛接，手在篩裡繞圈撥散粉末，讓所有的粉末通過篩孔，無法通過的粗顆粒乾麴要重新打過，再次過篩。麴粉含有很多糖，相當容易受潮，所以在室溫下一定要用密封容器保存。

以水煮麴，製作麴高湯。

建議用途

麴高湯 Koji Stock

乾麴最好的用法之一是爲高湯增添風味。用湯鍋煮滾 1 公升的水，放入碎乾麴（不是麴粉）150 克。把火轉小，讓高湯微滾 10 分鐘。濾掉固體物，就是一鍋可以應用在各類料理的萬用、素食基底高湯。

麴味噌湯 Koji-Miso Soup

做好麴高湯後，可加入本書收錄的任何味噌，用手持式攪拌棒攪打均勻，做出你從未喝過的味噌湯。一道濃郁的味噌湯大約含有 20% 味噌（200 克味噌兌 1 公升麴高湯），但要注意各種味噌的含鹽量與味道濃烈程度都不同。切記，味噌不夠永遠都可以再補，但一下子加太多就無法取出。可以試著先加黃豌豆味噌（見 289 頁）100 克，然後再自己斟酌是否再補。

麴汆燙蔬菜和麴湯 Koji-Blanched Vegetables and Koji Soup

用麴高湯來汆燙蔬菜非常棒，我們常在 Noma 這麼做。想像一下，晚餐是用大淺盤盛裝的烤禽肉，佐以用鮮味濃郁的麴高湯汆燙過，並加鹽調味再淋上橄欖油的幼嫩胡蘿蔔、蕪菁、甘藍菜葉。菜餚完成後，將禽骨架和鍋中剩下的湯汁加進汆燙蔬菜的鍋子裡，煮滾後，把火關小，微滾幾小時，再過濾，最後加幾滴醋和醬油，就是一道美味無比的湯品。若你想要，可在湯裡煮幾顆去皮馬鈴薯，然後用手持式攪拌棒攪打成滑潤的馬鈴薯濃湯，再撒上煮過的蕁麻或菠菜裝飾。即使完全沒有禽肉類，還是可以把用來汆燙的麴高湯做成美味蔬菜湯。

麴油微甜且有果香味，用作烹調介質，有助分解堅韌的蛋白質。

麴油可以做出格外美味的美乃滋。

麴風味油 Koji-Infused Oil

選擇本身味道不會太重的油，葡萄籽油、葵花籽油、芥花油或玉米油都可以。以果汁機高速混和乾麴（不是麴粉）250 克和油 500 克，攪打 6 分鐘，直至混合物變成絲一般滑順的鮮奶油質地，倒入容器，加蓋冷藏靜置 24 小時以入味。隔天，用濾布或細網篩濾掉殘渣即成。

你可以混和麴油和黃瓜汁，並擠一點萊姆汁或滴一些香料植物芹菜醋（見187頁），作爲新鮮干貝薄片的美味佐料。（製作黃瓜汁要先把英國黃瓜攪打成漿，再用乾淨的濾布往碗裡擠出黃瓜汁。）

麴油封肉 Koji Oil Confit

在麴油裡面慢燉，可以做成出色的油封料理。麴與油混和之後，麴所含的酵素就是很好的嫩化劑，可分解較韌的蛋白質，從鮑魚到鵝腿都適用。

麴美乃滋 Koji Mayonnaise

或者，用麴油製作美乃滋吧！多數人都不自己做美乃滋，但應該要自己做，風味和質地的差別之大，值得花這工夫，尤其是用麴油來做。把蛋黃 2 顆、第戎芥末醬 1 茶匙，和一點醋用打蛋器攪打，然後將麴油 150 毫升緩緩以穩定細流注入，持續攪打，使混合物乳化成濃厚的美乃滋，再用鹽和粗磨胡椒調味收尾。三明治從此不同凡響！

麴麵包粉炸魚 Koji-Breaded Fish

很多時候麴粉甚至可取代一般麵粉。下次用小牛排做維也納炸肉片，裹麵包粉時，先把麴粉抹在肉上，再沾裹蛋液，接著沾上你喜歡的麵包粉。麴粉會賦予成品一股香甜堅果味，這用一般麵粉是做不到的。用來做裹粉炸魚也很好用。如果你要煎炸薄切魚片，如鰈魚、比目魚或大比目魚，只要將魚片撒上麴粉，等煎鍋裡的奶油冒泡，即可下鍋。唯一要注意的是，麴粉比一般麵粉更快焦糖化。只要保持火比中火稍微大一點，就不會外皮都煎焦了，肉卻還沒熟。

麴「杏仁膏」 Koji "Marzipan"

把等重的中性油和麴粉用打蛋器攪打，然後加上總重量10% 的糖粉（如麴粉 100 克、葡萄籽油 100 克，和糖粉 20 克），就可以用麴粉做出功能類似杏仁膏的成品，從可頌麵包到千層蛋糕都可以用上。或者，只要將麴杏仁膏碎片撒在香莢蘭冰淇淋上，就可做出神似曲奇餅乾麵團聖代的滋味。

下鍋煎炸之前，把魚裹上麴粉。

乳酸發酵會讓麴有完全不同的風味
和酸味。

乳酸麴汁

LACTO
KOJI
WATER

製作乳酸麴汁
約 1.5 公升

珍珠大麥麴 750 克（見 231 頁）
水 1.5 公斤
無碘鹽 45 克

我們用麴進行乳酸發酵，得到了迷人的酸甜香鹹液體，雖然難以精準指出其中蘊含的所有風味，但我們把成品用在餐廳的各式餐點上，從果汁到醬汁、醃醬、糊醬等等。做好一大批麴汁並分裝冷凍，這樣手邊就永遠都有祕密風味武器可用。

所有食材以高速攪打約 45 秒，打成泥狀，必要時分批處理，但要注意每批食材分配要均勻一致。

用大真空袋密封混合物（必要時可分成多袋），盡可能排出空氣，但不要讓內容物溢出來。也可以用大夾鏈袋盛裝，然後把袋子慢慢放到一盆水裡，以擠出所有空氣。袋口離水面還有幾公分時就停下，水的壓力會把空氣都擠出來，再密封袋口，就有近乎真空的效果。

將麴汁放在室溫或略高於室溫處 5-6 天。混合物發酵會產生二氧化碳，使袋子膨脹，因此你得替袋子排氣，以免炸開。一如處理乳酸發酵物的方法：剪開袋子一角，排出所有氣體，再重新密封袋子。

攪打、冷凍並解凍之後，乳酸發酵麴會產生清澈的琥珀色麴汁。

每次為麴汁排氣時，記得用乾淨湯匙嘗一下。隨著混合物熟成、乳酸累積，甜味會逐漸減少。要追求的平衡風味是麴汁要嘗起來有鮮明的酸澀，但仍帶著甜味。

發酵完成後，剪開袋口，把液體倒入可冷凍的有蓋容器，保留足夠空間，這樣混合物凝固時，才有膨脹空間，留下離容器開口約一指幅寬就夠了。然後放冷凍保存。

麴汁結凍之後取出，移到鋪上濾布的濾鍋中，架在深容器上，以盛接融化的液體。濾鍋加蓋冷藏 3-4 天。等麴汁冰塊完全融化後，小心取下濾鍋，丟棄固體物，麴汁即採收完成。

麴汁很可能還具有活性，儲存不當可能會繼續發酵，產生難測的變化。雖然加蓋冷藏可存放幾天，但冷凍（放在袋子或梅森罐裡）是穩定風味的最好方法。或者，如果真的想延長保存期限，可以用熱水浴殺菌：倒入夾扣式玻璃罐，直到八分半滿，再放入一鍋 70°C 的水中 15-20 分鐘。這樣會殺死細菌，並讓乳酸麴汁保存更久。話雖如此，未經處理的麴汁風味最純，採收後盡快使用最好。

建議用途

乳酸麴奶油醬汁 Lacto Koji Butter Sauce

乳酸麴汁可以做出無與倫比的奶油醬汁。用醬汁鍋以中火加熱 2 份乳酸麴汁（以重量計），直至將滾未滾的狀態，然後用手持式攪拌棒把 1 份塊狀室溫奶油攪入乳酸麴汁中，打到乳化，或用打蛋器分塊打入。用鹽調味，置於溫熱處，等待與烤雞或魚、根莖類蔬菜或煮熟的穀物一起出餐。若要更加享受，刨點白或黑松露在慢煮滑嫩煎蛋捲上，再淋上大量麴奶油醬汁。

麴奶油醬汁也是很棒的烹調介質，從龍蝦仁到蕪菁，所有食材都可以放入醬汁中低溫慢煮，或者加一點到一整鍋義式麵疙瘩（gnocchi）或煮軟的羽衣甘藍裡。

乳酸麴奶油醬汁令人驚艷 —— 濃郁同時又充滿鮮味。

上圖：烤麴墨雷醬混和了鮮奶油和深焙麴。

右頁圖：以鼓狀篩過濾烤麴墨雷醬，製成絲絨般的醬汁。

烤麴「墨雷醬」

製作烤麴墨雷醬
約 1.5 公升

珍珠大麥麴 500 克（見 231 頁）

高脂鮮奶油 500 克

全脂鮮乳 500 克

雖然這不是傳統的墨西哥墨雷醬，但我們仍視爲墨雷醬，其厚度、層次和微甜味與我們最喜歡的道地墨雷醬相似，添加一點醋和辣椒粉會變得更加相像。此外，可加幾匙這種麴墨雷醬到燜煮類菜餚裡，以增添濃郁感、鮮味和一點厚實感。

用手指把麴捏成小塊，鋪放在烤盤上，以 160°C 烘烤，每 10 分鐘翻動和搖動，以確保受熱均勻。45-60 分鐘後，麴會聞起來像烘烤過的咖啡豆，而且變成深棕色。把烤盤從烤箱拿出來，冷卻至室溫。

從冷卻的烤麴中秤出 375 克（烘烤過會和原始重量不同），放入可密封的容器。把鮮奶油倒在烤麴上，並冷藏過夜，讓鮮奶油融入烤麴。

將混合物倒入果汁機，加入鮮乳，攪打成滑順泥狀。攪打約 6 分鐘（如果會卡住，就多加一點鮮乳，直到可以順利運轉）。如果想讓質地更細緻，在果汁機打好且仍有溫度時，用鼓狀篩過濾。倒入氣密容器中，冷藏可保存 4 天，冷凍可保存 6 個月。

建議用途

烤麴墨雷醬馬鈴薯 Koji Mole-Glazed Potatoes

烤麴墨雷醬是水煮新馬鈴薯或手指馬鈴薯的絕佳淋醬。將幾顆新馬鈴薯放到冷鹽水鍋裡煮到滾，再把火轉小至微滾，馬鈴薯煮軟，瀝掉水再放回鍋中。關火，趁馬鈴薯還熱騰騰，添加幾匙烤麴墨雷醬，再用鹽調味。如果可以，上菜前加幾匙魚子醬或鱒魚卵。

不是巧克力 Not Chocolate

烤過的麴和墨西哥墨雷醬如此相似，是因為它令人想到巧克力。因此，我們把它變成一種既獨特又似曾相識的熱巧克力版本。把烤麴墨雷醬 60 克、黑砂糖 15 克加入牛奶 500 克中，攪拌均勻。加熱後，在寒冷的冬日來一杯吧！

新馬鈴薯裹上烤麴墨雷醬。

麴漬（鹽麴）

KOJI
CURE
(SHIO KOJI)

製作鹽麴約 800 克

麴（任何一種）400 克
水 400 克
海鹽 40 克

鹽麴是鹽和麴的混合物，在日本被廣泛使用，既用作醃料來醃肉類和魚類，也用作調味料。因爲麴所產生的蛋白酵素會分解動物性蛋白質，所以鹽麴作爲醃料時，既具有調味也有嫩化的功能。

用果汁機將麴、水還有鹽攪打在一起，不需要打成滑順的糊醬，只要均勻混和卽可。如果想利用麴的酵素特性，成品可以直接當醃醬（見下面說明）使用。如果放久一點，鹽麴本身會發酵，會帶來更濃厚的風味，不過鹽同時也會阻止發酵。鹽麴的鹽含量較高，很耐保存，加蓋冷藏可存放數週。

建議用途

醃醬 Marinade

鹽麴一般用作醃醬。肉類通常必須多花點工夫嫩化、調味、賦予鮮味和花香甜味，滋味才能全然釋放，但鹽麴可以直接提升肉的質地和風味。我們發現把鹽麴用在野禽肉

鹽麴是水、鹽和大麥麴混和而成的糊醬。

上的效果極佳，但用於一般雞肉的成效也不差。若是 1 公斤的雞，塗薄薄一層鹽麴在雞皮上，室溫下靜置 3 小時，再烘烤。若是比較小的禽類，例如 0.5 公斤的春雞，醃的時間就減半。

較大的禽類，例如鴨，可能得醃 4 ½ 小時。火雞、豬肉還有腹脇肉排用鹽麴搓過也會變得相當可口。各種魚類如鮫鰊魚、梭鱸或黑鱈魚，花一點時間醃一下，也會讓肉質更緊實，並且讓鹹味及風味滲入魚肉。但要小心：魚肉比禽肉或紅肉更細緻，所以醃的時候要更留意。魚片是厚是薄？厚薄是否一致？比較薄的部分塗的鹽麴要比較少。如果是肉質好又結實的黑鱈魚片 160 克，只要塗薄薄一層鹽麴，醃 30 分鐘，以免太鹹。比較薄的魚片只要醃 15 或 20 分鐘。

最後，以鹽麴醃的食物記得要在烹煮前盡可能去除鹽麴，再用紙巾輕輕擦拭。湯匙或奶油刀的刀背都是刮除鹽麴的好工具。

鹽麴奶油 Shio Koji Butter

有些人喜歡直接把鹽麴塗在麵包上享用，或當作酪梨醬吐司的基底。如果鹽麴的味道對你而言太強烈，試著混和鹽麴 1 茶匙和軟化奶油幾茶匙，做成調和奶油，塗在烤玉米或烤馬鈴薯上，或作為稠粥或燉菜的收尾調味。

以鹽麴醃春雞可以調味，同時使肉質變嫩。

味噌和豌豆味噌
Misos and Peaso

—

拓展我們的視野 ———

Noma 餐廳發展至今，有幾個進化階段。早期餐廳剛開張時，我們探索食材，逐漸熟悉各季的當令品項，找尋可以啟發我們創造出一道料理、一份菜單或一種自我定位的珍貴靈感。當我們有點進步也有點信心時，我們有了比較多時間，而且不僅想認識更多食材，也想了解更多技術、歷史、故事，以及人類這個物種。

我們開始深入挖掘北歐地區幾世紀以來的飲食文化，想要找到支柱，讓我們據此定義自己的烹飪。但卽使尋遍斯堪地那維亞、芬蘭、格陵蘭、法羅群島（Faroe Islands）和德國北部的傳統，我們一直在尋求的烹飪依舊朦朦朧朧，十分令人沮喪。現在回想起來，這其實很合理。我們的工作人員背景各異，把眼光限縮在北歐地區絕對不夠。

於是，在 2009 年還是 2010 年時，我們爲了更了解自己，決定把眼光放遠。首先，我們想到應該鎖定鄰近國家，比如俄羅斯或德國，這些地方有許多精彩的共同飲食傳統。但我們很快就發現，顯然得把眼光放到舒適圈外。

幾趟日本行打開我們的眼界，日本廚師和職人以不可思議的嚴謹態度追求鮮味。在所謂的「美味」中，鮮味是種難以言喻但極易辨識的風味。日本有上千種醬油、麴和味噌，每種都有不同的特色和應用方式。於是，日本的大廚有許多調味用品可自由運用，每種不僅嘗起來滋味獨特，還有顯著的日式風格。我們回到哥本哈根，明白爲了要建立能夠定義我們餐廳、甚至我們這一整個地區的風味，我們必須像日本那樣，有一個屬於我們自己的食材櫃。

我們的北歐版味噌也許是我們在打造這個食材櫃時，最成功的一次嘗試。而它誕生於一碗失敗的豆腐。

把麴、豆類和鹽放到桶子裡，數月後就會變成味噌。

我們想要試試能不能把本地的黃豌豆榨出來的豆奶凝結成某種豆腐。花了好幾週的工夫，才意識到這種高蛋白質的豆類可能比較適合用來發酵。於是，我們遵循傳統的味噌製作法，以北歐食材取代日本食材，最終做出黃豌豆味噌，簡稱爲豌豆味噌（peaso）。

豌豆味噌嘗起來不像味噌，至少我們覺得不像。它嘗起來有明顯的丹麥風味，既有專屬於我們的特性，又帶有濃濃的亞洲血統。這是陌生的異國概念與我們很熟悉的食材產生了完美碰撞，我們認爲食物就該以這種方式前進。在斯堪地那維亞地區（或者說在這世界上），大部分最美好的事物都有相似的故事：它們傳到新的地方，適應了環境，找到自己的生活方式，最終成爲地方的一部分，就像移民。這就是微生物的移民。

初次成功之後，我們又用黑麥麵包、玉米和榛果做了味噌。我們也試過不同的豆類，從斯堪地那維亞到其他地區的都有，例如羽扇豆和黑眉豆。我們還試過不同的穀物。這至今仍是一個進行中的計畫，每一次的進展總是令我們既訝異又激動，而這個計畫的起點，是傾聽別人的故事。

大豆的故事

味噌是由煮過的大豆、麴和鹽製成的發酵糊醬。味噌和醋一樣，需要兩階段發酵。首先，讓米麴菌這種眞菌長在米飯或大麥上，製作成麴（欲進一步了解此過程，請見 211 頁〈米麴〉一章）。然後，麴會產生名爲蛋白酵素和澱粉酵素的強力酵素，以此將其他基質（傳統上是大豆）的蛋白質和澱粉分解成胺基酸和單醣。味噌熟成的過程中，野生酵母菌、乳酸菌和醋酸菌也會參與風味的形成。

我們實在想不透是怎樣的神來一筆和運氣，啓發某個勇者把長黴的米飯和煮熟的大豆放在一起數個月，再試吃。我們永遠受惠於這個大膽之舉，因爲味噌顯然是發酵世界中最令人驚奇的轉化。時間、細菌和眞菌一起促成，每天一點一滴轉變出吸引人的新製品。如此憑空變出新的東西，簡直不科學。**我並沒有加香蕉或堅果進去！這嘗起來怎麼有那麼濃的香蕉味和堅果味？**

味噌的完整故事是由神聖大豆的馴化、中國和日本之間的複雜歷史，以及日本禪宗中的不殺生所交織而成。

先來說說大豆。

如同大多數古文明，中國早期的生活全仰仗營養豐富的馴化作物。大豆之於東亞，正如同玉蜀黍之於中部美洲，或鷹嘴豆之於中東。要生產蛋白質，沒有比種植大豆更有效率的方法。每公頃大豆產出的蛋白質，幾乎是放牧家畜或用土地種植秣料的二十倍。我們身體運作所需的二十種胺基酸之中，有九種無法自行合成，而大豆是地球上少數含有這九種必需胺基酸的植物性食物。

在距今大約 7,600 年前的中國北部，有最早栽種小型、野生大豆的證據。中國選育較大顆的大豆始於至少 5,000 年前，但日本大約也在同一時間開始。無論眞實起源爲何，大豆確實是該區域飲食文化裡不可或缺的角色。在中國傳說故事中，「五穀王」神農氏將米、小麥、大麥、小米和大豆這五種穀物封爲聖物。

儘管大豆具有營養價值，在烹飪上的眞正潛力卻是遇到發酵後才揭開。

在味噌之前出現的是醬。醬可以勉強譯成英文的 paste，「醬」字包含中國大量的調味料和發酵品，有些甚至不含發酵的大豆。事實上，最古老的醬應該是用魚或肉做成，像是某種介於古魚醬（見 361 頁〈古魚醬〉一章）和味噌之間的濃稠混合物。人類飼養動物的方式隨著時間而進步，也不再那麼需要保存具營養價值的野生肉類，經過數個世代之後，醬的主要蛋白質來源便從動物性轉往植物性。這些古醬演變流傳至今，成為知名的調味料，包括中式海鮮醬、蠔油、豆豉醬。發酵成黑色的大豆，也就是豆豉，可能就是最先從中國傳出的發酵大豆製品，文獻可追溯到西元前 90 年。

中國現存與味噌最接近的製品是黃醬，將大豆蒸過後，與其一半重量的麵粉混和，壓製成塊，然後放在蘆葦蓆上露天自然發酵。幾週後，刷掉長在大豆塊上的野生黴菌，混和大豆塊與鹽鹵水，進一步發酵成有黏性、含鹽的糊醬。

6 世紀時，中國佛教僧侶前往日本去向島國人民「弘法」時，把醬也帶了過去。日本人吸取了發酵大豆的概念，並發揚光大。

大豆，學名為 *Glycine max*。

海螯蝦佐花旗松，Noma，2018

煎炸過的法羅群島海螯蝦頭搭配在花旗松枝葉上燒烤過的蝦肉。二者皆裹上豌豆味噌溜醬油濃縮汁。

到了 7 世紀，日本天武天皇當時剛接受了佛教中不殺生的信念，於是禁止食用家畜及家禽。這項命令持續了超過 60 年，造成人民飲食不足，必須由植物性蛋白質來填補。大豆以新鮮毛豆、豆腐和味噌的形式，與米和其他穀類一起成為飲食重心。當味噌的重要性漸長，其運用方式和種類也越來越多。一開始，日本味噌師傅在把大豆放入發酵過程之前，會先在穀物上培養黴菌，以加強對發酵過程的控制。

製作味噌變成專門的產業。早期的味噌稱為 hishio（ひしお），比較像是黏黏的泥狀物，而非濃稠的糊醬。經過數個世紀，配方變得越來越精緻，並分支出各地特色味噌。日本有上百種味噌，以各式各樣的方法製成。味噌製作過程中，有數個變因可以調整，每個都能對結果產生重大影響，包括用哪種特殊菌株的米麴菌接種到麴上、麴是長在哪一種米或大麥上、烹煮大豆的方法、味噌熟成的時間長短和環境條件等等。成品可以從紅色且帶泥土味的赤味噌，到濃郁、如巧克力色、鹹味的八丁味噌，還有帶甜味的西京味噌。2015 年，Noma 的工作人員為了籌備東京限定快閃餐廳，有機會在日本各地旅行好幾個月，當時我們覺得自己完全被這麼多選擇給慣壞了。

更不用說亞洲其他地區的大豆醬傳統。舉例而言，韓國有自己的廣大「醬」系譜，且是與味噌同時發展出來。如同中國的醬，韓國的醬是一個總稱，涵蓋大量發酵製品，不過並非全部都由大豆製成。清麴醬是快速發酵、濃厚的味噌相似物，在枯草桿菌（*Bacillus subtilis*）的輔助下製成。另一方面，大醬是需要花更多工夫的大豆發酵物，與中國古代的「黃醬」有明顯相似之處。大醬的製作從豆餅開始，豆餅是將乾燥大豆煮軟，然後用木盒壓實成塊。接著取出豆餅，以乾稻草包裹，進一步發酵 2 個月。乾稻草

將發酵大豆壓縮成塊即為豆餅，可作為好幾種韓式發酵物的基本材料。

中有特殊的細菌和黴菌，包括野生麴菌。最後，把豆餅放到陶罐中，與鹽滷水混和，放著發酵 1 年。產生的液體類似比較鹹的大豆醬油，也稱為「醬油」(ganjang)。發酵的固體就是大醬，通常可以自行熟成更多年。韓式辣椒醬 (gochujang) 始終是我們最喜歡的發酵物之一，也是以豆餅製作，但加了相當大量的辣椒和糯米粉。

發酵的豆醬也傳遍了東南亞。在泰國，我們找到泰國豆瓣醬 (tao jiew)，比味噌更濕、臭味更濃。印尼也有印尼豆瓣醬 (tauco)，因為加了棕櫚糖，所以相當甜。越南則製作比較不黏的「醬」(tuong)，可以作為越南春捲的蘸醬。事實上，這個技術傳遍亞洲，甚至遙遠寒冷的哥本哈根也受到製醬的吸引。味噌深具感染力。

古法與手作味

在 Noma，即使我們盡力成為創新廚藝的先鋒，還是覺得應該恭敬地向歷史學習。我們發現，在放手改造傳統之前，必須先了解傳統，這非常重要。我們的團隊到日本拜訪味噌製造者非常多次，從大型工廠到手工小鋪都有，並收集了許多寶貴的經驗，幫助我們找到自己的方向。我們在進入製作北歐版味噌的細節之前，先來看看大略的味噌製作史。

在早期，用來製作味噌的用具幾乎都是木製的：鏟子、托盤、大缸和建築物本身，都是由硬木製成，通常使用日本柳杉。用大型鐵鍋將水煮沸，將稻草籃裡的米和大豆蒸熟。米飯放涼，在大型桌面上鋪開，再接種米麴菌孢子的細粉。製作者用鏟子翻動米飯，確保孢子分布均勻，然後把米飯放到杉木托盤中，堆疊在溫暖、潮濕的「麴室」裡。

把大豆煮軟後，用腳踩碎，接著混和製作好的米麴、鹽及大豆，然後踩上梯子，把一桶桶混合物倒入巨大的杉木發酵桶裡。隨後，用很重的石塊壓住蓋子，把混合物壓實，排出裡頭的空氣，使發酵作用更爲一致。味噌可能在杉木容器裡熟成 1-3 年，時間長短取決於味噌種類。

味噌發酵時，帶鹹味和濃郁鮮味的汁液會流到頂端，形成一潭醬。這種醬汁就是**溜醬油**，和後續產物（醬油）相比，通常較爲不鹹，且比較黏。中文稱之爲醬油，英文則是 soy sauce。用來存放味噌的巨大木造倉庫缺乏溫度控制，發酵作用在冬天會變得極爲緩慢，到了夏天又再次加速。沒有哪兩批成品會一模一樣，每批都是在特定時機和獨一無二的條件下發酵而成。

今日，在你把這當成奇特有趣但無意義的老故事之前，請想想愛德華‧羅倫茲（Edward Norton Lorenz）的名言。二次世界大戰期間，羅倫茲是美軍的氣象播報員，後來回到美國，取得麻省理工學院氣象學博士學位。他在氣象預測領域的廣泛鑽研，使他理所當然對於線性統計法相當小心，所謂線性統計法是指將來發生的事可由現在正在發生的事直接推論出來。羅倫茲知道天氣以相當非線性的現象在運作。1963 年，他在發表於氣象學期刊的論文上寫道：「兩種原本數值誤差不大的狀態，最終可能演變成兩種截然不同的狀態……若觀察中有絲毫錯誤，就不可能預測出遙遠未來的情況。」

羅倫茲的想法即是混沌理論的基礎。他往往被認爲是「蝴蝶效應」這個詞彙的創始者，「蝴蝶效應」是指只要經過夠長的時間，帶有無數微小差異點的複雜系統，可能會以截然不同的方式演變。換句話說，如同蝴蝶振翅般微不足道的事物也會造成干擾，並在幾週之後引發龍捲風。發酵

巨大的日式傳統杉木桶一次可以盛裝上千公斤的味噌。

對初始條件的敏感依賴：一個系統越複雜，就越有可能因為細微的變化影響結果。

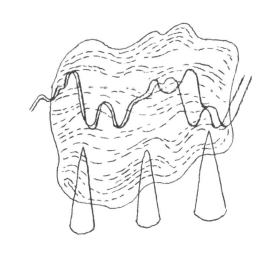

「手作味」說的就是發酵職人配合天時和地利，所賦予發酵物的獨有特質。

的世界讓我們有機會實際看到這個原理是如何運作。無論你正在陳釀威士忌或醋、釀造清酒，或是製作味噌，當過程越複雜，起初階段的微小差異所造成的影響就越大。花越長時間去發酵某種東西，這些差異的影響就越明顯。

韓國的職人常常提到「手作味」，那是個人烹調食物時賦予食物的特質，不僅無法複製，更是工廠大量製作的產品所欠缺的特質。手作味的本質其實就是混沌理論在運作。味噌製作和熟成時的微小差異，當天或當時味噌製作者的皮膚和衣物上的細菌數，以及溫度、氣壓或濕度的隨機變化，都對發酵物的發展有巨大影響，所以可以確定每批發酵物不會完全一樣。廚師和職人就是因此得以偶然做出新風味和新作品，發酵也是因此才能變化莫測、令人興奮。

製作我們的 —— 豌豆味噌

現在我們已經了解微小的變化對發酵物有巨大的影響。讓我們花點時間說明製作豌豆味噌的主要步驟：

1. 把米麴菌孢子接種到蒸熟的大麥上，然後置於發酵箱生長 2 天（見 42 頁〈製作發酵箱〉）。

2. 浸泡、清洗並沸煮黃豌豆。把豌豆和麴依重量 3：2 的比例研磨或攪打均勻。

3. 加鹽（重量百分比 4%），必要時倒入 4% 鹽鹵水以調整混合物的含水量。

4. 把混合物裝入發酵容器，壓實，在表面上撒鹽，以免長出不想要的黴菌。以重石壓在混合物上，容器加蓋，維持 22-30°C，發酵至少 3 個月。

5. 獲取聚積在味噌上方的所有溜醬油，並刮除表面上的所有黴菌。將味噌密封，放冷藏保存。

依照第 289 頁的配方，你可以做出近似於我們在 Noma 製作的豌豆味噌。但如果想自己作實驗，最好能確實掌握發酵容器裡的狀況，還有影響最終成果的主要因素。確實了解以下控制要點，你就能調整自己的豌豆味噌。

含鹽量

到目前為止，含鹽量是直接控制味噌／豌豆味噌製程最重要的可測項目。如同〈乳酸發酵水果和蔬菜〉這一章的說明（見 55 頁），鹽可以預防潛在不良微生物的生長。但 Noma 是堅決少鹽的餐廳，所以在不危及豌豆味噌的前提下，我們會盡可能降低含鹽量。

經過幾次嘗試，我們認為 4% 是微生物活動和鹽度之間最理想的平衡。（日式味噌的最低限度則是 6%。）我們不建議鹽度低於 4%，因為無法保證在漫長的熟成過程中，會不會繁殖出我們不想要的微生物。

含鹽量較高（8-10%）會抑制酵母菌、醋酸菌、乳酸菌的生長（乳酸菌所受影響較小）。有鑑於我們利用這些微生物使其他發酵物產生風味，你可能想知道鹽度較高會不會使最終成品的風味變得單調。其實，可以透過拉長熟成時間來彌補酵母和細菌生長受限而喪失的複雜風味。經過數個月或數年之後，極度緩慢的梅納反應會創造出迷人而有層次的風味，同時慢慢讓味噌轉變為棕色。（關於梅納反應，詳見 405 頁〈真正的慢煮〉。）非常鹹的味噌在早期階段風味較單調，但會隨著熟成而改變和提升。

如果你曾經發覺自己做的一批豌豆味噌嘗起來不協調，試著把總含鹽量調高 2-3%（食譜中其他食材的數值不變），並再多熟成 1、2 個月。雖然可能會失去乳酸菌和酵母菌帶來的層次，但豌豆味噌會變得越來越美味。

含水量

豌豆味噌放入發酵容器時的濕潤度非常重要。如果你把豌豆味噌弄得太乾，混合物的流動性就會不夠，生物或化學過程就無法有效運作，就好像冷凍和脫水會讓一切定住，而使腐敗暫停。另一方面，如果混合物太濕，微生物和酵素的活動會變得太過旺盛，最後造成多種微生物大爆發。少量乳酸菌產生的乳酸可以為豌豆味噌增添宜人的明亮感，但太多就會讓豌豆味噌嘗起來完全不對勁。乳酸菌只會稍微受到含鹽量影響，所以需要透過調節濕度來控制。（更精確地說，我們是在調整「水活性」，也就是說，有多少水分子是游離狀態而能自由運用。）

你可能需要經過一些嘗試和錯誤經驗，才能了解含水量對你的豌豆味噌有何種巨大影響。在此提供一個初步的指引：要放到容器中的味噌混合物，用手抓一把捏緊後，

味噌和豌豆味噌 Misos and Peaso —— CHAPTER 6　　**281**

章魚足裹上馬薩玉米麵團之下烘焙，
然後與 Noma 特製的馬雅南瓜籽番
茄醬（見 326 頁）一起上菜。這種
醬是傳統馬雅莎莎醬，在此以南瓜籽
味噌製成。

應該要形成結實的球。如果像鷹嘴豆泥一樣滲水，就太濕
了。如果碎開來，就太乾了。

濕度

讓豌豆味噌在 65-75% 的環境濕度下熟成。低於這個濕度，
豌豆味噌可能會乾掉，並因為水分蒸發而變得太鹹，而前
述含水量太低所產生的問題也會出現。相對地，非常潮濕
的環境下也會出錯，例如豌豆味噌碰到濕氣冷凝形成的水
滴，混合物的鹽度因此下降，而有腐敗之虞。即使環境中
的濕度要相當高才會發生這種狀況，但還是要避免將味噌
儲存在潮濕的地下室或陰雨綿綿又防水不良的區域。

麴的熟成

重要的是，用來製作豌豆味噌的麴必須健康又健壯，並帶
有粗厚的菌絲體把穀物黏結在一起。麴越香甜，你的豌豆
味噌就會越出色。在麴短短的生命週期之中，真菌會經歷
許多階段。如果麴還不成熟，就不會產生酵素分解黃豌豆
中的蛋白質。過早採收的麴也會缺乏甜味，而甜味有助於
建立豌豆味噌的整體風味。

另一方面，真菌若生長得太久而且開始產生孢子，其風味
會跟適時採收的麴截然不同，就跟花園蔬菜開始結籽時會
有劇烈轉變一樣。長了孢子的麴會用酵素來消耗糖，以供
應產生孢子所需的能量。這樣的麴所含的糖比較少，代表
味噌裡參與梅納反應的糖也比較少，而梅納反應是味噌熟
成過程中產生多層次風味的要素。

依據我們的經驗，接種之後 44-48 小時，就是你採收麴來
做豌豆味噌的時機。最後一點，如果你的麴出現任何受到

有害黴菌或其他微生物感染的跡象，就不要用了。切記，發酵成品的品質取決於製作材料。

溫度和時間

你的豌豆味噌溫度越高，就會發酵得越快。若存放在比室溫低的環境中，例如地下室，發酵的速度就會慢上許多。在比較溫暖的環境中，梅納反應也會加速，使你的味噌成品帶有更多烘烤般的風味。

在 60°C 時，麴所產生的酵素能極有效率地催化生化反應。但你可能不會在加熱到 60°C 的恆溫室裡發酵豌豆味噌，而且你也不會想要這麼做，因為這樣一來，味噌很快就會出現燒焦味。維持在 28-30°C，是模擬日本的夏季，如此便能受惠於較快速的發酵作用，並製造更多梅納反應。

不過，即使溫度適當，豌豆味噌在很久之後也可能開始變質或甚至燒焦。它發酵大約一年後，就不太會發展出更好風味。要猜出某樣東西的黃金期並不容易，但隨著經驗增加，你會開始懂得察覺跡象。如果豌豆味噌開始變苦、變乾或顏色明顯變深，就要留意。從這時候開始，它可能不會因為放更久而變得更可口。

壓力和接觸空氣

在豌豆味噌上方放置重石，可以擠出內部的氣室，而氣室是醋酸菌和黴菌孳生的溫床，會產生不佳的風味。重石的重量應該至少是容器中豌豆味噌的一半。不過，即使有重石壓著，豌豆味噌也不會與空氣完全隔絕——這是經過設計的。微生物活動時會產生氣體，需要將之排除。若豌

豆味噌是密封狀態，氣體就會被吸收回去，使風味變糟。在頂端蓋上透氣的布，就可以排出這些氣體，同時隔絕較大的腐敗因子，例如蒼蠅和蛆。

如果你的豌豆味噌嘗起來有些辛辣、酸味或酒精味，可能是包得太密或沒有適當通風。用平底鍋把豌豆味噌煎 5 分鐘，並時常用抹刀攪拌，可以做點補救。不宜人的氣味和風味分子相當容易揮發，加熱之後就會散去，但可惜沒辦法完全去除。

添加其他調味材料

味噌非常適合用來處理過剩的食材。將多汁蔬菜、種籽外皮或多餘的食材打成泥，1 年後就能成就美妙風味。舉例而言，每年夏天，我們採收野生海灘玫瑰（beach rose）並將之浸漬於中性油中，以萃取風味和香氣。把油榨出來之後，剩餘的殘渣還很有利用價值。加一點玫瑰渣（總重量的 5%）到基本的豌豆味噌配方裡，再加一點鹽，就能變出絕妙滋味。開桶之後，濃郁的花香味會充滿整個房間。你可以利用原本不要的剩餘材料，做出極其美味的成品。不要害怕實驗。切下的蔬菜蒂頭、松針葉、一批古魚醬過濾出來的固體、果皮，全都可以引領你發現新的美味。

儘管如此，我們不建議添加的量超過豌豆味噌總重量的20%。發酵的豆類本身就能讓味噌無比可口。如果在發酵過程中沒有足夠的蛋白質可以利用，你的味噌添加物只會變鹹和腐壞。就算沒有腐壞，但距離我們所追求的極致美味還是差一大截。

以日本精神、北歐手法完成的黃豌豆
味噌，在我們的廚房已不可或缺。

黃豌豆味噌

製作黃豌豆味噌
約 2.5 公斤

去莢乾燥黃豌豆瓣 800 克

珍珠大麥麴 1 公斤（見 231 頁）

無碘鹽 100 克，外加少量以供撒於
頂層

以黃豌豆做成的味噌是 Noma 的新發現。我們在廚房啓用第一批豌豆味噌時，許多共事的廚師完全被這項新成品給迷倒，開始盡其所能找機會使用。豌豆味噌的用途極廣，一旦你發現這裡可以加一匙、那裡也可以加一匙，就再也不能沒有它了。

製作豌豆味噌表面看起來很簡單，但由於發酵時間很長，小細節也會造成極大差異，所以過程中必須隨時注意。這份食譜有操作細節，但請務必讀過本章先前說明的各個控制要點。

使用器具

首先，你必須想辦法把豌豆磨成粗粉，比如用絞肉機或食物調理機。

使用容量大約 5 公升且不會起化學反應的容器，如玻璃、塑膠、陶甕或未經加工處理的原木料製成的容器。你必須用重石壓住豌豆味噌，並以濾布或乾淨的布巾覆蓋。建議用手操作時，戴上無菌手套，而且所有器具都要徹底清潔和殺菌（見 36 頁）。

豌豆應該煮得**恰到好處**,也就是很容易用手指捏扁但又不至於糊爛。

以食物調理機把麴打碎。

操作細節

在室溫下,把乾燥豌豆浸泡在冷水裡 4 小時,使其吸水。因爲豌豆會吸掉很多的水,所以水量要是豌豆體積的兩倍。所有豌豆都要泡入水中。豌豆泡好之後瀝乾,放到大湯鍋裡,倒入豌豆兩倍體積的冷水。水煮滾後,轉小火力讓水呈將滾未滾,撈去浮在表面的所有澱粉泡沫。煮 45-60 分鐘,每 10 分鐘攪拌一次,直到豌豆夠軟,手指不用太施力就能捏碎。

把豌豆瀝乾,鋪於烤盤上,冷卻至室溫。豌豆放涼後秤重,應該有將近 1.5 公斤,但豌豆在浸泡和烹煮過程中吸收的水分多少會有些差異。如果豌豆重量超過 1.5 公斤,可以把多餘的豌豆取出另作他用。如果你的豌豆重量低於 1.5 公斤(或你想多做一點味噌),只需調整其他食材的比例。麴的分量應是煮熟豌豆重量的 66.6%,鹽則是 6.6%。舉例來說,如果最後的煮熟豌豆有 1.3 公斤,那就要把麴從 1 公斤減少到 866 克,而鹽從 100 克減少到 86 克。如果要做出和我們一樣的成品,這就是你必須遵照的精確比例。

把豌豆和麴打在一起或搗在一起,最好的方法是用一臺乾淨、經過殺菌的絞肉機。首先,戴上一雙丁腈橡膠手套,把煮過的豌豆放到進料斗中,以中級刀網絞碎,用大碗或容器盛接。接著,把麴磨碎,加到豌豆裡。你也可以用食物調理機,但小心不要打過頭變成豌豆泥,只要打成粗粉狀卽可。如果沒有絞肉機或食物調理機,可以用大型研缽和研杵搗碎豌豆,然後用手將麴捏碎。

用手將絞碎的豌豆和麴混和均勻,然後捏起一小團混合物檢查質地和含水量。如果很容易就形成一團結實的球,表示你做得很好。如果混合物碎開來,表示太乾了,需要添

加一點水，讓含水量高一點。不過，鹽的比例維持在 4%
非常重要，所以不管你添加多少液體，都要維持同樣的含
鹽量。用手持式攪拌棒或打蛋器攪拌鹽 4 克與水 100 克，
直至鹽完全溶解，就是速成的 4% 鹽鹵水。一次倒一點點
到混合物中，直到達到理想的質地。

如果混合物捏起來會滲水，表示太濕，豌豆可能煮過頭，
或沒有瀝乾水分。太濕比較難補救，但也並非做不到。把
混合物薄而平均地鋪在放有烘焙紙的烤盤中，放到烤箱或
食物乾燥機中低溫（40°C）乾燥，經常捏捏看檢查，直
到達到你想要的質地。

當你滿意混合物的質地時，加鹽，然後再次混和徹底。（如
果豌豆秤起來並非 1.5 公斤，要記得調整鹽量。）現在，
可以把豌豆味噌裝起來了。

雖然玻璃罐或陶甕也很好用，但我們在 Noma 是用食品
級塑膠桶來發酵豌豆味噌。如果你可以取得杉木發酵桶，
只要確認木頭沒有經過加工處理，就儘管用吧！

戴著手套，一次抓一把豌豆味噌放到發酵容器裡，然後盡
可能壓實。從容器邊緣往中間擠壓，把空氣都擠出來。每
放入一把混合物，就用拳頭往下搗，確保有壓實。把豌豆
味噌的頂層鋪平，撒一點鹽在表面，預防黴菌生長。表
面蓋上一層保鮮膜，與豌豆味噌密貼，確保所有邊緣都封
好。最後，用乾淨的紙巾把容器內壁擦乾淨。

太乾的混合物一捏就碎開。

太濕的混合物捏下去會塌爛滲水。

黃豌豆味噌，第 1 天

第 14 天

第 30 天

然後，你必須用重石壓住豌豆味噌。豌豆味噌發酵時會產生溜醬油，重石可以讓混合物留在液體之下，如同乳酸發酵時讓德國酸菜保持在汁液下方的方式。如果你想要，可以上網購買符合發酵容器口徑的特製發酵重石。否則，最簡單的方法是用一個符合發酵容器大小的平盤。如果用的是盤子，記得盤子會隨時間下沉，最後必須取出來，所以要注意盤子大小不要**太**剛好，以免取不出來。把盤子正面朝上放到豌豆味噌上方，再用手往下壓。接著，拿一塊石頭、磚塊或數個罐頭，重量差不多是豌豆味噌的一半，約 1.5 公斤。把重物放入塑膠袋以保持衛生，然後平均放到盤子上。

你也可以不要放盤子，改放裝了大約 3 公升水的夾鏈袋或真空袋。（此時的重量要比較重，因為一部分的壓力會往外擴散推向容器壁面，而非直接向下壓。）用兩層袋子裝水以防滲漏，然後整袋放在豌豆味噌上。

最後，用乾淨的布巾或濾布蓋住罐口，再用幾條大橡皮筋固定。

在室溫下，豌豆味噌可以在廚房流理檯上好好發酵，但是在 Noma，我們讓豌豆味噌在一個維持 28℃ 恆溫的專用房間熟成 3 個月。雖然在室溫下可能需要多發酵 1 個月，但在兩種環境下應該都可以順利熟成，如果你想放更久也沒問題。我們在 Noma 真的做了很長時間的豌豆味噌實驗，結果非常有趣。發酵時間越長，就越濃郁、顏色越深，也帶有較多土質風味，但我們比較喜歡熟成 3 個月的成品，用途比較廣。

3-4 天後檢查豌豆味噌的進展。此時看起來跟剛開始的時候沒有太大不同，有的話，也是香氣稍微增加。這樣代表

第 60 天

第 90 天

發酵順利。如果你聞到乳酸發酵物般的酸味，而且有很多溜醬油聚積在頂端，就表示混合物太濕，必須重做。如果在乾淨的容器裡面發酵，你可能會發現豌豆味噌內部遍布小小的氣室，這是正常發酵的一部分，過一段時間就會消下去。

經過幾週後，每隔 1-2 週打開來檢查一次。請戴上手套，以免造成汙染。有時候，表面會長出白色的黴菌，這沒問題。依據我們的經驗，那通常是一小塊麴菌設法在混合物暴露出來的地方生長繁殖所致。但即使是別種黴菌，只要味噌有壓實，黴菌就沒辦法穿透表面。需要嘗嘗豌豆味噌時，把一些黴菌刮到旁邊，然後取下方的豌豆味噌嘗嘗看。但在你採收整批豌豆味噌之前，不要把黴菌完全清掉，以免原本的地方又長出更多。

通常發酵 3-4 個月左右，當豌豆味噌的質地明顯變軟，就表示完成了。鹹味會稍微變淡，然後會有一股甜味和堅果味。豌豆味噌應該會微酸而不是過酸，質地會有點顆粒狀，所以如果你喜歡滑順的糊狀，就用食物調理機攪打，必要時添加一點水幫助攪打，如果你真的想要天鵝絨般的滑順質地，打過之後可以再用鼓狀篩篩過。

你可以把豌豆味噌裝到氣密罐或氣密容器中，然後冷藏以備當月使用。如果要放更久，建議冷凍，以保存最新鮮的風味，要用時再取出。

1. 豌豆經過浸泡、清洗，並用至少兩倍豌豆體積的水量烹煮。

2. 瀝乾豌豆，放涼，然後用食物調理機或絞肉機磨成粗粉狀。

3. 量出煮熟豌豆重量 66.6% 的麴，然後用食物調理機或絞肉機磨過。

4. 豌豆和麴混和均勻，再加入總重量 4% 的鹽。

5. 把混合物放入發酵容器中並壓實。

6. 在豌豆味噌頂端撒鹽，預防表面長出黴菌。

7. 用一層保鮮膜覆蓋表面。

8. 以乾淨的重石壓住豌豆味噌。

9. 用透氣的布巾蓋住罐口，並以橡皮筋固定。

10. 讓混合物發酵至少 3 個月。

11. 採收時，把豌豆味噌表面的黴菌全部刮掉。

12. 將豌豆味噌從發酵容器移到乾淨容器中，放冷藏或
    冷凍保存。

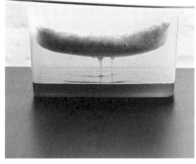

豌豆味噌和水的混合物經過冷凍澄清，可獲得具有鹹香滋味的液體，濃縮收乾後就是 Noma 廚房最實用、最有價值的食材之一。

建議用途

豌豆味噌溜醬油濃縮汁 Peaso Tamari Reduction

當我們開始製作豌豆味噌，第一個注意到的是發酵過程中聚積在頂部的美味溜醬油，它是鮮味、鹹味、甜味和酸味達到完美平衡的糖漿狀液體。問題是，溜醬油永遠都不夠，所以我們想出這個權宜之計。

用果汁機把豌豆味噌 130 克和水 860 克以轉瞬功能間歇攪打均勻，然後把混合物直接放入可以冷凍的塑膠容器，加蓋冷凍過夜。

隔天，把冰磚放到鋪了濾布的篩子上，架到碗上，以盛接融化的液體。混合物融化後，丟棄殘渣，把液體倒入小鍋子裡烹煮，慢慢收乾，直到沾附在湯匙背面時不會滴落的程度。放涼後，這款濃縮汁會保持絕佳品質，加蓋後放冷藏保存。

你可以將豌豆味噌溜醬油濃縮汁和一些切成細末的香料植物混和起來，例如芫荽或歐芹，做成絕妙的香料植物糊醬，用來搭配清蒸蔬菜。或者，你可以把等量的豌豆味噌溜醬油濃縮汁和澄清奶油用打蛋器打成醃醬，這最適合用來抹上五花肉。Noma 測試廚房最受喜愛的餐點，絕對是我們在一碗剛蒸好的米飯上淋豌豆味噌溜醬油濃縮汁，上面再放鱒魚卵 1 匙，如果想再奢侈一點，可以放上肥美的海膽。

烘烤蒜頭油的完美搭檔
Roasted-Garlic Oil's Ideal Companion

味噌裡面大量的糖會在烤肉上美妙地焦糖化，若加上風味油，糖就能在油脂中沸騰冒泡、褐變但又不至於燒乾。烘烤蒜頭油是豌豆味噌的完美搭檔。要製作烘烤蒜頭油，取蒜頭1球，去皮並壓碎蒜瓣，然後放入小鍋子，加入兩倍體積的中性植物油。小火加熱並注意火候，直到蒜瓣開始快速冒泡。以最小火煮1小時，接著鍋子離火，讓油冷卻到室溫。放涼之後，把蒜瓣和油移至有蓋容器，冷藏過夜。把油濾出來（蒜瓣則可以保存起來，用在任何你想用的地方），油和蒜瓣分開密封冷藏。油可以保存數週，蒜瓣則可保存數天。

蒜頭豌豆味噌甘藍菜 Garlic-Peaso Cabbage

想要體驗蒜頭油和豌豆味噌組合起來能發揮多麼強大的威力，只要用甘藍菜葉試試看就知道了。取幾片甘藍菜葉，用一鍋風味高湯（比如254頁的麴高湯）快速汆燙，然後放入冰水中冰鎮。輕輕拍乾葉子，其中一面塗上薄薄一層用果汁機打過的滑順豌豆味噌（製作方式詳見300頁的豌豆味噌奶油）。葉子兩面都灑上一點烘烤蒜頭油，然後讓塗有豌豆味噌的那面朝下，以極高溫燒烤，直到豌豆味噌焦糖化且邊緣開始變脆。燒烤過的甘藍葉可以直接上菜，或者粗剁過，搭配大塊酸種酥脆麵包丁、金太陽番茄（Sun Gold tomato）和鰻魚做成沙拉。

蒜頭豌豆味噌燒烤牛肉 Garlic-Peaso Grilled Beef

蒜頭油和豌豆味噌配上牛肉也很對味。依體積比例，把烤蒜頭油1份和用果汁機打過的滑順豌豆味噌3份（見下文的豌豆味噌奶油）混和攪打，混合物乳化後，醃醬就完成了。塗厚厚一層在你喜歡的厚片牛肉上，冷藏醃個數小時，再加以燒烤。（因爲豌豆味噌裡的鹽會滲入牛肉，所以使用厚片牛肉最好。）燒烤前，不需去除醃醬，因爲醃醬是風味的豐富來源，還有助於形成美味的脆皮。

豌豆味噌奶油 Peaso Butter

做成豌豆味噌奶油，是豌豆味噌比較簡單又最實用的用法。製作之前，必須先把豌豆味噌打成滑順質地。把豌豆味噌100克放入果汁機打至滑順。是否需要加水幫助攪打，取決於果汁機攪打的情況，但不要加太多，以免稀釋風味。

得到滑順的豌豆味噌後，再用鼓狀篩篩過。這個步驟並非必要，但名廚托馬斯・凱勒曾說，鼓狀篩可以做出「奢華的質地」。接著，加入室溫的奶油400克，用打蛋器攪打，直到完全混和均勻。現在，你可以用保鮮膜把調和奶油捲成一條緊密的圓柱，然後冷藏保存。在鑄鐵平底鍋上煎雞肉需要塗醬時，或是馬鈴薯泥攪打過後需要加入一些融化奶油時，就可以切一小塊來用。

豌豆味噌奶油切片。

在奶油中焦糖化玫瑰豌豆味噌。

建議用途

夏日水果沙拉醬 Dressing for Summer Fruits

玫瑰豌豆味噌在口中散發的強烈釀造香氣和深色水果極為相配,例如李子、黑莓和桑椹。把幾大匙玫瑰豌豆味噌攪拌過,再用鼓狀篩篩過。以適量的水稀釋豌豆味噌,調成稀薄優格的稠度。加入莓類或一口大小的核果,薄薄裹上一層玫瑰豌豆味噌醬汁。最後撒上一點片狀海鹽。

根莖蔬菜泥 Mashed Root Vegetables

想為大菱鮃或大比目魚等白肉魚準備理想的配菜,可以用一鍋鹽水煮一批菊芋或新馬鈴薯。瀝乾蔬菜後,放回鍋中,然後用叉子稍微壓碎。放入一大塊奶油及等量的玫瑰豌豆味噌,翻拌到全部變成滑順奶油狀,然後用鹽調味。

焦糖化玫瑰奶油 Caramelized Rose Butter

玫瑰豌豆味噌一開始就是具有細緻土質風味的產物,但焦糖化之後會釋放出更多潛力,可以作為溫油醋醬的基底。把玫瑰豌豆味噌 40 克和奶油 200 克放入小鍋,以中火加熱。奶油融化且開始澄清時,以矽膠抹刀或小型打蛋器持續攪拌,否則玫瑰豌豆味噌會沉在底部且燒焦。大約 20 分鐘之後,奶油應完全澄清,玫瑰豌豆味噌會變甜且褐化。鍋子離火,淋 1 匙玫瑰奶油到剛煮好的螃蟹、龍蝦或蝦子上。

玫瑰豌豆味噌是夏日莓果的完美陪襯。

黑麥味噌是北歐食材結合日式技法。

黑麥味噌

製作黑麥味噌約 3 公斤

丹麥式黑麥麵包 1.8 公斤

珍珠大麥麴 1.2 公斤（見 231 頁）

無碘鹽 120 克，外加少量以供撒於頂層

當我們試著在本地找尋類似大豆的食材來做出獨特的北歐味噌時，心裡有各式各樣的古怪點子。比如，如果麴可以分解全穀物裡面的澱粉，那穀物製品裡面的澱粉也可以吧？例如麵包？我們用最能代表丹麥的烘焙食品——黑麥麵包，來測試這個點子，結果出奇地成功，這讓我們非常欣喜。做出來的味噌（我們稱之為「黑麥味噌」）帶有新鮮黑麥麵包所有溫暖、宜人的基調，並超越單純的鹹味，延伸出一種有深度的鮮味和濃烈味道，比黃豌豆味噌更能代表 Noma 的丹麥家鄉。

黃豌豆味噌（見 289 頁）的操作細節可套用到本章所有味噌食譜，建議先閱讀過該食譜，再來做這款黑麥味噌。

你可以在很多雜貨店或保健食品店買到小塊包裝、已經切好的丹麥黑麥麵包（比猶太黑麥麵包更扎實、更酸）。當然，如果你可以找到製作丹麥黑麥麵包的烘焙坊，絕對要用新鮮的麵包。

戴上手套，把黑麥麵包切成食物調理機容易打碎的小塊。間歇攪打麵包，直至呈粗粉狀，放入已殺菌的大碗。接著，把麴放入食物調理機攪打。

黑麥味噌，第 1 天

把麴和鹽加入黑麥麵包粉中，用手混和所有食材。這和做豌豆味噌不一樣，豌豆味噌通常一開始就具有適當質地，但做麵包味噌時會有太乾的問題，幾乎都需要添加水。用手持式攪拌棒或打蛋器攪拌鹽 4 克與水 100 克，直至鹽完全溶解，就是速成的 4% 鹽滷水。一次可以加一點 4% 鹽滷水，直到混合物可以握成扎實的一顆球。

將黑麥味噌混合物放入發酵容器，並壓實。將最上層撥平，容器內壁擦乾淨，撒鹽在表面上。依照黃豌豆味噌（見289 頁）所列的說明，在黑麥味噌上方壓重石，再用布巾蓋好。讓黑麥味噌在室溫下發酵 3-4 個月。成品用氣密罐或氣密容器盛裝，再放冷藏或冷凍保存。

第 30 天

第 90 天

建議用途

黑麥味噌鮮奶油 Ryeso Cream

爲了運用黑麥味噌的甜味,用手持式攪拌棒將黑麥味噌70 克打至滑順(必要時可加點水),然後用鼓狀篩篩過,做出滑順、質地均匀的糊醬。再加入簡易糖漿 70 克(等重的 muscovado 黑砂糖和水一起煮沸並冷卻)混和攪打,然後添加超高脂或高脂鮮奶油 250 克,以及一小撮甘草粉,不必打發,只要攪打均匀卽可。黑麥味噌鮮奶油可以配上各式蛋糕和糖果類點心,但是在餐廳我們喜歡加在當季盛產的新鮮莓果上,佐以發酵的莓果汁(見 97 頁的乳酸發酵藍莓)。如果可以,用一點萬壽菊花瓣和葉子收尾。

黑麥味噌、糖、鮮奶油和一小撮甘草粉混和均匀,就可以變成濃郁的甜醬汁。

黑麥味噌溜醬油濃縮汁和黑麥味噌菇蕈釉汁

Ryeso Tamari and Ryeso-Mushroom Glaze

如同豌豆味噌，黑麥味噌可以當作美味的溜醬油濃縮汁，且因黑麥麵包的麥芽而帶有多層次的甜味。請依照豌豆味噌溜醬油濃縮汁（見 298 頁）的說明，把豌豆味噌換成黑麥味噌就好。

或者再進一步：黑麥味噌溜醬油和乾菇蕈也很對味，兩者結合會變成風味飽滿的鮮味炸彈，好幾年來也為 Noma 創造了無數奇蹟。當你做到取得溜醬油的步驟，就把菇蕈放入溜醬油中浸漬。每 500 克冷凍澄清黑麥味噌高湯，要添加各 10 克乾燥牛肝菌、羊肚菌和黑喇叭菌，及 25 克乾燥海帶。把上述材料煮滾，然後把火力轉小，呈將滾未滾，蓋緊鍋蓋，小火微滾 2 小時。撈出菇蕈和海帶，盡可能壓榨出最後湯汁，然後再把黑麥味噌溜醬油放回爐子上，以小火收乾，直到醬汁沾附在湯匙背面時不會滴落的程度。

在用炭火烤鴨、雉雞或鵪鶉時，可以把這道釉汁抹在外皮上，效果相當驚人。烹調蔬菜時，用一點融化奶油燒烤一整簇舞菇，每隔一段時間就刷上一些黑麥味噌菇蕈釉汁。海綿質地的菇蕈會吸收風味，變成酥脆、煙燻、多汁又有肉味的美妙菜餚，可以滿足所有肉食者的味蕾。

澄清黑麥味噌高湯添加菇蕈和昆布，經過微滾烹
煮，就可以變成搭配肉類或蔬菜的香鹹釉汁。

馬薩味噌

製作馬薩味噌約 3 公斤

馬薩玉米麵團 2 公斤（見 315 頁）

泰國香米麴 1.3 公斤（見右頁說明）

無碘鹽 130 克，外加少量以供撒於頂層

可用來鹼化並製成發酵物的乾燥玉米品種有數百種。

我們在墨西哥圖倫的猶加敦半島叢林裡花了數個月建立並經營 Noma 快閃餐廳時，開發出這款發酵品。我們的構想是在製作味噌時，把材料換成其他文化中地位相似的食材。大豆是日本的主要產物和食材，相當於北歐的豌豆或墨西哥的玉米。但在墨西哥，玉米不只是當作一般穀物食用。把玉米粒放入氫氧化鈣溶液中沸煮，再經過研磨，就會得到馬薩玉米麵團，也就是墨西哥薄餅（tortilla）、玉米粽（tamale）、墨西哥拖鞋烤餅（huaraches）、厚玉米餅（sopes）和其他數不清的重要墨西哥菜的原料。浸泡的過程稱為鹼化（nixtamalization），可以有效破壞玉米細胞壁的纖維素，使玉米變得更容易消化，同時也釋放出營養成分和帶來風味的化合物。因此，我們以馬薩玉米麵團作為全新發酵物的基礎，結合了不同的技術與傳統，得到驚人且出乎意料的綜合體，就是我們現在暱稱的「馬薩味噌」（maizo）。

馬薩味噌有強烈甜味，這表示塗在整穗玉米、豬肋排或桃子上面燒烤的時候，可以漂亮地焦糖化。我們對於這種發酵物還有它的製作方式極為自豪，如果你花點時間做一次，就會明白。

馬薩味噌，第 1 天

第 30 天

第 75 天

黃豌豆味噌（見 289 頁）的操作細節可套用到本章所有味噌食譜，建議先閱讀過該食譜，再來做這款馬薩味噌。

如果你能買到新鮮的馬薩玉米麵團，就放心用現成的，不必自己做，不過別受到誘惑而用了 Maseca 這個牌子的乾燥、速成玉米粉，風味就是不一樣。至於泰國香米麴，如果你掌握了做大麥麴的方法，就很容易做出米麴。依照珍珠大麥麴（見 231 頁）的製作程序，把大麥換成同等重量的米即可。當然，如果你已經做了大麥麴而且手邊還剩一些，也可以直接用。我們傾向使用米麴，但發酵可以很有彈性，所以我們也很有彈性。

戴上手套，把馬薩玉米麵團剝散到大碗裡。用食物調理機或者絞肉機打散米麴。接著混和馬薩麵團、米麴和鹽，直至徹底均勻。

和本章的其他款味噌不同，你不需要用鹽滷水來調整馬薩味噌混合物的質地或含水量。馬薩玉米麵團的澱粉比豌豆或黃豆含有更多水分。當米麴的澱粉酵素開始分解澱粉的長鏈，所有水分就會釋放出來。因此，馬薩味噌做好時，往往比一開始濕得多。儘管如此，不用擔心風味會出錯。馬薩玉米粉的高酸鹼值有助於阻止乳酸菌和酵母菌的作用，使這種發酵物中只有酵素在運作。

把混合物放入發酵容器，並壓實。將最上層撥平，容器內壁擦乾淨，撒鹽在表面上。依照黃豌豆味噌（見 289 頁）所列的說明，用重石壓住馬薩味噌，再用布巾蓋好。將馬薩味噌置於室溫下發酵，時間比其他款味噌略短，大約 2-2½ 個月。熟成時間若再拉長會產生土質風味，影響馬薩味噌的果味。成品用氣密罐或氣密容器盛裝，再放冷藏或冷凍保存。

建議用途

魚醃料 Fish Cure

因為富含強烈的花香和果味，馬薩味噌成為扁身白肉魚（比如大西洋牙鮃或比目魚）的完美醃料。薄魚片數片，在魚片兩面塗上厚厚一層馬薩味噌，不需將魚完全埋在醃料裡，但整個表面都要覆蓋到醃料。抹上醃料的魚片放在烤盤上，放冷藏醃1小時。醃魚時，可以把握時間準備一些配菜：切成細條的青蔥、百香果籽、薄切片的哈拉佩諾辣椒（jalapeño）和粗剁芫荽。取出冷藏的魚片，先用湯匙刮過再用濕的紙巾擦掉所有醃料。把魚斜切成薄條狀。將薄魚條放到平盤，上面放配菜、滴幾滴健康的橄欖油、撒點海鹽，然後佐以萊姆皮刨絲和萊姆汁。

將比目魚排切成薄片之前，先用馬薩味噌醃1小時，再佐以香料植物和萊姆汁一起上菜。

馬薩玉米麵團

在網路上和墨西哥超市都可以買到氫氧化鈣，有時候包裝名稱會寫「cal」或「酸漬用石灰」（pickling lime）。請確保使用的是**氫氧**化鈣而不是氧化鈣，氧化鈣不可食用而且會造成危險。

製作馬薩玉米麵團
約 3 公斤

乾燥玉米粒 1 公斤
氫氧化鈣 5 克

取一個大鍋子，放入玉米粒、氫氧化鈣和 5 公升的水，然後煮滾，過程中偶爾攪拌一下。把火轉小到微微冒泡，然後慢慢煮約 50 分鐘，直至玉米呈彈牙狀態，可以用指甲把玉米粒弄破的程度。鍋子離火，用濾布覆蓋靜置過夜（或至少 12 小時）。隔天，瀝乾玉米，再於冷水下沖洗 1 分鐘，水不要開太大。把洗好的玉米用食物調理機間歇攪打成細粉狀。再把馬薩玉米麵團密封，放冷藏備用。

建議用途

墨西哥玉米披薩餅 Tostadas

如果你能買到新鮮的墨西哥薄餅（或墨西哥玉米披薩餅），那很好。如果買不到，你可以自己做。用兩張保鮮膜上下蓋住 30 克的馬薩麵團，再用你的手掌壓扁，直到麵團變成 2 公釐厚的小圓餅皮。在熱而乾燥的平底鍋上煎餅皮，兩面都煎，直到餅皮開始膨脹。把煎好的餅皮移到烤盤上，以 140°C 的烤箱烘烤約 20 分鐘，直到完全變乾、變脆。塗幾匙馬薩味噌在每片餅皮上，然後放上你喜歡的配料：幾片酪梨、燒烤章魚佐莎莎醬、辛香料蟋蟀，或者菲律賓阿多波醬（adobo）醃雞肉等等。

榛果味噌是因為我們必須把脫脂榛
果渣用掉而誕生。

榛果味噌

HAZELNUT
MISO

製作榛果味噌約 3 公斤

脫脂榛果粉 1.9 公斤（見 447 頁〈發酵資源〉）

珍珠大麥麴 1.2 公斤（見 231 頁）

無碘鹽 120 克

如果你不能減脂，就減時間

如果你找不到脫脂榛果粉，用全脂榛果粉也**可以**成功做出這款味噌，但是必須有所取捨。這款味噌發酵的時間要比正常短，以解決脂肪分解後堆積的風險。就像做南瓜籽味噌（見 325 頁）一樣，3-4 週的熟成時間足以形成迷人的發酵風味，同時也能防止油耗味產生。

堅果含有大量的蛋白質、澱粉，且是北歐盛產的食物，因此成為做味噌發酵理所當然的選擇。但是堅果也有限制：脂肪。我們試著做榛果味噌的頭幾次，在多層次的發酵風味發展出來之前，油耗味都捷足先登了。正常發酵的過程中，榛果裡的脂肪會分解，因而產生油耗味。米麴菌會產生脂肪酵素，雖然濃度遠比它產生的另外兩種酵素（澱粉酵素和蛋白酵素）更低，還是會把脂肪分解成其組成單位（脂肪酸）。

脂肪完整又新鮮時，風味既美妙又宜人，令人食指大動，欲罷不能。另一方面，脂肪酸則令人倒胃口，因為我們會把它跟腐敗的油脂（油耗味）聯想在一起。

該如何解決呢？把油脂刮掉。我們開始在 Noma 嘗試做榛果味噌後不久，測試廚房獲得一個新玩具：堅果壓榨器。它可以壓碎堅果，並讓堅果渣通過加熱螺旋器，將堅果渣與堅果油分離開來。測試廚房的團隊需要用堅果油入菜，但發酵實驗室成員卻看到了好機會：脫脂堅果渣。這是擺脫麻煩的脂肪酸製作堅果味噌的完美機會，而且成果極佳。幸好，你可以在網路上買到低脂或脫脂的榛果粉，不需要買巨大的工業機器來製作這款味噌。

榛果味噌，第 1 天

第 30 天

第 90 天

黃豌豆味噌（見 289 頁）的操作細節可套用到本章所有味噌食譜，建議先閱讀過該食譜，再來做這款榛果味噌。

榛果粉鋪在烤盤上，以 160°C 烤約 20-25 分鐘，直到稍微變成褐色並散發出香氣。每 5 分鐘翻拌一次，確保榛果粉均勻褐變。放在流理檯上冷卻至室溫。重新秤重，我們最後需要 1.8 公斤榛果粉，但在烘烤的過程中會失去水分和重量，所以一開始要準備 1.9 公斤。

烘烤榛果粉的同時，用食物調理機磨碎珍珠大麥麴。

戴上手套，在碗中均勻混和烘烤過的榛果粉、麴和鹽。這和做豌豆味噌不一樣，豌豆味噌通常一開始就具有適當質地，但做榛果味噌時會有太乾的問題，幾乎都需要添加水。用手持式攪拌棒或打蛋器攪拌鹽 4 克與水 100 克，直至鹽完全溶解，就是速成的 4% 鹽鹵水。一次可以加一點 4% 鹽鹵水，直到混合物可以握成扎實的一顆球。

將榛果味噌混合物裝入發酵容器，並壓實。將最上層撥平，容器內壁擦乾淨，撒鹽在表面上。依照黃豌豆味噌所列的說明，用重石壓住榛果味噌，再用布巾蓋好。讓榛果味噌在室溫下發酵 3-4 個月。榛果味噌完成發酵後，可以加一點水，用果汁機打到質地滑順，然後再用鼓狀篩篩成更細的質地。成品用氣密罐或氣密容器盛裝，放冷藏可保存 1 個月，放冷凍可保存數個月。

建議用途

洋蔥沙拉 Onion Salad

把高爾夫球大小的甜洋蔥由莖部到根部剝皮、對剖，然後拌一點點油，平面朝下，置於燒熱的煤炭上方燒烤。洋蔥的平面焦糖化且變黑之後，用鋁箔紙包裹，放在烤架邊緣，繼續烤約 10 分鐘，直至洋蔥變軟但仍有一點脆度。取出洋蔥，把洋蔥瓣剝到碗裡，拌入 1 大匙打成泥且過篩的榛果味噌，再添加一點油、鹽、胡椒和百里香與奧勒岡葉。這已經是一道極佳的配菜，但你也可以再拌入水田芥、蒲公英和芝麻菜。

巧克力棉花糖夾心餅 S'mores

一旦你嘗過榛果味噌，它絕對會取代所有堅果醬，成為你的新歡。如果你把它當成堅果醬，就很容易想到可以怎麼用。比如說，下次你和小朋友（或朋友）要一起做巧克力棉花糖夾心餅時，就可以抹 1 匙榛果味噌在消化餅上。

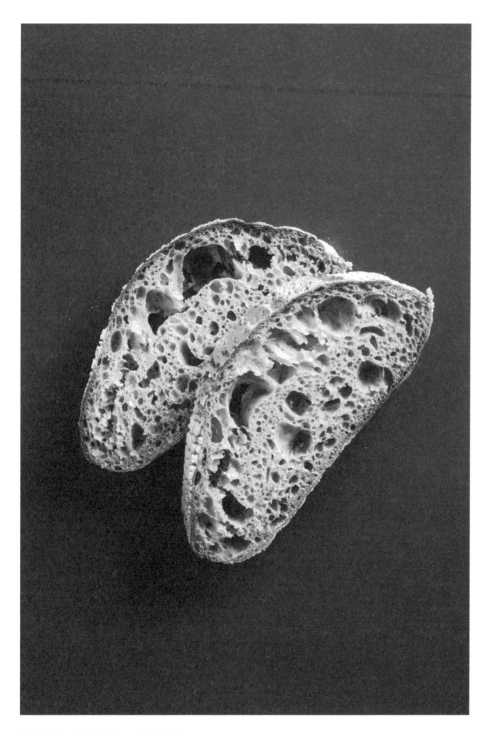

麵包味噌一開始是為了用掉多餘麵
包而產生的計畫，但很快就證明它
是很棒的產品。

麵包味噌

製作麵包味噌
約 2.5 公斤

去除外皮的酸種麵包 3 公斤
米麴菌種麴（見 447 頁〈發酵資源〉）
無碘鹽 100 克，外加少量以供撒於
頂層

一如製作黑麥味噌（見 307 頁），我們在製作這種味噌時會用麴來分解麵包。但不同於黑麥味噌之處，是我們會直接把麴種在麵包上，而不是種在米飯上或大麥上。你需要的是切片老化麵包。我們去掉麵包的硬皮，以免麴的菌絲難以伸入，這和去掉穀物的外皮是同樣道理。有了這份食譜，並透過黴菌的轉化能力，你可以把廚餘變成佳餚。

戴上手套，用鋸齒刀把麵包切成大約 2 公分的立方小丁，用食物調理機打成碎粒。把麵包碎粒蒸 5 分鐘，讓它有點濕潤。

取出麵包碎粒，放在流理檯上冷卻 10 分鐘，讓水分有時間滲入麵包並使麵包均勻含水。

依照珍珠大麥麴（見 231 頁）食譜中說明的過程：把麵包鋪散開來，接種米麴菌孢子，然後培麴。麴菌絲會在 48 小時內生長至完全覆蓋麵包碎粒。麵包麴做好之後，秤出 3 公斤，並以食物調理機間歇攪打成糊狀。移到碗裡，加鹽，然後戴上手套，用手混和均勻。

調整這款味噌的含水量和質地會比其他款味噌更困難。麵

麵包味噌，第 1 天

第 30 天

第 90 天

包麴就像海綿一樣，無法用判斷豆製味噌浸透程度的方式來判斷麵包味噌。用手持式攪拌棒或打蛋器攪拌鹽 4 克與水 100 克，直至鹽完全溶解，就是速成的 4% 鹽鹵水。一次可以加一點 4% 鹽鹵水，直到麵包麴的濕潤程度似乎足以捏成一顆有彈性的球，但不用真的壓成球。它會變得既稠又軟黏，所以要混和均勻，所有材料才能均勻分布。

將混合物放入發酵容器，並壓實。將最上層撥平，容器內壁擦乾淨，撒鹽在表面上。依照黃豌豆味噌（見 289 頁）所列的說明，用重石壓住麵包味噌，再用布巾蓋好。讓麵包味噌在室溫下發酵 3 個月。這款味噌變化莫測，所以必須經常檢查。過了 7-8 週，應該會產生帶鮮味的甜和酸。成品用氣密罐或氣密容器盛裝，再放冷藏或冷凍保存。

建議用途

麵包味噌湯 Breadso Soup

添加麵包味噌，會為菜餚帶來濃郁鮮味。要製作麵包味噌湯，將雞骨架 1 公斤放入大湯鍋，倒入冷水淹過雞骨，煮至微滾，撈除所有雜質，然後加入芳香蔬菜 500 克：切塊的韭蔥白、洋蔥、胡蘿蔔、芹菜和蒜頭，以及一點百里香、月桂葉和黑胡椒粒。讓高湯微滾數小時，然後過濾。每公升高湯拌入麵包味噌 150 克，用手持式攪拌棒攪打。用鹽適當調味，上菜前幾分鐘再加入一些寬 1 公分的皺葉甘藍菜絲一起微滾烹煮作收尾。

我們發酵的經典英式醬汁。

麵包味噌醬汁 Breadso Sauce

要製作經典英式醬汁，先把雞骨以 200°C 烘烤至深度褐化，再依照麵包味噌湯的雞高湯程序製作。高湯煮好、過濾好之後，可以放入乾淨的鍋子，收乾到剩 20%。做好的濃縮汁每 100 克就加入奶油 10 克，以及打細並用鼓狀篩篩過的麵包味噌 25 克，直到質地滑順均勻。想要好好運用這種令人垂涎的醬汁，可以把它拌入煎炒過的羊肚菌，直到醬汁完全裹上，再移到淺平底鍋中。撒上酸種麵包粉，炙烤到金黃焦脆。趁熱燙冒泡時上菜。

麵包味噌奶油吐司佐莓果和鮮奶油
Breadso-Buttered Toast with Berries and Cream

麵包味噌既可以用來製作正餐，也可以用來製作甜點。把麵包味噌 2 份、軟化奶油 1 份和黃砂糖 1 份，用打蛋器混和攪打。把混合物塗在新鮮酸種麵包厚片上，並將塗好的那一面朝下放，在平底鍋裡煎到滋滋作響並焦糖化。撒上杏桃乾或櫻桃乾及其糖漿，再擠上一小團打發的鮮奶油。

南瓜籽烘烤時會散發芳香的堅果味，做
成味噌發酵時，也會帶著這樣的特質。

南瓜籽味噌

製作南瓜籽味噌
約 3 公斤

未加鹽的去殼生南瓜籽 1.8 公斤
珍珠大麥麴 1.2 公斤（見 231 頁）
無碘鹽 120 克，外加少量以供撒於
頂層

我們在墨西哥圖倫工作時，南瓜籽味噌是重要的食材。在製作猶加敦半島的馬雅南瓜籽番茄醬（Dzikilpak）時，我們就是用這款味噌來作為主要材料。這是用烤南瓜籽製作的濃醬汁或蘸醬。回到哥本哈根，晚夏和秋天正盛產南瓜，南瓜籽味噌溫潤的濃郁感和深邃的鮮味依舊備受青睞，在 Noma 和姊妹餐廳「108」的菜單一直占有一席之地。

把南瓜籽均勻放在數個烤盤上，以 160°C 烘烤約 45-60 分鐘，直至散發堅果香味，並且褐化。每 10 分鐘左右就翻攪南瓜籽，並調轉烤盤一次，確保上色均勻。讓南瓜籽完全冷卻到室溫。

將南瓜籽以食物調理機間歇攪打成細粉，再移至大碗。把麴也放入食物調理機中打碎，再加進打細的南瓜籽粉。加鹽，戴上手套，用手混和均勻所有材料。

用手持式攪拌棒或打蛋器攪拌鹽 4 克與水 100 克，直至鹽完全溶解，就是速成的 4% 鹽滷水。一次可以加一點 4% 鹽滷水，直到混合物可以握成扎實的一顆球，但不會滲水或因為太乾而碎開來。製作這款味噌必須加多一點滷水，原因是要有足夠的水分，才能促進發酵。但是南瓜籽有點

南瓜籽味噌，第 1 天

第 14 天

第 30 天

油，所以太多水會加速各種發酵作用，包括脂肪分解成脂肪酸，而這會產生油耗味（見 317 頁榛果味噌的說明）。

將混合物放入發酵容器，並壓實。將最上層撥平，容器內壁擦乾淨，撒鹽在表面上。依照黃豌豆味噌（見 289 頁）所列的說明，用重石壓南瓜籽味噌，再用布巾蓋好。讓味噌在室溫下發酵 3-4 週。注意不要超過這個時間，不然會開始出現令人厭惡的脂肪酸味。成品用氣密罐或氣密容器盛裝，再放冷藏或冷凍保存。

建議用途

馬雅南瓜籽番茄醬 Dzikilpak

儘管我們原本是在寒冷的哥本哈根研發出南瓜籽味噌，我們還是趁機把它用在墨西哥圖倫快閃餐廳的菜餚裡，加入馬雅南瓜籽番茄醬中，而這種醬傳統上就是用南瓜籽做成的墨西哥馬雅莎莎醬。這些環節冥冥之中連結了起來。我們在墨西哥所做的實際配方，用了將近二十幾種食材，在此提供的版本雖然比較簡單，美味倒是絲毫未減。

番茄 250 克切大塊，白洋蔥 1 顆、哈瓦那辣椒 1 顆和蒜頭 4 瓣全部切丁。平底煎鍋以中火加熱，倒入植物油。當油開始冒煙，放入蔬菜，煎至番茄開始出水、冒泡。把平底鍋放到 160°C 烤箱，烤約 30 分鐘，每 5-10 分鐘翻拌一次，直至食材成濃稠糊狀。把混合物連同南瓜籽味噌 150 克、1 把帶莖的芫荽和 2 顆萊姆的皮刨絲，用果汁機攪打成滑順糊狀（你可能需要加一點水，幫助果汁機攪打）。加幾匙牛肉版古魚醬（見 373 頁）或醬油作調味。完成的

南瓜籽味噌讓墨西哥猶加敦半島的馬雅南瓜籽番茄醬在發酵上有了奇妙轉變。

醬汁不僅醇厚、辛香、濃稠，搭配燒烤海鮮或加在墨西哥捲餅裡，都是一絕。

烤萵苣 Grilled Lettuces

如果你想以比較簡易的方式運用這種發酵物，可以試著兌一些水，直到質地稀薄到可以像油漆一樣刷塗。把嫩蘿蔓萵苣或寶石萵苣心切成 ¼ 大小，塗上果汁機打過的味噌，讓味噌醬汁流入菜葉縫隙中。滴一些橄欖油，並用鹽調味，平面朝下放在熱好的烤架上面燒烤。把萵苣的每一面稍微烤焦，再移到盤子上。撒上酥脆黑麥麵包丁，刨一點硬起司，比如煙燻格呂耶爾乳酪（Gruyère）或高達乳酪（Gouda）。

南瓜籽味噌「冰淇淋」 Pumpkin Seed Miso "Ice Cream"

南瓜籽味噌的用途極廣，在 Noma 甚至曾以冰淇淋的形式上桌。用烤箱以 160°C 烘烤南瓜籽 200 克，直到飄出堅果香味並轉為金黃色。烤好的南瓜籽加入南瓜籽味噌 200 克、水 750 克和優質蜂蜜 140 克，以果汁機打至滑順，然後用細錐形篩篩過。把混合物移至冰淇淋機，依照機器說明攪拌好，冷凍至變硬，再與烤過的椰子或杏仁費南雪蛋糕一起上菜。

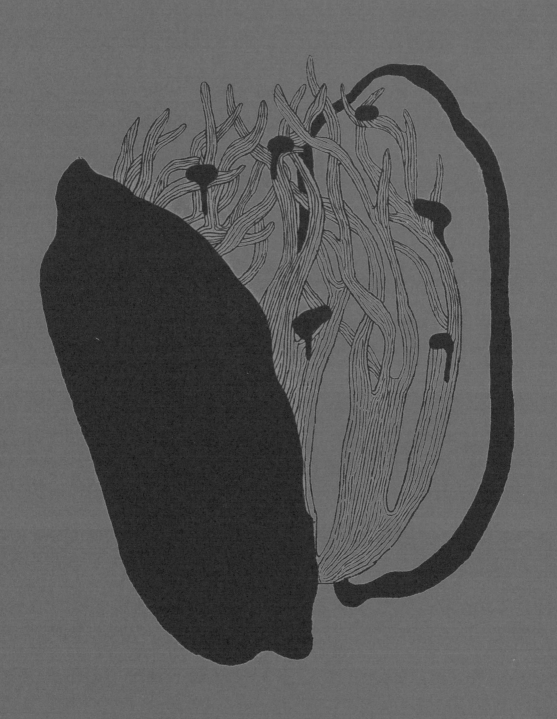

7.

醬油
Shoyu

—

世上最受歡迎的 ── 發酵風味

最初的醬油極可能是令人欣喜的意外。某些中國廚師在發酵豆醬時，注意到容器上部積有深色液體，嘗過味道後為之驚奇。必須對美味有獨到見解，才能觸類旁通，想著：「嘿！這醬汁本身也太美味了吧！」事實也是如此。醬油，也就是大部分西方國家所知的 soy sauce，一開始只是一種副產品，經過幾世紀的發展，已成為世界上最受歡迎的醬汁之一。

醬油之名出自中文，源自聚積在發酵豆「醬」頂端的「油」。出現這種液體（其實大部分是水不是油）有兩個原因。一、醬是含鹽的發酵物。鹽會透過滲透作用逼出煮過的豆類內含的水分，直到整個混合物的鹽度達到平衡。我們也會在發酵數天的乳酸發酵物看到同樣的作用，但比較濃稠的發酵物（例如醬或味噌）需要較長的時間才會發生滲透作用。

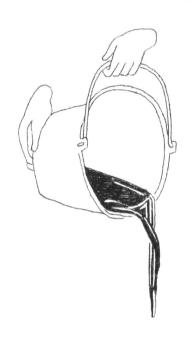

醬油師傅發現在鹵水裡面發酵大豆和小麥可以提升醬油產量。

二、酵素作用。大豆含有澱粉，烹煮時會吸取並保留水分。當豆類和麴混和在一起，也就是讓穀物接種黴菌（米麴菌），由黴菌產生的酵素（澱粉酵素）就會發揮作用，使澱粉分解。澱粉分解成糖，就失去了與水結合成膠體的能力，混合物就會變得比較不黏。由於傳統上會用重物壓住醬，好擠出可流動的空氣，所以因滲透作用和酵素作用而釋出的液體，便無可避免地也往頂部流動聚積。

與醬油有關的詞彙可能有點晦澀，所以在進一步討論之前，先來梳理一下。6 世紀時，中國僧侶把醬帶到日本，醬進化成味噌，而聚積在味噌上方的液體稱為「溜醬油」，我們會繼續這樣稱呼它。

溜醬油聲名大噪且需求激增之後，日本的職人想出了不需要製作味噌就能生產大量溜醬油的方法。我們把這樣的成

麴和味噌：醬油之祖

許多的醬油製作技法或多或少直接沿襲自麴和味噌的製作技法。如果你是跳著章節翻閱本書，那麼這一章會讓你對醬油是什麼、如何製作醬油有完整的概念，但強烈建議先讀過前面章節，才能更清楚理解本章內容。

品稱為醬油，日語發音為 shoyu。

英國哲學家洛克（John Locke）在 1679 年的日誌中首先提到「saio」。沒多久，德國科學家暨旅行家坎普弗爾（Engelbert Kaempfer）在他的著作《日本史》（History of Japan）寫到醬油，他認為日本的 sooja 比中國任何類似的醬汁都更加美味。這些早期記載的事例都是西方對於 shoyu 這個字的曲解，後來演變成 soya（大豆）這個字。許多語言中都有這類有趣的轉折。soybeans 這個字其實來自於 shoyu 的錯誤發音，後來的文獻就把用來製作 soya sauce（大豆醬）的豆子稱為 soybeans（大豆）。

醬油製法 ————

味噌、古魚醬和醬油在今日有清楚的分界，但最早的中國醬模糊了這三者的邊界。古代的醬通常含有肉或海鮮，而原始的醬油是一種濃厚、混濁的液體，與現今的醬油有著天壤之別。同樣地，日本最早的各種味噌也比現今的產品粗糙許多。它們都使用相同食材，但「醬」（hishio，即原始味噌）比較像介於味噌和醬油之間的綜合體。

隨著時間推展，醬變得更加精緻，最終演變成我們今日所見的濃稠糊狀。一開始，溜醬油只是一種副產物，隨著需求增加，人們開始調整傳統味噌配方，以製造更多溜醬油。大型新式發酵桶加裝可以快速導出液體的裝置，也採行含水比率更高的配方。但是，直到 17 世紀，醬油製法才進化出現代方法的雛形。

我們會在本章詳細說明製法，但首先要知道，醬油也是透過米麴菌所含的「生化工具組」而產生的另一種神奇食品。醬油製法和麴有許多相似之處，當然也和味噌製法

很像，可是醬油製程有一些根本的差異。若要製作味噌，可將已接種過米麴菌的米飯或大麥和大豆混和起來，一起發酵。但製作醬油是讓黴菌直接生長在沸煮過的大豆和烘烤過且碾碎的小麥混合物上。製作傳統麴的理想作法是把米飯或大麥蒸熟（而非沸煮），才不會含過多水分或淹死米麴菌。但製作醬油時，大豆之類的豆子必須先泡水，只用蒸的沒辦法熟得恰到好處；小麥則是用來調節過多的水分。（這就是為什麼溜醬油不含麩質，但醬油就有。）

製作清酒之類的產品，是運用麴來分解澱粉裡鍵結的單醣，但製作醬油時，目標是利用米麴菌把植物性蛋白質分解成胺基酸，以為醬油提供豐富的鮮味。（許多醬油工廠偏好用米麴菌屬中的醬油麴菌（Aspergillus sojae），這種菌因為蛋白酵素活性比較強而被選育出來。）直接在豆子和小麥上培養米麴菌，真菌所產生的蛋白酵素就會直接作用在基質中的蛋白質。

接種米麴菌之後，把大豆－小麥麴放入鹽度 20-23% 的鹵水中。鹽鹵水和麴的比例會因配方而異，但理想的混合物總鹽度應該是 15-16%。讓富含營養素的液體與空氣接觸，高含鹽量能防止有害的微生物生長。對人體有益的耐鹽微生物可以為最好的手工醬油帶來微量的酒精和香氣濃郁的複雜酸味。

隨著時間過去，原本是大豆和一點小麥混和而成的異質湯汁（稱為「醪」，在釀清酒的類似步驟也是這麼稱呼）會慢慢轉變成黏稠塊狀，帶有嬰兒食品的黏稠質地。如同以麴製作味噌，麴產生的酵素會把蛋白質慢慢分解成胺基酸，使醬油除了美味的有機成分，還充滿麩胺酸。酵素在液體介質中的作用會比在黏稠介質（如味噌）更有效率。

在巨大的日式傳統杉木桶中攪拌大批的醪。

傳統上，製作醬油的巨大杉木桶直徑約 2 公尺、深度近 3 公尺。和製作味噌一樣，人們在收割之後的冬季開始製作醬油，以免夏日高溫使酵素和微生物活動加速，產生不良影響。頭幾週，每天攪拌混合物一次，然後放著發酵，最多發酵 3 年。製成之後，把大量的醪舀到疊了很多層的布上，然後堆疊在大型的矩形木製壓榨器上。用巨大槓桿將層層木板向下疊壓，榨出醪所含的液體。萃取出醪中所有醬油後，殘渣會像厚紙板又硬又乾，通常交給農夫餵食動物。粗濾好的醬油必須靜置沉澱，經過再過濾、熱處理，然後裝瓶。

醬油今昔 ————

約莫 17 世紀初，歐洲商人對亞洲越來越感興趣。英國與荷蘭成立了有限責任公司，以小型艦隊航遍全球，尋找貿易機會，西方世界因此得知醬油的美味。醬油的風味令人上癮，且能穩定儲存、便於使用，因而成為夢幻調味料。

醬油經過長途運送順利抵達歐洲，一路上為淡而無味的食物增添了風味。最後，醬油變成歐洲發酵物的重要原料之一（例如伍斯特醬），法國大廚也認為在最傳統的菜餚裡添加醬油會有出乎意料的效果。19 世紀法國實業家暨園藝學家帕耶（Nicolas-Auguste Paillieux）表示：「當烹飪手藝一流的廚師用了（醬油），他的菜餚會變得更加出色，但不會有人注意到他適量加入了這種著名醬汁。」

當時醬油不僅在歐洲、甚至在北美的影響力都越來越大，在亞洲的地位也更加鞏固。現今，平均每位日本人每年要消耗 10 公升醬油。現在有大型跨國企業大規模生產醬油，也有手工店鋪製作小量而特別的產品。於此同時，醬油在東南亞各地也有各式變異版本。Kecap manis 是印尼醬油，大概是醬油最有名的分支。這種印尼醬油以茴芹和丁香加上大量棕櫚糖製作，再收乾到又甜又黏稠。我們在越南可以找到源於北方的 tuong（醬），其稠度和風味可能最接近中國原始的醬。有別於先烘烤小麥、後蒸熟大豆的醬油製法，tuong 是先烘烤大豆，然後在水中進行乳酸發酵，最後再接種米麴菌。這種醬是經過研磨才成為滑順、濃稠的糊狀，而不像其他醬油是過濾或壓榨出液體。

以非傳統方式製作的醬油同樣紛紛冒出。瑞士美極公司（Maggi）的朱利葉斯‧美極（Julius Maggi）開發出「酸水解」這種化學製程。透過水解酸和微高溫分解蔬菜，不需發酵就能萃取出蛋白質裡的胺基酸，再用碳酸鈉使混合物酸鹼中和。這種中和反應會產生棕色液體，成分是帶鹽

池田菊苗定義了「鮮味」，並成立味之素株式會社。

的有機渣滓（稱爲腐植質）和 HVP（即水解植物性蛋白質）。HVP 的風味和濃郁的肉類清湯很像，全拜蘇胺酸（threonine）這種胺基酸所賜。

在 20 世紀初期，日本化學家池田菊苗用酸水解來萃取大豆中的胺基酸。（池田也是「鮮味」一詞的創造者，日文 umami 是結合「好吃」〔umai〕和「味」〔mi〕的混成詞。）他將大豆的 HVP 和二次浸泡傳統醬油醪而製成的醬油混和起來，只要幾天就能製成 HVP 醬油，不需再花上數年，製作成本也低廉許多。HVP 醬油雖然不比古法醬油，但從各家公司紛紛在美國販售瓶裝醬油，就可知道 HVP 醬油（又稱化學醬油）是相當流行的製作方式。有些製造商依然採用此法，看看標籤上有沒有「水解大豆（或植物性）蛋白質」就知道了。

北歐醬油

我們在 Noma 經歷的醬油旅程與醬油本身的歷史有著相似的進程。當我們第一次製作黃豌豆味噌（見 289 頁；也就是我們自己的味噌版本），立刻就愛上那積在容器上層的溜醬油。但溜醬油永遠都不夠用。我們會做好幾批豌豆味噌，只爲了得到更多溜醬油。老實說，溜醬油大概已經變成我們廚房裡面最有價值的調味料。

當溜醬油在我們所有菜餚中都軋上一角，我們爲了取得更多溜醬油，只好大量製作、使用豌豆味噌。但是相對於傳統日本味噌，我們的豌豆味噌含鹽量比較低（只有重量的 4%），所以無法像千年前的日本味噌師傅一樣，只倒更多水到豌豆味噌裡，就萃取到更多溜醬油。如果豌豆味噌變得太濕、鹽度不足，就無法防止有害的微生物孳生、進而導致整批味噌酸掉。

最後，我們確定要得到更多溜醬油的唯一方法，是遵照前輩的邏輯，並學習單獨製作醬油。我們遵照日本古法，但就和我們製作豌豆味噌時一樣，用北歐食材來取代傳統食材。但最後我們做出來的，竟是「醬油」，嘗起來不同於我們從豌豆味噌獲取的溜醬油。它極度美味，層次豐富、鹹味適中且濃郁，卻也和優質的日式醬油別無二致。

我們所處的地區並不擅長駕馭大豆的風味特性。當然，我們在家都會將醬油加入雞清湯和早餐的蛋裡。我們已親眼目睹醬油在整個亞洲的烹飪潛力。醬油令我們深深著迷。但我們在 Noma 的目標是創造和培養賓客的地方感。我們希望客人能將口中的食物和所處的時空連結起來。每次我們試著在測試廚房的菜餚裡添加醬油，都有可能把人從當下拉開，並送往日本的一碗拉麵或上海的一甕滷肉這樣的遙遠記憶裡。

有些人可能不會注意到哪道菜有添加一點醬油，但有些人立刻就能嘗出來。即使我們的醬油完全是用當地食材製作，嘗起來就是會讓你的大腦聯想到其他地方。這證實了聯想的威力。我們以自己所做的北歐醬油為傲，但它嘗起來太像日本醬油。對我們來說，這是很難克服的障礙。到最後，我們決定不做醬油了，而是「駭進」自己的發酵物來生產更多溜醬油。（見298頁豌豆味噌溜醬油濃縮汁。）

話雖如此，醬油還是用途極廣的食材。你不太可能找到任何沒有醬油的廚房（無論是餐廳或一般家庭廚房）。醃醬、醬汁、高湯和清湯全都可能添加醬油，而且醬油用在釉汁、油醋醬甚至甜食上（例如製作焦糖和奶油糖果〔butterscotch〕），效果也很好。

了解醬油製法並學習親自動手做，是一件值得努力的事。

儘管我們還不知道如何把醬油完美融入自家餐廳的菜餚裡，我們仍持續用醬油做實驗，每次的努力也都有進展。

讓我們趕快進入製作 Noma 黃豌豆醬油的步驟吧：

1. 沸煮過的黃豌豆大約 2 份、烘烤過且碾碎的小麥 1 份，混和起來，然後接種醬油麴菌的孢子。讓麴在發酵箱生長 2 天。

2. 把麴放入發酵容器，以鹵水淹過。用透氣的布或蓋子蓋好容器，置於陰涼室內發酵 3-4 個月。

3. 若有水分蒸發就再補充水分，壓榨醬油醪以獲取液體。

我們初代的醬油是用黃豌豆和科尼尼小麥製成。科尼尼小麥是一種古老的變異種，外觀呈紫色，烤過之後風味層次豐富。你可能不太容易找到科尼尼小麥，不過各種優質的全穀小麥都可以使用。我們也已經用黑麥和大麥成功做出醬油。

本章也包含用乾燥牛肝菌或咖啡等食材做成的特殊醬油。再次聲明，我們還沒找到讓醬油完全融入 Noma 菜餚的方法，所以實驗仍在持續中。有些食譜和醬油的本質不太契合；有些遇到的狀況跟古魚醬一樣。（我們還是繼續稱它們「醬油」，因為這和古魚醬不同，並不含任何肉。）在這類成品之中，最成功的要屬寬鱗多孔菌醬油。寬鱗多孔菌是一種菇蕈，幾乎無法長出米麴菌，所以我們把它和大麥麴混和，浸泡在鹽鹵水中。和我們最原始的醬油相比，這是很不一樣的醬汁，帶有果香味、酸味、鹹味和宜人的葡萄醪味。它的鮮味也很濃郁，本身就是相當出色的萬用調味料，也能和其他醬汁相輔相成。

黃豌豆醬油

製作黃豌豆醬油
約 2 公升

乾燥黃豌豆 600 克

麥仁 600 克

水 1.9 公斤

無碘鹽 365 克

種麴（米麴菌孢子，見 447 頁〈發酵資源〉）

我們最初想做出自己的醬油時，希望可以用斯堪地那維亞的盛產作物（黃豌豆）來取代傳統材料（大豆），做出全新成品。不過，即使我們的「北歐醬油」是用非常不同的豆類製成，最終的風味還是太像日本醬油。話雖如此，自己做醬油還是絕對值得，過程不但別具意義，而且最後會得到獨一無二又熟悉的成品。如果這本書裡有某種發酵物你已經用得很順手，大概就是醬油吧！現在你將擁有可以隨心應用的超高品質自製醬油。

製作醬油時，必須直接在富含蛋白質的基質上培麴，這份食譜裡的基質是豌豆。如果你還沒做過米麴或大麥麴，可能從製麴開始比較好。或至少先讀過珍珠大麥麴（見 231 頁）的操作細節。還有一件事，如果你想做真正傳統的醬油，把這份食譜的黃豌豆換成乾燥大豆也一樣行得通。

使用器具

你需要一個發酵箱（見 42 頁〈製作發酵箱〉）和一面搭配發酵箱尺寸的接種麴盤（由杉木或帶孔且不會起化學反應的金屬或塑膠製成）。你也需要一個容量大約 6 公升的玻璃或塑膠發酵容器，還有用來覆蓋發酵容器的乾淨棉質

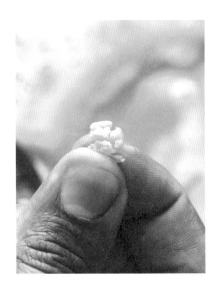

要把豌豆煮到可以用手指捏碎的程度，但不要煮太久以免糊掉。

布巾或濾布，以及大型橡皮筋，或可鬆鬆蓋住發酵容器的蓋子。使用蘋果榨汁器（見 442 頁）是獲取醬油最簡單的方法，不過使用濾鍋加上一些乾淨的重石也可以。我們建議你用手操作時戴上無菌手套，而且所有器具都要徹底清潔和殺菌（見 36 頁）。

操作細節

在室溫下，以豌豆兩倍體積的冷水浸泡乾燥豌豆 4 小時，使其恢復含水狀態。

浸泡豌豆時，同時烘烤小麥：烤箱加熱至 170°C。把小麥散散地鋪在大烤盤上，烘烤 1 小時，每 15 分鐘翻拌一次。小麥粒的顏色應該要很深，深到你可能會擔心它們快要燒焦了。劇烈的烘烤可以讓醬油具有更濃烈的香氣和風味。

取出小麥，冷卻至室溫，然後碾碎。我們在 Noma 是用桌上型的穀物研磨機，研磨刻度設定在粗磨。如果你沒有研磨機，可以用食物調理機打碎小麥，約需 45-60 秒。如果都沒有上述器材，你可以用研缽加上研杵，只是需要很有耐心。我們不是要把小麥磨成細粉，只要把顆粒弄碎就好了。碾碎的小麥放在旁邊備用。

現在可以把注意力轉回豌豆上。泡好後瀝掉水分。在鍋子中放進豌豆兩倍體積的冷水，放入豌豆烹煮。煮滾時，把火轉小至水將滾未滾狀態，撈掉表面的泡沫。豌豆煮軟，直至用手指輕捏就會碎的程度，約需 45-60 分鐘。小心不要煮到糊掉，更重要的是千萬要煮透。如果豌豆沒煮透，麴的菌絲體就無法穿透豆體並生根。

和製作大麥麴一樣，把豌豆和小麥
耙成幾道。

豌豆煮好後，瀝乾冷卻至體溫，再秤出 1.125 公斤放到大碗裡，然後加入烘烤過且碾碎的小麥 600 克，混和均勻。

現在，我們可以接種米麴菌孢子了。**種麴**有兩種：由米麴菌孢子覆蓋的大麥或米飯，或者單純只有孢子。可以上網向釀造用品店購買各種分量的包裝（見 447 頁〈發酵資源〉）。不過，你製作了自己的麴之後，也可以培植自己的孢子來用（見 241 頁〈收成自己的孢子〉）。

在杉木製或由帶孔金屬或塑膠製成的培麴盤上鋪一條乾淨、微濕的布巾。把豌豆和小麥的混合物鋪在布巾上，再使用濾茶器或撒粉罐，把孢子撒到小麥和豌豆上。（確切方式取決於你使用的種麴類型，操作細節見 231 頁的珍珠大麥麴。）

發酵箱設定 25°C，放入麴盤，請確保麴盤不會碰到發酵箱底部或太靠近熱源。保持發酵箱微微開啟，讓新鮮空氣可以流入、熱氣可以排出。發酵箱內的溫度升高到 30°C 也沒關係，但盡量不要超過。

24 小時過後，戴上手套把麴翻散，再耙成三道。把麴盤放回發酵箱，再培養 24 小時，這次可以把溫度調高到 29°C。48 小時一到，如果你用的是黑色（非白化）菌株的米麴菌，這種米麴菌孢子的顏色很不一樣，那麼你會發現麴的顏色也有很大的轉變。

接下來，你必須把麴泡在鹵水裡。先煮滾 950 克的水，加鹽攪拌至溶解。鍋子離火，倒入剩下的水讓鹵水冷卻。

黃豌豆醬油，第 1 天

340

第 14 天

第 45 天

第 120 天

把培好的麴捏碎，放入發酵容器。傳統上會用杉木桶製作醬油，如果你能找到小型杉木桶，那就太好了。不然，使用材質不會起化學反應的寬口直筒容器也可以。大約 6 公升容量的食品級塑膠桶或玻璃罐都可以。

等鹵水冷卻到 35°C 以下，然後倒到麴上，再用打蛋器好好攪拌。秤出整桶發酵物的重量，記下數值，稍後使用。

用保鮮膜直接貼著混合物表面封好，然後將容器加蓋（用大一點的蓋子，保持微開），或蓋上透氣的布巾，並以橡皮筋固定。兩種覆蓋法都可以，只要確定氣體能排出。將醬油醪（也就是我們剛剛做的混合物）置於比室溫稍低但濕度正常的地方，發酵 4 個月。頭 2 週，每天徹底用打蛋器攪拌醬油醪一次。接下來每 1 週攪拌一次。每次攪拌要用乾淨湯匙試味道，以確認進展。每過一週，味道都會變得更美味，香鹹味和烘烤過的風味都會隨著時間而越來越明顯。

你可能會注意到醬油表面長了黴菌，多半是麴自己又發芽了，但也可能是酒酵花。如果你不熟悉這兩者的差異而無法分辨，就撈掉。

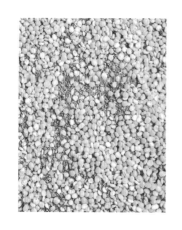

接種醬油麴菌的豌豆和小麥，
第1小時

第48小時

經過4個月，醬油醪看起來會像是深褐色、濃厚、黏稠的蘋果泥。醬油就藏在這堆黏糊之中，必須萃取出來。

首先，我們要讓稠度變稀並平衡醬油風味，所以必須計算蒸發掉多少水，然後把水補回去。這就是先前量醬油醪重量的原因。再次測量整桶容器加上內容物的重量，減掉先前秤得的重量，補回減少的冷水量。

從醬油醪萃取出醬油的最好工具是小型蘋果榨汁器（見442頁）。像榨果汁一般壓榨放在網袋裡的醬油醪。不過，你也可以用布巾來擠醬油醪：分批把醬油醪舀到乾淨、堅韌（你淘汰不用）的布巾上，再將醬油擰到大碗或容器上，直到布巾中只剩下乾涸的渣。如果你沒辦法用手把醬油醪擰到很乾，也可以把包有醬油醪的布巾放到濾鍋或義大利麵煮麵鍋的內蒸鍋裡，疊上一些乾淨重石，讓醬油滴到容器裡，直到榨乾醬油醪。如果你想要，也可以冷凍剩下的渣，製作下一批醬油時就可再摻入，做回添發酵（見33頁；大約總重量的10%），讓新一批醬油有好的開始。

萃取出所有醬油，用鋪了濾布的篩子再濾一次。醬油相當穩定，可密封冷藏保存數個月，冷凍可保存更久。

1. 把小麥烘烤至顏色變得很深。

2. 粗略磨碎小麥。

3. 烹煮浸泡過的豌豆，直至變軟，但別煮過頭。

4. 混和豌豆和小麥。

5. 把孢子接種到混合物上，培養 2 天。

6. 把完成的豌豆小麥麴移至發酵容器中。

7. 倒入鹵水，淹過豌豆小麥麴，發酵 4 個月。

8. 補足所有因蒸發而流失的水分。

9. 粗濾混合物（醬油醪），獲取醬油。

建議用途

牡蠣醬油乳化液 Shoyu-Oyster Emulsion

牡蠣是極為美味又有效率的乳化物，而且帶海洋味的鹵水與帶土質味的鮮味是相得益彰的組合。買一些小顆牡蠣（越新鮮越好，使用前一刻再去殼），去殼後放入果汁機，倒入牡蠣 ½ 分量的醬油（目測差不多即可）和半顆檸檬汁。啟動果汁機攪打，徐徐倒入中性植物油，直至混合物的質地變得像美乃滋。

這種乳化液搭配鮮脆的蔬菜是天作之合。把芹菜根半顆切細條，用大量的鹽調味。加蓋靜置 30 分鐘，使其脫水，再用手擰掉多餘水分，然後淋上大量剛打好的乳化液和檸檬汁少許，最後撒上一把剁碎的細香蔥，一道美味的法式芹菜根沙拉（céleri rémoulade）就完成了。可以作為一道菜，也可以當配菜用。

白脫乳醬油炸雞 Shoyu-Buttermilk Fried Chicken

關於炸雞的正確製作方法眾說紛紜。假設你沒有屬意哪一種特定方式，可以試試這種簡單的方法：以等量白脫乳和醬油作為醃醬，把雞腿浸泡過夜。隔天，甩掉雞腿上的多餘醃醬，裹上麵粉，回沾白脫乳醬油醃醬後，再裹一次麵粉，放入 175°C 的油裡炸。

醬油焦糖 Shoyu Caramel

要做鹹甜點心的淋醬時，不妨試試把黃豌豆醬油和焦糖加在一起。以中型鍋子盛裝水100克和糖250克，煮到沸騰，偶爾攪拌確保糖有溶解均勻，尤其是在鍋子邊緣。5-10分鐘後，糖會完全溶解成淡琥珀色糖漿。（煮糖用溫度計的讀數應該是120°C。）倒入醬油50克和高脂鮮奶油200克，把火轉小並持續翻拌，以免糖漿起泡或燒焦。煮3分鐘後，離火。把焦糖倒入耐熱容器加蓋冷藏，會使焦糖更濃稠。當你需要為蘋果派、馬芬、可頌麵包或任何想添加一點鹹甜滋味的甜點加上淋醬時，都可使用。

製作醬油焦糖時，一邊用打蛋器攪打，一邊把醬油和鮮奶油混合物加入焦糖化的糖漿中。

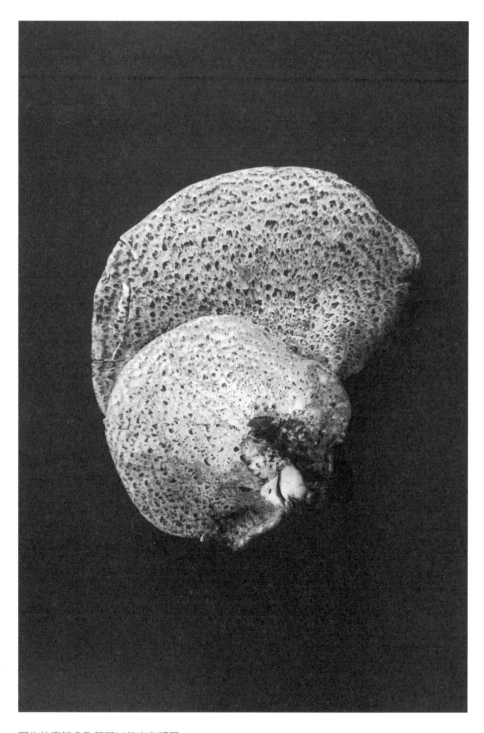

野生的寬鱗多孔菌可以做出有明顯
土質、森林風味的醬油。

寬鱗多孔菌醬油

製作寬鱗多孔菌醬油
約 1.5 公升

新鮮寬鱗多孔菌 2 公斤
珍珠大麥麴 400 克（見 231 頁）
水 600 克
無碘鹽 150 克

這不太算是一種直接製作的醬油，比較像是混和而成的調製品，主要由乳酸發酵製作而成。但是翻開發酵史，有時難以明確歸類反而是創造新類別的最好方法。這種高度超脫傳統的森林風味醬油是義大利麵的一級調味品，不論是加在波隆那肉醬麵或橄欖油香蒜義大利麵，或是用在碎沙拉、香煎牛排、烤禽肉、鍋底醬汁、汆燙青花菜或其他任何地方，都真的很出色。

寬鱗多孔菌有森林仙女的馬鞍 (Dryad's saddles) 之稱，是五、六月晚春時節生長在潮濕森林倒木上的巨大扇形菇蕈，味道很像西瓜皮，表面上的棕色斑駁花紋讓人想起秋季野禽的羽毛，所以有時又稱雉背菇。若與有經驗的食物採集者同行，在野外辨識出這種菇就相對容易，所以我們鼓勵你去找找看。尋找摸起來扎實的菇體，可能有蟲鑽入的不要採。野生菇蕈的分布受到季節和區域的影響極深，所以你居住的地方可能沒有寬鱗多孔菌。我們已經成功用森林雞菇 (chicken of the woods) 和牛排菇 (beefsteak mushroom) 做出醬油，但如果你不打算去採菇，也可以試試森林母雞菇（即舞菇）。

寬鱗多孔菌醬油，第 1 天

第 7 天

第 30 天

刷掉菇上散落的塵土和碎屑，用濕布巾把特別髒的部分擦乾淨。把菇切成容易放入食物調理機的小塊，用瞬轉功能間歇攪打成粗粉，打好就移到不會起化學反應的發酵容器中。用食物調理機把麴打碎，接著把麴和鹽加到菇裡，倒入水。用乾淨的湯匙徹底攪拌成濃厚、均勻的糊狀。

用保鮮膜直接貼著糊狀物表面封住，確保完整封到容器內壁。用比較輕的發酵重石或數個裝水的大型夾鏈袋壓住糊狀物。（用雙層夾鏈袋以免滲漏。）如果袋子開始沉入糊狀物，就倒掉一些水減輕重量。容器加蓋，但保持蓋子微開，讓氣體可以排出。

讓醬油在室溫下發酵 3-4 週，每週用乾淨湯匙攪拌一次。混合物發酵時，固體的部分會分離且產生泡泡。4 週後，液體嘗起來應該有土質風味、鹹味，還有來自乳酸發酵的酸味。

要獲取醬油時，以蘋果榨汁器（見 442 頁）榨出液體，或用乾淨布巾把發酵物包起來，再擠出醬油。萃取出醬油後，用濾布再次過濾，確保去除所有小顆粒。製作完成的醬油以氣密容器或瓶子封裝，並冷藏保存，冷凍可以保存更久。如果你想要以後用這批醬油製作更多醬油，也可以留下一些濾出的渣，待下次製作時摻入重量的 10%（見 33 頁）來做回添發酵。

建議用途

寬鱗多孔菌烘烤麴醬汁
Dryad's Saddle and Roasted Koji Sauce

如果你已經做了寬鱗多孔菌醬油，代表你也已經掌握如何培麴，也表示你已經擁有製作這種醬汁的所有材料。把麴250克捏碎，鋪在烤盤上，以160°C烤箱烤45分鐘。麴裡的糖會褐變，長了麴菌的穀物會散發出巧克力般的風味。把烤過的麴放入果汁機，倒入水500克，高速攪打5分鐘。把混合物移到容器中，放在室溫下浸漬1小時。用鋪了濾布的細網篩過濾混合物。你會聞到烘烤麴汁的香氣，以爲裡面一定加了咖啡。要製作成醬汁，得在小醬汁鍋中混和寬鱗多孔菌醬油100克和烘烤麴汁100克，煮到微滾。接著，加入軟化奶油75克，用手持式攪拌棒攪打，讓奶油乳化到醬汁中，製成稀薄奶油狀的鹹醬汁。這種醬汁搭配稍微煮軟的萵苣、蒸球芽甘藍、烘烤扇貝，或大火油煎的魷魚塊都很適合。要做成這道醬汁，的確得花不少工夫發酵，你也可以用市售的醬油和麴做做看，不過一旦親手做過，你就不會回頭屈就。

牛肝菌醬油

製作牛肝菌醬油
約 2 公升

去莢乾燥黃豌豆瓣 400 克

麥仁 600 克

種麴（米麴菌孢子，見 447 頁〈發酵資源〉）

水 2.125 公斤

無碘鹽 375 克

乾燥牛肝菌 250 克

牛肝菌又稱爲 porcini mushroom 或 king bolete。乾燥的牛肝菌比較容易買到，如果你用新鮮的菇蕈做醬油，土質風味會比較濃烈，還會有誘人的煙燻味，不過乳酸發酵的酸味會比較少。

黃豌豆醬油（見 338 頁）的操作細節可套用到這款醬油的食譜，建議先閱讀過該食譜，再來做這款牛肝菌醬油。

依照黃豌豆醬油的食譜說明，浸泡、烹煮、瀝乾並冷卻豌豆。同時，以 170°C 烤箱將小麥烤到深褐色，約 1 小時，過程中要頻繁翻拌。小麥放涼後，用穀物研磨機或食物調理機把小麥打成粗粉。

把放涼的豌豆秤出 700 克放入大碗中，加入打碎的小麥，並混和均勻。把混合物鋪在放有微濕布巾的培麴盤上，並接種米麴菌孢子，接著放在 25°C 的發酵箱中 1 天，然後戴上手套翻動，並耙成三道。把發酵箱的溫度調高到 29°C，把麴放回去再培養 24 小時，直到開始產生孢子。

製作鹵水時，請把一半的水煮滾，加鹽攪拌，然後再倒入其餘的水，使溫度降至 35°C。

牛肝菌醬油，第 1 天

第 45 天

第 120 天

用食物調理機或果汁機，把乾燥牛肝菌用瞬轉功能間歇攪打成粉末。

把麴、牛肝菌粉、鹵水置於不會起化學反應的發酵容器中，用乾淨的湯匙攪拌均勻。測量容器加上內容物的總重量，並記下數值。保鮮膜直接貼合豌豆和小麥混合物的表面並封住，再將容器加蓋但保持微開，以利氣體排出。

讓醬油在陰涼處發酵 4 個月。頭 2 週每天攪拌和嘗味道，接下來每週做一次即可。發酵完成後，再次測量容器加上內容物的重量，減去先前的總重量，算出這段時間流失多少水分，再回補等量冷水。

要獲取醬油時，以蘋果榨汁器（見 442 頁）榨出液體，或用乾淨布巾把發酵物包起來，並擠出醬油。萃取出醬油後，用濾布再次過濾，確保去除所有小顆粒。製作完成的醬油以氣密容器或瓶子封裝，放冷藏保存，冷凍可以保存更久。如果你想要以後用這批醬油做更多醬油，也可以留下一些濾出的渣，待下次製作時摻入重量的 10%（見 33 頁）來做回添發酵。

建議用途

牛肝菌醬油白色奶油醬 Cep Shoyu Beurre Blanc

如同已逝的偉大廚師桑德宏斯（Alain Senderens）在最初所示範，醬油正適合用來在家製作法式白色奶油醬。把白葡萄酒 150 毫升倒入醬汁鍋中，收乾到剩下 ⅔，也許可以再加一點青蔥末和黑胡椒粒。把火轉小到將滾未滾，加入切小塊的冰奶油 100 克，一次加一小塊，用打蛋器慢慢攪打。（對，我知道很多，但很值得。）不要煮滾，否則就毀了；火力只要讓醬汁保持溫熱。所有奶油融進去之後，關火，但把鍋子放在爐子旁保持熱度。上菜前，用打蛋器大力攪打醬汁，再倒入牛肝菌醬油 50 毫升作調味。

用這種醬汁搭配清蒸或大火油煎的魚或清蒸綠色蔬菜，都很出色。用一點點水把切碎的羽衣甘藍葉煮軟，然後用鹽調味。撒入一些熊蔥酸豆或酸莓果薄切片，例如青鵝莓。鍋子離火，然後將白色奶油醬淋到菜葉上。以碗盛裝，搭配酥脆麵包丁上菜。

牛肝菌醬油釉汁牛肝菌 Cep Shoyu–Glazed Ceps

牛肝菌醬油讓你煮好的菇蕈有了風味加倍的好機會。把幾朵新鮮牛肝菌縱向切半，用刀在切面劃菱格。燒熱平底鍋，放入足以均勻覆蓋鍋面的澄清奶油，牛肝菌切面向下以大火油煎。牛肝菌開始褐變時，把火轉小，加入奶油 1 塊、壓碎的蒜頭 1 瓣，以及百里香 1 小枝。煎到滋滋作響冒小泡泡時，翻面並澆淋鍋內的奶油，直到差不多煎透。把油瀝掉，再把平底鍋放回爐上。倒入牛肝菌醬油 1 大碗，讓它冒泡、收乾。再加入奶油 1 大匙，平晃鍋子好讓汁液成為釉汁，裹上牛肝菌。從平底鍋舀出牛肝菌，用幾滴檸檬汁調味，滴一點乳酸發酵牛肝菌汁液更好（見 83 頁）。

加上牛肝菌醬油煎烤的新鮮牛肝菌，鮮味
和菇蕈風味都會加倍。

咖啡原本就是發酵產品，製成醬油再
次發酵時，深度和層次都會增加。

咖啡醬油

COFFEE
SHOYU

製作咖啡醬油約 1 公升

珍珠大麥麴 800 克（見 231 頁）

咖啡渣 200 克或新鮮研磨的咖啡
100 克

水 1 公斤

無碘鹽 80 克

看到這份醬油食譜，你首先會注意到的是不含任何豆類，沒有黃豆，也沒有黃豌豆。我們發展這份食譜的初心，是想用有趣的方式利用咖啡渣。老實說，它跟其他醬油還有本書提到的發酵品不太一樣。咖啡醬油不在室溫下發酵，我們像做古魚醬一樣，把咖啡醬油擺在發酵箱裡，以增添更多烘烤風味，並加速酵素作用。不過，因爲是仿照醬油而做，所以我們還是稱之爲咖啡醬油。

以食物調理機的瞬轉功能間歇攪打大麥麴，直到完全碎成小顆粒。移至大碗中，添加咖啡渣、水和鹽。

以發酵容器（食品級塑膠桶或有蓋的 4 公升玻璃罐）盛裝混合物。也可以直接在電子鍋的內鍋裡發酵，把電子鍋設定在「保溫」功能。由於我們以較高溫度（60°C）發酵，水分會蒸發得會比其他醬油多。爲了防止水分流失，即使發酵容器有蓋子，也要用兩層保鮮膜包覆。把發酵容器放到發酵箱中；如果用電子鍋，也要用保鮮膜把鍋蓋包起來。

讓咖啡醬油發酵 4 週，每週攪拌並嘗味道一次。發酵完成的醬油嘗起來應該會苦中帶甜，還有一點烘烤過的水果風味。當你覺得味道可以了，就用細網篩過濾醬油，然後用

咖啡醬油，第 1 天

第 7 天

第 28 天

鋪了濾布的篩子再過濾一次。製作完成的醬油以氣密容器或瓶子封裝，放冷藏保存，放冷凍可以保存更久。

建議用途

釉汁魚片 Fish Glaze

你可以用平底鍋把咖啡醬油慢慢收乾成可口的糖漿，但小心別燒焦。在煎炸魚片起鍋前 20 秒，添加咖啡醬油漿 1 茶匙，可以為魚片裹上濃烈的甜鹹風味。

咖啡醬油奶油糖果 Coffee Shoyu Butterscotch

這是一個有點古怪的建議：把咖啡醬油混到奶油糖果裡。你可能吃過海鹽焦糖或海鹽奶油糖果，如果添加的是咖啡醬油，就會是帶有發酵層次的鹹味。更何況，自己做奶油糖果沒有那麼複雜，而且極其好吃。用中型鍋子以中小火融化奶油 60 克，加入深色紅糖 100 克、高脂鮮奶油 125 克，以及咖啡醬油 60 克。把混合物煮滾 4-5 分鐘，放入半條香莢蘭籽，攪拌並離火。放涼後，加蓋冷藏保存，可以作為蛋糕或派的淋醬，或用在你想用的糖果類點心。

隔夜雞清湯 Overnight Chicken Broth

以最簡單的方法，用健康又易做的一餐開始新的一天吧！把整個烤雞骨架放到鍋裡，倒水淹過，然後添加一些芳香食材，以小火微滾一個傍晚。睡覺前，關火加蓋放過夜。隔天早上，過濾清湯，並以咖啡醬油調味（任何醬油都可以）。加入麵條、米飯或蔬菜，開啓美好的一天。

把咖啡醬油慢慢收乾成糖漿般的釉
汁，像上釉一樣裹上真鰈魚片。

8.

古魚醬
Garum

—

逐臭之夫

Noma 測試廚房前主廚傅列博首先提議應該用肉來做古魚醬，而不是用魚。

有些東西雖然渺小卻能讓人走得長遠，比如誠實、良善、承軸潤滑油……以及魚露。

古魚醬與魚露系出同門，但分支更廣，不過這種食材在西方國家大多早已被遺忘。雖然曾是歐洲菜餚的支柱，但在現代的食譜中已全都銷聲匿跡。古魚醬最純粹的形態是魚、鹽及水的濃稠混合物經過分解和腐敗（當然，是在控制之下）的成品。在 Noma，很多東西我們都稱之為「古魚醬」，而且所用的食材不僅僅是魚。

我們測試廚房的前主廚傅列博（Thomas Frebel）首先提議應該試著用肉來製作，而不是用魚。那時候，我們正在努力想辦法讓古魚醬這類古老傳統食材展現新面貌，而且具有強烈的 Noma 色彩。結果證明，傅列博的建議相當高明。

古魚醬相對容易製作，而事實證明，用肉製作的成果和魚一樣好。我們也發現，如果加了等量的麴來製作，就可以節省至少一半的時間。（如果不加麴，嚴格來說，我們製

作的許多古魚醬就不是發酵作用的成品，而是自解作用的成品。稍後會再說明。）

經過無數嘗試和失敗，我們至今才敢說，Noma 所做的古魚醬（在溫暖環境下讓動物性蛋白質伴隨著鹽、水、麴一起發酵）是傳統方法的創新改造。我們做出來的古魚醬很快就成為我們的軍火庫中最方便實用的利器。它們不是主角，卻能默默施展無形的魔法，強調、活化菜餚的天然風味。請容我們發明一個新字，我們會說古魚醬為菜餚帶來 intricity，這是我們自創的混成詞，結合了發酵物為菜餚帶來的 intensity（濃烈）跟 electricity（刺激）。當我們在一大鍋拌入融化奶油和歐芹末的蒸馬鈴薯中加上 1 茶匙魷魚版古魚醬時，我們遍尋不著有什麼詞彙可以形容那種效果。菜餚的風味進入一種新的境界：具有層次及鮮味，嘗起來就像自身的升級版。

最令人興奮的是我們才剛開始認識古魚醬的潛力。與其往菜餚裡面撒一撮鹽，有時候我們添加古魚醬是想一石二鳥，同時增添鹹味和鮮味。在 Noma 這樣的餐廳，大部分時候肉類都不是我們菜單的主角，而古魚醬可以帶給你吃完一塊牛肉或雞肉的滿足感卻沒有相對的負擔。我們提供肉類菜餚時，通常會用對應的古魚醬來提升濃烈度，可能是在生牛肉條上淋幾滴牛肉版古魚醬，或在海帶魷魚漬用上魷魚版古魚醬來增強風味。

一點點古魚醬，就能產生大作用。

在某種程度上，古魚醬讓我們翻轉了動物和植物的角色，使肉類變成配角，蔬菜成了主角。僅憑一點古魚醬，就可以讓平凡的甘藍菜葉變成令人心滿意足又難忘的佳餚。無論如何，這確實是我們都該實行的飲食方式。在肉類成為日常商品之前，肉是奢侈品。有機會得到肉的時候，就要珍惜使用。中國最早的「醬」是肉、大豆和麴菌的混合物，

扮演著古魚醬在當地菜餚裡的角色。而在斯堪地那維亞地區，人們已經製作鹽醃鯡魚好幾世紀，還會用鹽醃鯡魚的湯汁作爲調味料。這兩個地區的人都不稱這類製品爲「古魚醬」，卻熟知如何運用。只要把手邊的資源延伸運用，往往能有創新美味。

迦太基魚醬 ———

古魚醬的故事始於 2,500 年前的北非，當時迦太基這座帶有城郭的腓尼基大城是一個蓬勃的港口，位置就坐落在今日的突尼西亞。豐饒的地中海爲這個城市帶來許多漁獲，包括鮪魚、鯖魚、鯷魚、沙丁魚，人們將剩餘漁獲切薄片，加上魚鱗、魚頭、內臟等，全都用鹽巴分層堆疊在石灰岩缸裡，然後靜置發酵。用網子覆蓋石灰岩缸，也隔絕較大的動物和蒼蠅入侵。太陽的熱度可以煮魚，鹽分則可以防止有害微生物的傳播。最重要的是，魚的內臟含有酵素，可以把缸裡的魚碎塊轉變成濃郁的調味品。

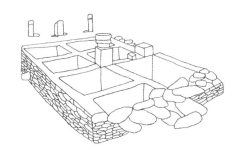

坐落於地中海沿岸港口，以石灰岩雕砌而成的古代迦太基魚醬工廠。

迦太基人統治地中海地區近 500 年，直到第二次布匿戰爭，該城淪陷於羅馬帝國手中。戰利品屬於勝利者，隨著迦太基城拱手讓人，該成的烹飪技術也成爲羅馬帝國的資產。儘管古魚醬源於北非，但發揚光大的卻是羅馬人。Garum 本身就是拉丁文，源自某種魚的名稱。西西里島鄰近迦太基，所以可能是魚醬首先傳播的地方，並因此成爲古羅馬帝國的魚醬生產中心。

古魚醬的使用方式和越南菜裡的越南魚露（nuoc mam）幾乎相同，可當作蘸醬，也可用來調味；既能作爲桌上調味料，也可以常備於廚房，和酒一起煮成 oenogarum 這種醬料。羅馬軍隊也用這款魚醬：士兵會用細頸瓶帶著這款濃縮鹹液體，在野外稀釋使用。第三次布匿戰爭後，羅馬

併吞伊比利半島，這款魚醬因此西傳。在西班牙南部，用石灰岩雕砌而成的魚醬工廠遺址至今仍然屹立。

這款魚醬流傳開來後，出現了專化的分類。魚醬過濾出來的沉澱碎渣稱為 allec，由於不受上層階級的歡迎，所以會留給一般平民。用去除內臟及頭部的魚所製成的 muria，比較沒有刺鼻臭味。Haimation 則是僅由魚內臟和魚血等漁場副產物製成的發酵產品，由於顏色深，所以也稱為「黑色魚醬」。Liquamen 一詞曾經同時存在於羅馬時代早期，是與 garum 截然不同的術語，但不太清楚差別何在。有些人認為 liquamen 是為了從發酵的魚中獲取更多成品而把 allec 進行二次浸漬的產品。另一種說法是 liquamen 特指由整條魚製成的魚醬，而 garum 是相關醬汁的總稱。

我們更不清楚這款魚醬為什麼在西方佚失。歐洲最後的古魚醬遺跡是一種稱為「鯷魚醬」（colatura di alici）的罕見義大利魚醬，傳統上在切塔拉（Cetara）的小漁村製作。其配方由中世紀的僧侶依據更古老的羅馬文獻所修復。同時，魚露依舊是東南亞菜餚的基礎，也是許多人熟悉的食材。製作魚露的各種方法都格外相似。把從暹羅灣捕獲的鯷魚放到大型的木桶中，以 2-3 份魚對 1 份鹽的比例與鹽巴分層堆疊，最後用竹墊覆蓋開口，並以石塊壓住，在熱帶豔陽之下靜置 9-12 個月，再壓榨出汁液並過濾。你這輩子嘗過的魚露大多是用這種方法製成。

亞洲魚露的古怪之處是 7 世紀以前歷史文獻上沒有太多相關記載，而羅馬帝國和亞洲則早在更久之前就已經有文化交流。有鑑於古魚醬對於古羅馬的價值，而且又便於攜帶，我們會忍不住把泰國魚露和古魚醬連結在一起，而不去假設兩者是各自獨立發展出來。想像東南亞和地中海地

區南轅北轍的烹飪方式有直接關聯極爲有趣，但這件事就留待更有資格的人去研究吧。

魚吃魚

魚露的臭味對用過魚露的人來說，並不是新鮮事，而這股味道其實聞起來也不是**魚腥味**，至少製作過程沒問題的話是不會出現的。魚腥味是魚肉和脂肪被細菌分解而產生的氣味，如果魚不新鮮，做出來的古魚醬就會有魚腥味。魚內臟是製作古魚醬的主要催化劑，其刺鼻味和腐爛的魚非常不同，比較有土質風味，也不那麼嗆。

古魚醬的傳統作法結合了自然發酵和自解。自解的過程是生物的組織或細胞被生物自行產生的酵素所分解。換言之，要製作古魚醬，你得把動物正常的消化過程用在牠自己身上。

「自解」一詞是用來描述生物自己消化自己。

所有動物的肉都含有分解蛋白的酵素，能以此進行自解。如果你想知道爲什麼你現在不會把自己消化掉，那是因爲這些酵素的量極其稀少，而且在生物健康的細胞裡面，這些酵素會被包在稱爲溶酶體的胞器中。一旦動物死亡，酵素會無差別地作用在牠的肉上。以乾式熟成的肉爲例：當一塊切下來的牛肉放在冷藏架上，裡頭蘊含的酵素就會慢慢分解結締組織和肌肉，當蛋白質斷裂成原本的組成單位胺基酸時，肉就會變得軟嫩且更加美味。

製作古魚醬，在本質上和牛肉乾式熟成是同一回事，只是更濕、更快、更激烈。古魚醬並非運用動物肉裡的酵素，而是依靠胃腸道中的酵素，濃度更高，作用也更強。古魚醬傳統作法的一道必要程序是剖開整條魚，內臟、魚身和所有的一切全部剖開。把魚和鹽放入桶子之後，原本隔離

開來的消化液（魚的胃酸和腸道酵素）就會接觸到魚肉。消化液開始對魚肉產生作用，把蛋白質分解成原本的組成單位胺基酸，脂肪分解成脂肪酸。鹽有兩個任務：加速自解，同時防止有害微生物孳生。儘管如此，鹹魚糊裡面**還是有**少數耐鹽微生物會生長，不過就像醬油中的有益微生物一樣，它們會為魚醬增添許多揮發性香氣。

酵素必須懸浮在液態介質內才能有效發揮功能，否則就無法從一個蛋白質鏈飄到另一個，然後把蛋白質鏈分解成胺基酸。鹽會透過滲透作用來釋出魚所含的水分，讓酵素能在液態環境中移動。隨著魚肉分解，鹽分更加容易析出更多水分。整個過程像滾雪球般，把固態的魚液化成魚醬。（熱也會促進酵素反應，這就告訴我們為什麼傳統上古魚醬會在地中海的豔陽下發酵。古迦太基的夏天溫度大約是 30°C，在這樣的熱度下，約 6-9 個月就能做好魚醬。）

鹽／水

古魚醬桶裡的鹽有另一個功能，就是防止腐敗。本書中已提到許多次，有很多耐鹽的壞菌可以活在微鹹的環境裡。但是，壞菌的耐鹽性有限，而古魚醬的鹽度超過它們可以生存的範圍。高鹽度溶液以兩種機制來防止腐敗，第一是剛剛提到的滲透作用，第二種特性稱為水活性，所有類型的發酵作用都仰賴這種特性。

水活性不是指成品裡頭有多少水，而是成品跟水的鍵結有多緊密。水活性以比例表示，用來衡量樣本釋放出多少水蒸氣。蒸餾水的水活性是 1，而完全乾燥的基質（例如以烤箱烤過，使水分完全蒸發的沙）水活性是 0。果乾的水活性大約是 0.6，生肉約 0.99。大部分細菌需要在水活性 0.9 以上的環境中生長，真菌則是 0.7 以上。（冷凍可以

處在含鹽的環境時，細胞中的水會
向外跑到離子濃度較高的區域，導
致細胞萎縮並死亡。

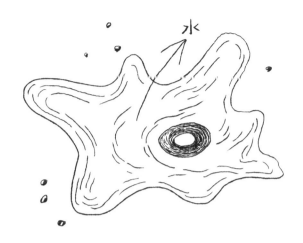

把水分子鎖在堅固的晶格中，也能有效降低水活性，因此
冷凍是保存食品的有效方法。）

當古魚醬中的鹽與一個個水分子結合，就會使水分子脫離
溶液，進而降低水活性。由於鹽離子扣押了水分子，所以
水分子無法供應微生物的生命運作所需。脫水與滲透作用
對微生物細胞的作用，和對肉或魚的作用相同。鹽會讓微
生物細胞內的水釋出，使細胞塌陷、萎縮並死亡。不只是
古魚醬，所有含鹽產品（熟成乳酪、醃漬肉類、味噌、醬
油和乳酸發酵品）也能用這個機制來防腐。

有麴會更好

古魚醬的美味大部分來自麩胺酸這種分子的風味。麩胺酸
是一種胺基酸，幾乎所有蛋白質都有。在肉類、乳酪、番
茄、海草和小麥中，游離形態（游離在外，而非蛋白質鏈
的一部分）的麩胺酸濃度特別高。古魚醬桶中分解蛋白的
酵素在分解魚或肉的蛋白質時，麩胺酸分子就會被釋放出
來，並失去一個游離的正電荷而變成麩胺酸鹽。麩胺酸鹽
與礦物離子（例如鈉離子）結合，就會形成麩胺酸鈉，也
就是味精（MSG）。

味精不僅是眾所皆知的粉狀食品添加物，也是拉麵、義式燉飯等世界知名美食的美味關鍵。舌頭並不會把味精認定成一種風味，但會認定成鮮味的感受（鮮味是 20 世紀早期日本化學家池田菊苗首創的詞，通常被視爲美味的精髓，有「第五味」之稱）。也許鮮味的最佳形容是「令人垂涎」，也就是讓人吃了還想再吃。麩胺酸鹽會引起唾液分泌的生理反應，真的會讓你垂涎。

我們打從出生就嘗過鮮味了。人類母奶所含的游離麩胺酸鹽是牛奶的十倍，哺餵母奶的過程中，嬰兒吸奶時，母奶所含的麩胺酸鹽會穩定上升，最高可占所有游離胺基酸的 50%。我們的腸道裡甚至有麩胺酸鹽的受體，在我們開始吃進富含鮮味的食物時，受體會向大腦傳遞訊號，我們的食欲會立刻上升，但是比起吃鮮味低的食物，我們會更快有飽足感，而且飽足感更持久。我們天生就認爲鮮味令人滿足，並因此追求鮮味。

古魚醬和魚露最顯著的特色就是自解和發酵所產生的強烈臭味，但這個臭味其實會迷惑人，實際上這是一種你會喜歡的臭味，而麩胺酸鹽才是古魚醬的魅力所在，讓古魚醬接觸到的一切都變得更美味。現在，假設你想要降低古魚醬的氣味，同持維持它的層次和麩胺酸成分，那可以不添加內臟，但內臟是自解的來源，所以必須透過其他工具把蛋白質分解成胺基酸。而麴，再一次幫了大忙。

麩胺酸鹽（$C_5H_8NO_4$）是帶來鮮味這種美好滋味的分子。

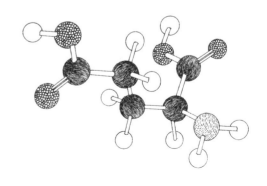

深海雪蟹與漬蛋黃
澳洲 Noma，2016

清蒸螃蟹淋上特殊蛋黃醬汁，這種
醬汁是用牛肉和袋鼠肉兩種版本的
古魚醬醃製的蛋黃所製成。

麴會製造蛋白酵素，我們在 Noma 用這個來分解牛肉、魷魚、鯖魚、蛤蜊和其他蛋白質食材。簡單來說，麴取代了魚內臟中的消化酵素，使新成品常有的鮮味不亞於以傳統方法製作的古魚醬，氣味卻好上許多。

想要加速生產古魚醬，就必須放在 60°C 中發酵。這個溫度可以抑制微生物活性，讓酵素活性達到最大程度，同時促進梅納反應，爲醬汁增添烤肉風味。在這個溫度下，通常要花 10-12 週才能讓一桶肉變成古魚醬。這幾週內，我們必須注意它的特殊變化。一開始，它嘗起來像混濁的高湯，但是幾週過後，酵素開始發揮作用，你會發現鮮味開始形成了。大約 1 個月後，焦糖化的風味會更明顯。最後，一切達到美味的和諧狀態。

把生肉和長黴的穀物一起放到鹽水中數個月，你可能會有點擔心。不過，放心吧，古魚醬是目前我們在 Noma 製作的發酵物中，最精準也最安全的一種。幾乎所有經由食物傳播的病原體都無法耐受高含鹽量（大約是重量的 12%）加上高溫的環境。

同時，我們持續嘗試解構古魚醬，並以不同的方式重建。我們已經實驗過不加水的方案，最後的成品非常濃稠，很像泰式蝦醬。我們也用過富含蛋白質的材料（比如豌豆），剛做出來的成品不錯，但無法像動物性蛋白質一樣在高溫下久放。我們也試過用非傳統的蛋白質來源，比如蜂花粉、蚱蜢、蛾的幼蟲，以及豬血。還有許多製作古魚醬的材料可以探索。有冒險精神的人可以試試鳳梨跟木瓜。這兩種水果都含有許多分解蛋白質的酵素，你或許可以變出熱帶風的古魚醬。我們在丹麥沒有很多鳳梨可以用，但這是個構想。

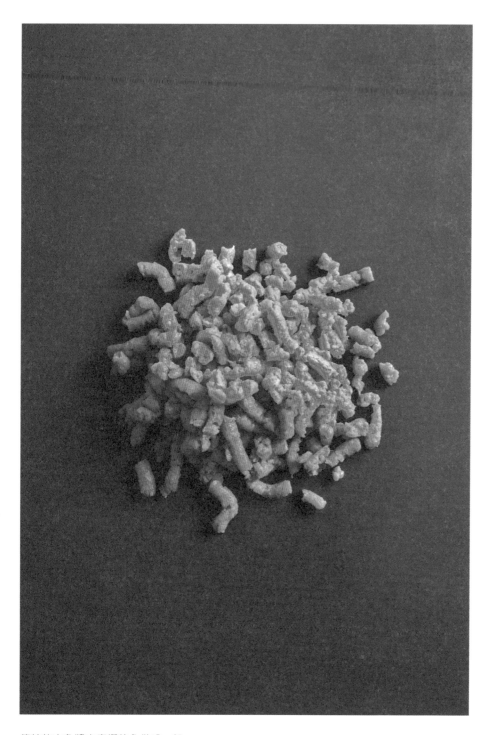

傳統的古魚醬由腐爛的魚做成，但
是我們在 Noma 一開始是用牛絞肉
製作。

牛肉版古魚醬

**製作牛肉版古魚醬
1.5 公升**

新鮮瘦牛絞肉 1 公斤
珍珠大麥麴 225 克（見 231 頁）
水 800 克
無碘鹽 240 克

牛肉版古魚醬真正在 Noma 熱門起來，大約是在我們開始供應牛肋排的時候，也就是我們開始有很多牛肉剩料。要製作任何發酵物，食材必須新鮮且未受汙染，以免有腐敗或長黴的風險，製作肉類或海鮮類發酵物的時候尤其要注意。即使你是用原本要丟掉的牛肉剩料，也要遵守這個原則。如果食材沒有新鮮到可以拿來吃，那用來發酵也會同樣不夠新鮮。就這份食譜而言，你可以自己絞碎牛肉，或請肉販幫你絞碎，但只能在製作當日絞。

最後，利用接種米麴菌的麴來發酵古魚醬，效果固然不錯（我們在餐廳就是用這個），但是在醬油章節提到的醬油麴菌（見 332 頁）更加適合。醬油麴菌產生的蛋白酵素濃度比其他菌株更高，所以分解牛肉時更有效率，也會產生較高濃度的麩胺酸鹽，當然也帶有更濃郁的鮮味。

使用器具

我們的魚醬要在 60°C 發酵，所以需要一個發酵箱（見 42 頁〈製作發酵箱〉），或者比較大的電子鍋或慢燉鍋。（想要遵循古法，可見 378 頁〈經典古魚醬〉中關於在室溫下發酵古魚醬的說明。）否則，只需要用食品級的容器

牛肉版古魚醬，第 1 天

第 7 天

第 30 天

盛裝即可。我們在餐廳製作的量比較大，所以是用 30 公升的釀酒桶，但這份配方只需要一個 3 公升的容器。玻璃罐和傳統的發酵陶甕也都很好用。

操作細節

把牛肉、麴、水和鹽置於發酵容器中，用手持式攪拌棒或戴上手套用手混和均勻。沿著容器內壁往下刮，然後用保鮮膜蓋住混合物表面。請確保保鮮膜封住液面和容器內壁，以形成氣密封膜。容器加蓋。如果是旋轉式的蓋子，旋到最緊之後再稍微鬆開；如果是扣合式，則保持一小角微開，以利氣體排出。

把容器放入發酵箱，溫度設定在 60°C。如果你是用電子鍋或慢燉鍋，就用壽司捲簾或金屬網架隔開內鍋底部和發酵容器。將電子鍋或慢燉鍋設定爲「保溫」功能。（如果你的慢燉鍋或電子鍋的內鍋容量和古魚醬混合物的總量差不多，可以不用發酵容器，直接在電子鍋的內鍋發酵。）

讓古魚醬發酵 10 週。隨著時間過去，絞肉會漂浮在頂部，液體則聚積在底部。鹽和熱應該可以防止有害微生物生長，但牛肉的油脂會開始分解成游離脂肪酸而帶來霉味，甚至還會形成油耗味。我們的對策是在第一週把蓋子和保鮮膜打開幾次，用乾淨的湯匙或湯勺盡可能撈掉油脂。攪拌混合物，然後把蓋子跟保鮮膜蓋回去。第 1 週過後，就只需要每週撈油和攪拌混合物一次。10 週過後，牛肉版古魚醬應該會呈現深褐色，並帶有烘烤、堅果的香氣，還有深沉濃郁的肉味。

第 75 天

用細網篩過濾古魚醬，盡可能榨出所有液體，但不要讓任何固體通過篩網。用鋪了濾布的篩子再一次過濾液體。可以把固體保存下來加到味噌裡，或是用來當作調味料。

如果有任何油脂浮上來，就用湯勺或湯匙撈掉。把液體裝進瓶子裡或另一個有蓋容器。古魚醬非常穩定，冷藏至少可以保存1個月，冷凍保存更長時間也沒問題，但要注意，由於古魚醬的含鹽量高，可能不會完全結凍。

1. 新鮮的瘦牛絞肉、水、麴和鹽。

2. 用手或手持式攪拌棒，在發酵容器中混和均勻。

3. 用保鮮膜和蓋子把古魚醬封起來，並放置在 60°C 的
   環境中發酵。

376

4. 第 1 週，把古魚醬中的油脂撈掉幾次，每次撈完就攪
   拌，再把液體跟容器蓋好。

5. 再發酵 9 週，期間每週撈油和攪拌一次。

6. 把古魚醬過濾好，裝到容器裡之後，加蓋冷藏或冷凍
   保存。

經典古魚醬

我們以詳細的食譜告訴你 Noma 如何製作古魚醬，但這不是唯一的製作方式。古代的迦太基人和羅馬人（還有現今東南亞大部分的製作者）是在室溫下發酵古魚醬。他們依靠的是魚內臟中分解蛋白質的酵素，而不是仰賴麴的力量。在此我們列出兩種傳統方法。

在室溫下製作牛肉版古魚醬（不使用發酵箱）：把鹽增加到 365 克（重量的 18%），以防止腐敗。置於食品級的玻璃、陶瓷或塑膠容器中，並以保鮮膜封住表面。將古魚醬發酵 8 或 9 個月，容器蓋好，但不要封到氣密狀態。經常攪拌，使牛肉均勻發酵並防止長黴。如果你看到表層有黴菌，就立刻清除。製作完成的液體呈淡紅色或琥珀色，聞起來有一點霉味和汗臭味，但嘗起來非常清爽，帶有深邃的鮮味和些微牛肉味。本章中的任何一款古魚醬都可以據此調整配方。

若不用麴來製作古魚醬，就需要取得另一種蛋白酵素。

為了避免大腸桿菌汙染，不可以用牛的內臟，而是用整尾的鯖魚、香魚或沙丁魚（帶內臟）來製作。把魚切塊，包括魚頭、魚鰭、魚肉、魚骨、內臟和其餘部分，再全部以食物調理機或果汁機打碎。加入魚的重量 12% 的鹽，在 60°C 之下發酵。若在室溫下發酵，則加 18% 的鹽。此法更接近於傳統方法，氣味會更強烈，但還是一樣好吃。

建議用途

蛋黃醬汁 Egg Yolk Sauce

在 Noma 最受歡迎的「蟹肉佐蛋黃醬汁」中，牛肉版古魚醬是主要成分之一，因此在這裡分享這個祕方再適合也不過。對我們而言，這種簡單的組合是完美的醬汁，用途極廣。把 4 顆蛋的蛋白和蛋黃分離，把蛋黃放到碗裡。（如果你對生蛋黃有疑慮，取蛋黃前可以先把蛋煮到半熟。）添加 15 克濾過的牛肉版古魚醬，用打蛋器攪打均勻，即完成蛋黃醬汁。水煮 1 棵花椰菜，然後切小朵。每份花椰菜淋上幾大匙蛋黃醬汁，然後用一點點鹽、歐芹末和大量現磨黑胡椒調味。或在烤甘藷上淋上少量奶油、蜂蜜 1 茶匙和細香蔥末，再搭配蛋黃醬汁一起端上桌，成為一道營養豐富的素食餐（主要是蔬食）。或者，也可以只把蛋黃醬汁當作牛排的佐醬，旁邊搭配一些綠色蔬菜即可。一把煮軟的綠色蔬菜和一些外酥內軟的麵包丁淋上蛋黃醬汁，就可以變成一道豐盛午餐。最後，可以試試看以蛋黃醬汁作為蘸醬，在盛夏來上一盤辛辣香脆的紅皮蘿蔔，再配上一杯香檳或啤酒吧！

蛋黃醬汁義大利麵 Pasta with Egg Yolk Sauce

蛋黃醬汁還有一種美妙的用法，就是製作快煮義大利麵。把細磨的帕爾瑪乳酪滿滿堆高 2 匙，加到蛋黃醬汁裡。把你最喜歡的義大利麵 225 克煮到彈牙程度，在義大利麵還熱騰騰時，拌入蛋黃醬汁。這時候吃正是時候，但也可以再加一些現磨的黑胡椒，或一堆切碎的番茄或新鮮羅勒。這是平日夜晚的完美晚餐，小朋友也會很愛。

漢堡、清湯與其他 Burgers, Broths, and Beyond

把肉做成漢堡排之前，添加牛肉版古魚醬1匙，可以大大提升漢堡排的滋味。（或者可以加入製作古魚醬的固體剩料，效果也很好。）其實，你應該把古魚醬想成肉味比較重的醬油。你熬過的任何高湯或濃湯，加了牛肉版古魚醬都會變得更出色。做翻炒菜餚還有各種醬汁也是如此。

牛肉版古魚醬乳化液 Beef Garum Emulsion

如同前述，固體剩料依然風味十足，不需要丟掉。把牛肉版古魚醬濾過後的固體取 250 克放入炒鍋，以中火慢慢把油熬出來。當固體焦糖化、變脆時，就會開始釋放油脂。持續煎到像培根條一樣酥脆，不用逼出全部的油，然後趁熱度還在，以果汁機高速攪打。慢慢倒入等量的中性油，就像做美乃滋一樣。混合物會乳化且變得濃稠。最後倒入檸檬汁、乳酸發酵牛肝菌汁液（見 83 頁）或黑蒜頭醋（見 206 頁），可以使乳化液的風味更加明亮。將新鮮辣根絲撒在煮熟的菜或生菜上，再淋上這款乳化液，或當作蘸醬，也很美味。

牛肉版古魚醬醃蛋黃。

這款古魚醬有著發酵的蝦帶來的刺鼻氣
味，而我們以野玫瑰的花香來彌補。

玫瑰蝦版古魚醬

製作玫瑰蝦版古魚醬
約 3 公升

新鮮且帶頭帶殼的小北方蝦 1 公斤

水 1 公斤

野玫瑰花瓣 500 克

無碘鹽 450 克

我們不使用麴，所以這份配方更接近經典古魚醬。蝦的內臟和其餘部分攪打在一起，就能讓蝦子進行自解。我們用來做這款古魚醬的蝦很小，很容易打碎。為了保持這款發酵物的玫瑰香氣，所以大部分時候也是在室溫下製作，而不是在溫熱的發酵箱進行發酵。花的香甜氣味能完美陪襯發酵蝦的腥臭味。

牛肉版古魚醬（見 373 頁）的操作細節可套用到本章所有古魚醬食譜，建議先閱讀過該食譜，再來做這款玫瑰蝦版古魚醬。

如果你沒辦法買到小北方蝦，也可以使用當地能夠買到的其他蝦種，只要確定是野生而非養殖蝦就好。

用食物調理機或果汁機把所有食材打成滑順的糊醬。把糊醬放到電子鍋或慢燉鍋的內鍋裡，加蓋，然後設定為「保溫」功能。如果你的電子鍋或慢燉鍋沒有橡膠密封條和鎖扣，就用保鮮膜把整個鍋包起來，以防水分流失。

讓混合物在電子鍋裡發酵 24 小時，然後移到另一個發酵容器中（請確保容量至少有 3 公升）。用戴上手套的手或

玫瑰蝦版古魚醬，第 1 天

第 75 天

第 7 天

者橡膠抹刀沿著容器內壁向下刮，然後直接蓋一張保鮮膜在液面上。把容器鬆鬆蓋上，至少留一點縫。讓古魚醬在室溫下發酵 2-3 個月，每週攪拌一次。這是一種臭味很重的發酵物，但卻是不討人厭的臭味，就像松露一樣令人又愛又恨。

採收時，用鋪了濾布的細網篩過濾古魚醬，把固體保存起來，可以作為調味料使用。你可以再用果汁機把固體部分打得更細，然後再用細網篩過濾一次，使質地更細緻。這款醬料可以用在你會用到泰式蝦醬的地方，比如要開始燉咖哩之前，在鍋裡炒軟芳香食材的時候可以加一點；或者加一點到米醋、醬油和辣油做成的辣蘸醬裡。

把古魚醬裝到瓶子裡或另一個有蓋容器中。古魚醬非常穩定，冷藏可以保存數個月，冷凍保存更長時間也沒有問題。但是要注意，由於古魚醬的含鹽量高，可能不會完全結凍。

建議用途

海鮮佐醬 Seafood Accompaniment

玫瑰蝦版古魚醬的最好狀態，是嘗起來就像成功收乾但有一點太鹹的帶殼海鮮清湯，可以用在你會用到魚露的地方，或是你想要增加特色但又不想要像魷魚版古魚醬那樣帶著強烈的乳酪味。我們很喜歡用這款古魚醬來搭配海鮮，再加上等量的優質橄欖油，就是最完美的組合。這款古魚醬用在生蝦、蒸蝦或燒烤蝦上都十分出色。或者，下一次你蒸蛤蜊或製作蛤蜊巧達濃湯時，每一份可以加蝦版古魚醬 1 茶匙來取代鹽。

白胡桃瓜濃湯 Butternut Squash Soup

早秋時節開始變冷時，正是白胡桃瓜的產季，世界各地的餐廳和家庭廚房開始出現白胡桃瓜濃湯。白胡桃瓜濃湯很美味，但缺乏驚喜。加了玫瑰蝦版古魚醬，可以加上一層新意，既呼應又對照出原有的風味。以蔬菜高湯或雞高湯淹過去皮、去籽並切塊的白胡桃瓜，煮至微滾。白胡桃瓜完全煮軟後，用果汁機連同高湯打成泥。果汁機仍在攪打時，以每份湯對 1 茶匙古魚醬的比例，加入古魚醬。你會馬上聞到一陣無與倫比的香氣襲來。加入一小團打發的法式酸奶油和一些萊姆皮刨絲作收尾。

用北海魷魚可以做成帶有強烈香氣
和風味的古魚醬。

魷魚版古魚醬

SQUID
GARUM

製作魷魚版古魚醬
2 公升

完整的魷魚 1 公斤，包含內臟和墨
囊，但去掉口器和細長內殼

珍珠大麥麴 225 克（見 231 頁）

水 800 克

無碘鹽 240 克

在我們的發酵計畫中，有個不斷循環的主題就是為食材剩料尋找第二春。有一陣子，我們餐廳曾經供應大型北海魷魚軟嫩的部分，於是剩下一堆內臟、觸鬚還有堅硬的魷魚尾。這款古魚醬就是我們在 Noma 用這些剩料製作的第一款古魚醬，到現在仍是發酵實驗室出產最成功的成品之一。我們只有在做這款古魚醬時會同時用上來自動物消化道的天然酵素和麴產生的酵素來分解魷魚的蛋白質，而這正是這款魚醬的獨到之處。

牛肉版古魚醬（見 373 頁）的操作細節可套用到本章所有古魚醬食譜，建議先閱讀過該食譜，再來做這款魷魚版古魚醬。

用絞肉機、食物調理機或果汁機把魷魚打成粗泥。用絞肉機最好打，但如果你沒有，可以把魷魚切成容易處理的小塊，然後用食物調理機或果汁機的瞬轉功能來間歇攪打。把打好的魷魚漿放入 3 公升的食品級發酵容器中。

接著，把珍珠大麥麴磨碎或打碎，與水和鹽一起移至發酵容器中。用乾淨湯匙攪拌食材，再用戴上手套的手或橡膠刮刀沿著容器內壁向下刮，然後直接蓋一張保鮮膜在液面

古魚醬 Garum —— CHAPTER 8   385

魷魚版古魚醬，第 1 天

第 7 天

第 75 天

上。然後把容器鬆鬆蓋上，至少留一點縫。把古魚醬放入設定在 60°C 的發酵箱，或設定爲「保溫」的電子鍋中，發酵 8-10 週，每週攪拌一次。

發酵完成時，魷魚肉應該幾乎完全分解。宜人的臭味聞起來是土地與海洋的美妙結合，而且會帶有能挑起味蕾的鹹味與鮮味。

可以用以下其中一種方法收尾：(1) 將濾布鋪在細網篩上，倒入古魚醬，然後架在碗上盛接液體 24 小時。(2) 把古魚醬打成糊漿。如果你選擇第一種方法，最後會得到兩種成品：古魚醬液體，以及固體剩料，兩者可以交替使用。固體比較適合塗在食材上，比如汆燙蘆筍，液體則很容易溶解在高湯或清湯中。

把古魚醬裝到瓶子裡或另一個有蓋容器。古魚醬非常穩定，冷藏可以保存數個月，冷凍保存更長時間也沒有問題。但是要注意，由於古魚醬的含鹽量高，可能不會完全結凍。

建議用途

尼斯洋蔥塔 Pissaladière

魷魚版古魚醬以絕佳的方式凸顯食材原本就有的魚腥味，鹹臭味也巧妙地將糖的甜味和土質味串合起來。換言之，在尼斯洋蔥塔中添加魷魚版古魚醬極爲理想——尼斯洋蔥塔是許多 Noma 主廚旅經法國時很喜歡的鄉村菜，作法是在烤得像比薩一樣的塔皮上放一層焦糖化的洋蔥，上

面佐以黑橄欖和鯷魚。洋蔥在平底鍋裡煎到快要完全焦糖化的時候，添加魷魚版古魚醬1茶匙，可以讓這道輕鬆好做的尼斯經典菜餚變得更出色。

蔬菜棒沙拉 Crudités

魷魚版古魚醬可以讓生菜搖身一變，成為完整的菜餚。可以將橄欖油、海鹽和一小撮紅辣椒片，還有非常微量的魷魚版古魚醬淋上蔬菜棒（像是羅馬花椰菜、胡蘿蔔和紅皮蘿蔔），作為帶點香臭味卻又爽口的開胃菜。

只要一點點魷魚版古魚醬就可以讓尼斯洋蔥塔中的焦糖化洋蔥變得更加濃郁。

我們製作烤雞翅版古魚醬的目標，是想要看看
如果把已經達到美味高峰的肉製品拿去發酵，
會發生什麼事。

烤雞翅版古魚醬

ROASTED CHICKEN WING GARUM

製作烤雞翅版古魚醬
約 1.5 公升

雞骨 2 公斤
雞翅 3 公斤
珍珠大麥麴 450 克（見 231 頁）
無碘鹽 480 克

烘烤會讓這款古魚醬帶有濃郁、完整的風味，因此只需要大約 1 個月的時間發酵，就可以帶出更多鮮味。不過如果發酵得像牛肉版或魷魚版古魚醬一樣久，就會失去微妙的風味和層次。

牛肉版古魚醬（見 373 頁）的操作細節可套用到本章所有古魚醬食譜，建議先閱讀過該食譜，再來做這款烤雞翅版古魚醬。

把雞骨放入大湯鍋裡，然後把水裝到剛好淹過雞骨，大約是 3 公升。將水煮滾，撈掉隨著溫度上升而浮在表面的雜質。水滾之後，把火轉小至微滾，煮 3 小時。

於此同時，把烤箱加熱到 180°C。把雞翅放在鋪有烘焙紙的烤盤上，烤 40-50 分鐘，中途翻面幾次，以確保雞翅烤成均勻的深褐色。

把雞翅從烤箱取出，放涼。秤出 2 公斤的烤雞翅，用剁刀剁成小塊。（若還有多餘的雞翅，可以當成點心吃。）

接著，用細網篩過濾雞高湯，放涼。

烤雞翅版古魚醬，第 1 天

第 7 天

第 30 天

將麴用食物調理機的瞬轉功能間歇攪打成小塊。把切好的雞翅、麴、鹽和 1.6 公斤的雞高湯置於 3 公升發酵容器中，然後攪拌均勻。用戴上手套的手或者橡膠抹刀沿著容器內壁向下刮，然後直接蓋一張保鮮膜在液面上。容器加蓋。如果是旋轉式的蓋子，旋到最緊之後再稍微鬆開；如果是扣合式，則留一點縫。把古魚醬放入設定在 60°C 的發酵箱，或設定為「保溫」的電子鍋，發酵 4 週。

第 1 週，每天用乾淨的湯匙或湯勺盡可能把油脂撈掉，然後再攪拌古魚醬並蓋好。第 1 週過後，每週撈油和攪拌一次即可。

採收時，用細網篩過濾古魚醬，然後再用鋪了濾布的篩子過濾一次。讓液體沉澱，並撈去浮在表面的油脂。

把古魚醬裝到瓶子裡或另一個有蓋容器。古魚醬非常穩定，冷藏可以保存數個月，冷凍保存更長時間也沒有問題。但是要注意，由於古魚醬的含鹽量高，可能不會完全結凍。

建議用途

拉麵湯底 Ramen Broth

第一次嘗到烤雞翅版古魚醬時，幾乎每位 Noma 大廚都喃喃唸著同一個字：拉麵。確實，這款古魚醬和美味的拉麵一樣層次深厚、肉味十足。在日式昆布柴魚高湯裡面加一些，會是極為高明的取巧方式。如果你曾經做過更正統的拉麵湯底，加一點古魚醬可以將風味提升到極致。

烘烤腰果 Roasted Cashews

將融化奶油塗在腰果（或任何你喜歡的堅果）上，然後鋪在烤盤上或放進烤箱的平底鍋上，用烤箱以160°C烘烤，直至堅果變成金黃色且散發出香味。從烤箱取出堅果，拌入幾湯匙烤雞翅版古魚醬。不要添加太多，以免液體聚積在平底鍋上。古魚醬要被堅果徹底吸收，並因熱度而蒸發。腰果不能變得濕軟，放涼之後應該還是酥脆的，且帶有美味的香鹹脆皮。

烘烤過的堅果拌上烤雞翅版古魚醬，就變成美味無比的小點心。

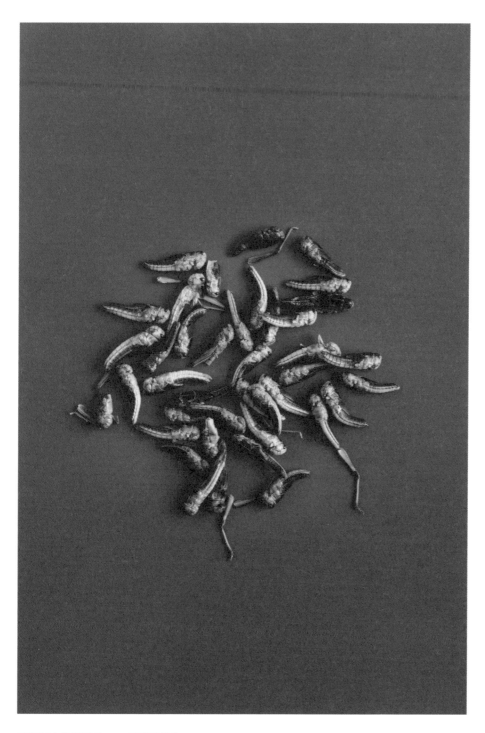

蚱蜢版古魚醬是 Noma 烹調昆蟲多
年後推出的續作。

蚱蜢版古魚醬

**製作蚱蜢版古魚醬
約 2 公升**

蚱蜢或蟋蟀 600 克（活體及死亡的
皆可）

蠟蛾幼蟲 400 克

珍珠大麥麴 225 克（見 231 頁）

水 800 克

無碘鹽 240 克

蚱蜢版古魚醬顯然是這本書中最神奇的發酵物，尤其是它可以立卽消除你對烹飪或食用昆蟲的任何心理障礙。我們在研發食譜的時候很不願意使用這款魚醬，因爲它實在太突出，幾乎搶去主角的光芒。

你可以在寵物店或向專賣食用昆蟲的公司買蚱蜢。我們使用的蠟蛾幼蟲可能比較難買到，萬一如此，你可以忽略不用，並用等重的蚱蜢來取代。成品的風味只會稍微淡一點，但還是一樣可口。（如果買不到蚱蜢，用蟋蟀也行。）

牛肉版古魚醬（見 373 頁）的操作細節可套用到本章所有古魚醬食譜，建議先閱讀過該食譜，再來做這款蚱蜢版古魚醬。

將蚱蜢和蠟蛾幼蟲打成糊醬，放到碗裡。用食物調理機的瞬轉功能將麴間歇攪打成小塊。均勻混和昆蟲、麴、水和鹽，然後把混合物放入 3 公升的發酵容器中。用戴上手套的手或者橡膠抹刀沿著容器內壁向下刮，然後直接蓋一張保鮮膜在液面上。用蓋子把容器蓋起來。如果是旋轉式的蓋子，旋到最緊之後再稍微鬆開；如果是扣合式，則留一點縫。

蚱蜢版古魚醬，第1天

第7天

把古魚醬放入設定在 60°C 的發酵箱，或設定為「保溫」的電子鍋，發酵 10 週，每週攪拌一次。當混合物嘗起來有堅果、烘烤的香氣並帶有鮮味，即製作完成。

採收時，把古魚醬打成細緻的糊醬，然後用細網篩或鼓狀篩過濾。把古魚醬裝到瓶子裡或另一個有蓋容器中。古魚醬非常穩定，冷藏可保存 1 個月，冷凍保存更長時間也沒有問題。

建議用途

蚱蜢奶油 Grasshopper Butter

把奶油 1 條退冰到室溫，然後用打蛋器和奶油重量 20% 的蚱蜢版古魚醬攪打在一起，密封放冷藏保存。你可以把蚱蜢奶油用在任何會使用一般奶油的地方：烘烤蔬菜、烤肉或烤魚，甚至是做美式煎餅的時候。說到這個⋯⋯

美味美式煎餅 Savory Pancakes

用你最喜歡的美式煎餅食譜，但不要放糖，改用蚱蜢奶油。在煎好的美式煎餅上塗一點蚱蜢奶油，對折，然後放入切碎的紅洋蔥、法式酸奶油一小團，以及優質的魚子醬或魚卵 1 匙（用魚卵時，品質比種類更重要。使用新鮮、高品質的圓鰭魚、鮭魚或鱒魚卵，會比品質一般的魚子醬更好。）再加一些新鮮細香蔥作收尾。吃的人會為之瘋狂。

第 75 天

蜂花粉是相當複雜的一種食材，風味
來自臨近蜂巢的花朵。

蜂花粉版古魚醬

**製作蜂花粉版古魚醬
約 1.5 公升**

新鮮或冷凍蜂花粉 1 公斤
珍珠大麥麴 200 克（見 231 頁）
水 300-600 克
無碘鹽 60 克

我們再次把焦點轉向價值被低估的食用昆蟲領域。就化學角度而言，蜂花粉極度複雜，含有非常多種真菌和細菌。不僅極甜，有時候還含有 50% 以上的蛋白質。花粉的組成成分和風味變化非常大，取決於蜜蜂是由什麼花朵採集到花粉。蜂花粉也比你想像中更容易取得，通常是作為營養補給品販售，可以向保健食品公司訂購（見 447 頁〈發酵資源〉）。

牛肉版古魚醬（見 373 頁）的操作細節可套用到本章所有古魚醬食譜，建議先閱讀過該食譜，再來做這款蜂花粉版古魚醬。

如果你買到的是乾燥的蜂花粉，先以果汁機將蜂花粉 700 克和水 300 克攪打成泥，這樣就和新鮮蜂花粉有相同的含水量了。

以果汁機將新鮮花粉（或花粉泥）、麴、水 300 克和鹽攪打至質地滑順，然後把混合物放入 3 公升的發酵容器中。用戴上手套的手或者橡膠抹刀沿著容器內壁向下刮，然後直接蓋一張保鮮膜在液面上。用蓋子或更多保鮮膜把整個容器緊緊包好。

蜂花粉版古魚醬，第 1 天

第 7 天

第 21 天

把古魚醬放入設定在 60°C 的發酵箱，發酵 3 週，每週攪拌一次。

花粉所含的糖使這款魚醬比其他魚醬更快速褐變和焦糖化，所以放在溫熱環境的時間不需要像其他魚醬那麼久。

採收時，把古魚醬打成細緻的糊醬，用細網篩過濾，然後裝到罐子裡或另一個有蓋容器中。古魚醬非常穩定，冷藏可保存 1 個月，冷凍保存更長時間也沒有問題。

建議用途

花粉油 Pollen Oil

我們第一次在發酵實驗室試著了解蜂花粉要如何應用時，做了一點研究，所以知道蜂花粉可以溶入油脂中。這個重要訣竅讓我們進行了更美味的實驗。以果汁機將蜂花粉版古魚醬 250 克和中性植物油 500 克（菜籽油和葡萄籽油都可以）攪打 6 分鐘，然後移至容器中冷藏過夜，使其入味。隔天，等比較重的固體沉澱到容器底部，把油緩緩倒入鋪了濾布的篩子。沉澱在容器底部的固體剩料仍然非常美味，可以留下來另作他用。這種帶有花香的深黃色油脂具有微妙的威力，在舌頭上停留越久，風味就越強烈。你可以用來取代橄欖油淋上韃靼生牛肉，或者可以和蛋黃一起乳化，做出與眾不同且出色的美乃滋。或者，單純拿來淋在烘烤過的根菜類上，比如在芹菜根或甘藷剛移出烤箱時，就淋上一點花粉油。

蜂花粉義式燉飯 Bee Pollen Risotto

我們在 Noma 做的古魚醬中，蜂花粉版古魚醬可能是唯一味道比較淡、可以加上整匙分量的。不久前，義大利 Sarmeola di Rubano 地區 Le Calandre 餐廳的米其林三星大廚阿萊默（Massimiliano Alajmo）受邀到我們餐廳擔任客座主廚，他用蜂花粉版古魚醬取代乳酪來做義式燉飯，結果我們的顧客全都為之傾倒。你在家也可以如法炮製，用洋蔥、白葡萄酒和雞高湯來烹煮經典義式燉飯，然後以每份燉飯加上約 2 湯匙的蜂花粉版古魚醬來收尾。古魚醬會讓這道菜截然不同，但仍保有些許的熟悉感。

烤番茄 Roasted Tomatoes

夏末時節番茄盛產時，可以把一籃帶有花果香的櫻桃番茄（金太陽番茄是特別引人注目的品種）放到燒熱的平底鍋裡，然後裹上橄欖油。煎拌幾秒之後，把整個平底鍋放入烤箱最上層，在熱線圈下方炙燒。烤到番茄開始冒泡、裂開並焦糖化，直到你看到平底鍋中的汁液開始變稠，大約要 10 分鐘。取出平底鍋，放入幾枝檸檬百里香，然後添加幾大匙蜂花粉版古魚醬。快速攪拌混合物，然後取出檸檬百里香，再放入幾葉紫葉羅勒作收尾。和酥脆的烤麵包一起出菜，或者撒在調味過的綠色生菜和炒雞油菌上，作為一道繽紛的夏日溫沙拉。

酵母菌版古魚醬

製作酵母菌版古魚醬
約 2.5 公升

新鮮的烘焙用酵母 300 克
營養酵母 725 克
黃豌豆味噌 250 克（見 289 頁）
珍珠大麥麴 225 克（見 231 頁）
水 1 公斤
無碘鹽 200 克

本章其他古魚醬都是用動物性蛋白質製作，但是動物不是唯一富含蛋白質的生物。酵母菌通常被我們當作發酵劑使用，但也可以自行發酵成為美味的純素古魚醬。你可以在大型雜貨店的冷藏區或網路上買到新鮮的烘焙用酵母，有時候也叫做壓縮酵母。如果你沒有我們所需要的黃豌豆味噌，可以用市售味噌取代，最好挑比較清淡的味噌，例如白味噌或花丸木牌的「媽媽味噌」。

牛肉版古魚醬（見 373 頁）的操作細節可套用到本章所有古魚醬食譜，建議先閱讀過該食譜，再來做這款酵母菌版古魚醬。

把烤箱加熱到 160°C。將捏碎的烘焙用酵母。放在鋪有烘焙紙的烤盤上，烘烤約 1 小時，直至變成深褐色且散發出堅果味和肉味，移出烤箱放涼。

酵母烤後重量會減少許多，秤出 75 克，與其餘食材一起以果汁機打約 45 秒，直至變成滑順的糊醬。移至 3 公升發酵容器中，用戴上手套的手或者橡膠抹刀沿著容器內壁向下刮，然後直接蓋一張保鮮膜在液面上。

酵母版古魚醬，第 1 天

第 7 天

第 30 天

用蓋子或更多保鮮膜把整個容器緊緊包好。把古魚醬放入設定在 60°C 的發酵箱，或設定爲「保溫」的電子鍋，發酵 4 週，每週攪拌一次。完成後，古魚醬應該帶有肉味及酸味，濃郁且富含鮮味，並呈現出炫目、閃耀的深褐色光澤。

採收時，把古魚醬打成細緻的糊醬，然後用鋪了濾布的細網篩過濾，再把濃稠的古魚醬舀到罐子或其他有蓋容器。古魚醬非常穩定，冷藏可保存數個月，冷凍保存更長時間也沒有問題。

建議用途

煙燻鷹嘴豆泥 Smoked Hummus

我們在哥本哈根克里斯欽自由城社區的郊區安排 Noma 第二次重新開張時，在市中心的運河旁舉行了一系列快閃晚宴。我們的黎巴嫩領班塔雷克・阿拉邁丁（Tarek Alameddine）做出這款令人驚豔的鷹嘴豆泥，讓客人坐在酒吧時當點心吃。首先，用乾草（一般煙燻木屑也可以）來冷燻鷹嘴豆約 1 小時。接下來是可以輕鬆上手的鷹嘴豆泥食譜：用果汁機把煙燻鷹嘴豆 500 克、塔希尼芝麻醬 75 克、酵母菌版古魚醬 75 克、蒜頭 1 瓣和大量橄欖油打在一起。讓機器運轉整整 5 分鐘，直至鷹嘴豆泥完全滑順。添加檸檬 1 顆的汁液和刨絲的皮作收尾。

9.

黑化水果和蔬菜
Black Fruits and Vegetables

—

真正的慢煮 ————

黑化蔬果成為西方菜式的一部分才 20 年左右。我們第一次在 Noma 嘗到黑蒜頭（經典的黑化蔬菜）大概是 15 年前，但最近才開始實驗黑化其他水果、蔬菜和堅果。

在此先釐清，黑化並不是發酵。黑化大部分是酵素在作用，發酵則是全部依靠酵素作用，但並非所有酵素作用都是發酵作用。由於黑化和微生物發酵有相同的轉化魔力，而且在我們的食材櫃裡，黑化成品和發酵成品所占的空間不分軒輊，所以我們還是認為黑化食材應該在這本書中占有一席之地。

黑化的實際過程值得我們一探究竟。蔬菜會因此慢慢成熟，強烈的風味變得甘醇，堅硬的質地最後變得像補土一般柔韌有延展性。以黑蒜頭為例，它與許多發酵物一樣，品質參差不齊，有些嘗起來太生，並不怎麼美味，但是最好的黑蒜頭成品就像是大人的完美糖果，帶有甜味而質地強韌且富有層次。

要製作黑蒜頭，只需要把整顆蒜頭放入密封容器，保持在 60°C 環境下 6-8 週。這就是整個程序，至少在最廣義的層面上是如此。

黑化並不是一種發酵過程，原因在於溫度。我們用來進行發酵的黴菌和細菌無法在 60°C 的環境中存活。由於缺乏微生物活動，黑化的過程就只剩下化學作用。

也許黑化最簡單的解釋就是非常慢、非常深色的褐變。許多讀者可能很熟悉梅納反應，這是脆皮牛排、褐化洋蔥、吐司、咖啡和無數重要菜餚的關鍵。梅納反應是黑化蔬果發生褐變的其中一種形式。

半生熟蛋佐黑蒜頭，Noma，2012

將黑蒜頭、發酵蜂蜜、豌豆和麴混和而成的醬塗在碗中，盛裝金蓮花葉佐半生熟蛋。

此外還有焦糖化，焦糖化是指糖的熱解。在缺乏氧氣的環境下加熱有機化合物，使之因溫度升高而分解，就是熱解。焦糖化會產生許多易揮發的風味和香氣，也有各種我們會聯想到美食的漂亮色澤。

我們已經相當習慣在高溫之下（通常是 170°C 以上）短時間內就會發生梅納反應、熱解和焦糖化。但是，如果你有耐心，這些反應並不盡然需要高溫。黑化的重點是把這個過程拉長到幾週。其實物體的溫度指的是成千上萬個分子以各種速度移動的平均值，所以這是有可能達成的事。把一瓣蒜頭維持在 60°C，其中 99.9999% 的分子可能會移動得太緩慢，而無法激發熱解或梅納反應。但是在偶然之間，**成千上萬**個分子中可能會有一個移動得夠快，並激發其中一種化學反應。由此開始，這些個別、寥寥無幾的反應就如瀑布般一連串啟動。

熱解會把較大的糖分解成較小的單元，使更多分子能自由移動，參與進一步的反應。在幾週時間內，少數而不可逆的化學反應所造成的產物逐漸累積，使黑蒜頭隱約帶有甜味。事實上，這個溫度若維持得夠久，蒜頭最終仍會燃燒。

熱解、焦糖化和梅納反應都是非酵素性褐變反應。另一方面，蔬果成熟及隨著時間熟成所發生的則是酵素性褐變反應。多酚氧化酵素在植物生長時對其健康相當重要，不過，一旦葉肉或果肉接觸到氧氣，酵素就會開始改變植物組織中的酚類化合物並產生黑色素，這就是水果轉為褐色的原因。（酚類化合物擁有相當多成員，有些會讓許多植物的果肉及果皮帶有顏色，有些也是植物風味和香氣的重要來源。）由於黑色素有抗菌的特性，健康的植物碰傷或創傷的部位產生黑色素可以防止感染。黑化過程會使蔬果的顏色變得更深。

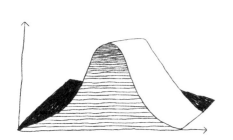

溫度是無數分子以各種速度移動的平均動能。

製作黑化水果時，酵素性和非酵素性反應會同時發生。我們仍然還不清楚最初究竟是誰先結合這幾種反應使食物黑化，許多跡象指向發酵文化名聞遐邇的韓國——數個世紀以前韓國人就會在炎熱的夏季把整顆蒜頭放在陶罐裡熟成。關於黑化蔬果的現代史，我們在 2004 年再次將目光投向韓國。黑蒜頭在當代的流行歸功於史考特·金（Scott Kim），他發明了一種簡單的方法，使用可以控制溫濕度的熟成箱來製造黑蒜頭。我們在 Noma 就是用這種方法來打造環境，引發一連串緩慢的化學反應，使平凡的食材在數週或數個月內完全轉變。

氧化還原

我們在醋的章節（見 157 頁）提到現代化學之父拉瓦謝發現燃燒一定要有氧氣作為反應物。實際上，他不是第一個發表氧分子分離研究的人。英國化學家普利斯特里（Joseph Priestly）是拉瓦謝的合作夥伴，其實是他發現了氧氣。普利斯特里把氧化汞這種金屬化合物加熱之後，觀察到燒瓶中的空氣更容易燃燒，而氧化汞本身的重量則變輕了。普利斯特里所看到的就是還原反應。加熱之後，氧化汞的兩個組成元素就會分離，釋放出氧氣並使空氣更易燃。

在分子層面所發生的事是一種交換：當汞和氧結合在一起變成氧化汞時，兩個汞原子各給氧一個電子。化合物分解時，這個過程會逆向進行。電子回歸原主，氣態的氧則釋放到空氣中。科學家一開始認為這類反應只和氧氣有關，因此，直到今天，分子或原子被奪走電子的作用就稱為「氧化」。在普利斯特里的實驗中，汞被「氧化」並且使氧氣還原。這種雙向化學反應稱為「氧化還原」反應。氧化還原反應大多牽涉到氧氣，但還有許多種化合物也可以產生氧化還原反應。無論如何，我們必須知道氧化還原反

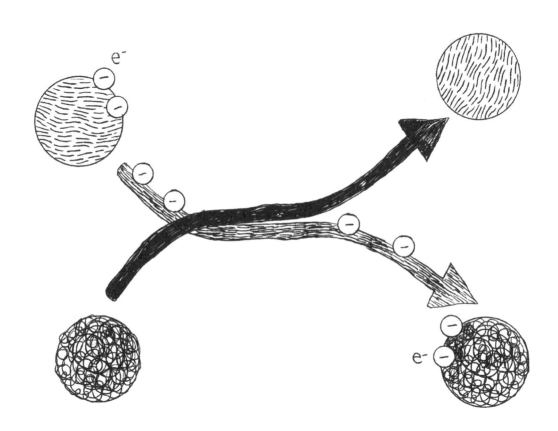

法國醫師梅納首先發現了褐變的祕密。梅納反應是還原糖（澱粉的組成成分）和胺基酸（蛋白質的組成成分）所發生的氧化還原反應。

應是一種雙向的反應。發生氧化反應的同時，必定發生還原反應，反之亦然。當你得知某種東西氧化了，就可以確定一定有另一種東西還原了。

梅納反應是一種氧化還原反應，最常出現在高溫烹調中。在 20 世紀早期，年輕的法國醫師梅納（Louis Camille Maillard）在巴黎大學發現了這個化學過程，故此反應以他為名。

如同先前所述，除了氧之外，還有許多元素和化合物也能參與氧化還原反應，包括胺基酸。加熱食物時，果糖、葡萄糖或在澱粉裡鍵結的醣類會與游離胺基酸或在蛋白質鏈中鍵結的胺基酸發生氧化還原反應。此反應會生成極度不穩定的中間產物，然後以各種方式進一步分解，產生帶來風味的化合物，褐變食物的色澤與美味即源於此。麵包的硬皮、干貝煎上色的表層、褐化奶油，全都是梅納反應的產物。（雖然這個知識不一定派得上用場，但我們要告訴你，椒鹽蝴蝶餅在烘烤前會浸入稀鹼液中，從椒鹽蝴蝶餅的外皮就可觀察到鹼性環境會加速梅納反應。）有不同的胺基酸，就會產生不同的風味。人工香料即是食品工業透過選擇特定胺基酸進行氧化還原反應做出來的。

梨子佐烘烤海帶冰淇淋
Noma，2018

用果汁機將黑梨子打成糊，並乾燥製成水果泥乾皮，然後倒模做出仿真淡菜殼，再填入海帶冰淇淋和甘草內餡。

大部分梅納反應發生在溫度超過 115°C 時，此時有足夠的動能使反應物互動。無論你加了多少熱能，都會被水吸收掉，所以在水被煮乾之前，含水混合物的溫度很難升高到水沸點（100°C）以上。因此，在含水的環境中，必須花更長時間才會發生梅納反應。（除了溫度的影響，水也會抑制梅納反應某些產物的生成。）但是如同本章前文和味噌章節（見 269 頁）所提及，即使是在低溫且潮濕的環境下，只要時間夠久，就會發生梅納反應。

這可能牽涉到很多化學，但烹飪**就是**化學。你每次烤肉、烤蛋糕或醃火腿時，就是在進行許多化學反應。褐變（及黑化）食物當然都與化學有關。梅納反應只是容器中發生的其中一種化學反應而已。如同以往，掌握科學知識可以幫助你日後進行調整或改良。

進行自己的 —— 黑化實驗

老實說，我們還在學習要如何在 Noma 把黑化蔬果運用得淋漓盡致。對於透過黑化做出各種成品，我們才接觸到皮毛而已。但是到目前為止，我們製作成功的成品都很令人振奮。比如說，黑化蘋果就很令人驚艷，尤其是經過乾燥之後。蘋果黑化過程中濾出來的果汁更是美味，可以直接喝，也可發酵成黑蘋果酒。我們在 Noma 餐廳供應的第一道開胃餐點，是用前一年的黑蘋果醬醃製的新鮮蘋果，著實凸顯了黑化水果和新鮮水果的對比。

我們仍不清楚還有哪些食材適合黑化，但這正是探索的美妙之處。在這個尚待深入鑽研的領域，提攜我們最多的是哥本哈根 Amass 餐廳的奧蘭多（Matt Orlando）。他做過很多關於黑化的實驗，在這個領域遙遙領先，給了我們這些追隨者許多啟發。

當然，這座星球上還有數不清的食材還未被黑化過，等著你來嘗試。我們在發酵實驗室黑化過很多種蔬果，包括甘藍（不怎麼好吃）、玉米（還行）和栗子（極美味）。反覆的試驗和失敗把我們帶到一組參數面前，這些參數似乎決定了某種蔬果是否適合拿來黑化。黑蒜頭是最典型的黑化蔬菜，確實適合用來闡明這個主題。以下每個因素都說明了為何蒜頭特別適合黑化，還有對於想要進行黑化的食材，你應該注意什麼。

含水量和保水性

水分對於蔬果的酵素性褐變非常重要，所以脫水是相當有效的防腐方法。如果食材太乾，就沒辦法黑化。蒜頭不是特別濕的食材，但是保留水分的能力極佳。多層外皮可以有效防止水分快速流失，且蒜頭雖然從來不會完全乾掉，但乾燥程度又足以促使梅納反應發生。

含有大量水分的蔬果能夠黑化，但是你會面臨到不同的問題：大部分狀況下，水果果皮比較薄（例如蘋果和梨子），水分很快就消耗殆盡，使得果肉崩解。而且早在形成任何誘人的風味之前，水果就已經解體。想減輕這個狀況，請見黑蘋果（見 425 頁）的製作說明。不過像蒜頭這樣的食材，天生就有剛好的含水量，而且可以抵擋水分流失，最後的成品不僅風味萬千，還能保持外形完整。

412

糖含量

如果你曾經用刀面壓碎蒜瓣，就不會對黏糊的蒜泥感到陌生。因為蒜頭像蔥類家族的其他成員一樣，儲存了大量的糖分，所以有黏性。蒜頭有刺鼻的氣味，所以你可能想不到生蒜頭是甜的，然而蒜頭所含的大量糖分正是黑化過程中緩慢的梅納反應和焦糖化所不可或缺的。缺乏糖分的食材經過熱處理之後，嘗起來很恐怖（例如大頭菜，我們曾以為它有潛力做成黑化蔬菜）。如果沒有梅納反應創造出主要的和諧風味，黑化食材會因為熱解產生不順口的辛味，同時又缺乏甜味調和。

刺鼻味

黑化食材嘗起來都不一樣。有時這是好事，但多數是長時間的熱度減弱或破壞了細微、易揮發的香氣。長達 2 個月的熱度洗禮會讓生蒜頭的刺鼻味產生變化，但還是聞得出來。黑皮婆羅門參根的美妙滋味在黑化之後則會消失殆盡。黑皮婆羅門參根部的含水量夠、皮夠厚、甜度夠高，但是黑化的黑皮婆羅門參雖然好吃卻缺乏特色。和其他根莖類相比，黑化的黑皮婆羅門參味道不夠鮮明。生食材的風味越強烈，成品就越吸引人。

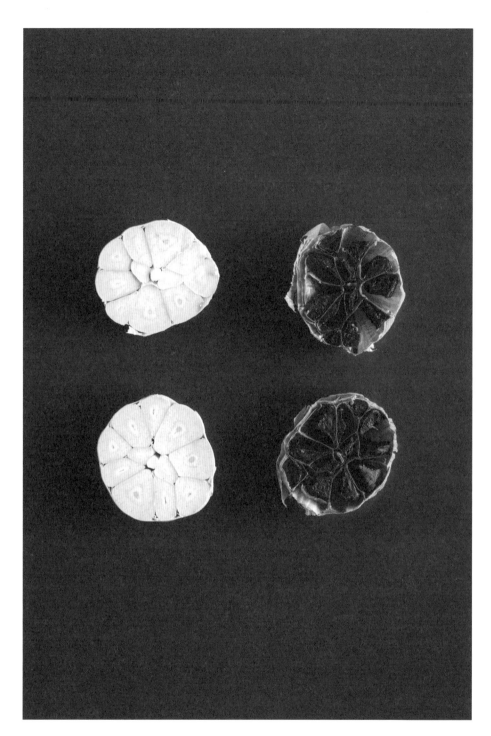

過去幾十年來，香甜刺鼻的黑蒜頭
在西方廚房中越來越流行及普遍。

黑蒜頭

製作黑蒜頭 10 球

非常新鮮的蒜頭 10 球

黑蒜頭是這本書中最容易製作的食譜之一。雖然過程中最好查看一下進度，但整個流程會自己進行，你不需要做太多事。最大的挑戰是找尋或製作一個可以維持 60°C 數週的發酵箱，如此才能激化出美味的黑化蔬果所不可或缺的所有化學反應（氧化還原反應、梅納反應、酵素性褐變、熱解作用等等），除此之外別無他法。

使用器具

緩慢傳導且恆定的熱度是讓蒜頭黑化的關鍵。餐廳的保溫櫃就很適合，也可以使用自製的發酵箱（見 42 頁〈製作發酵箱〉和 211 頁〈米麴〉一章中的說明）。不過，最簡單的方法是用電子鍋或慢燉鍋。設定「保溫」就差不多可以保持在 60°C。雖然不是百分之百精準，但是應該足以讓小量食材黑化。然而，並非所有電子鍋都可長時間保溫，所以請先確認你的電子鍋「沒有」自動關機的功能。

操作細節

把你的發酵箱設定成 60°C，而且要維持這個溫度數週。如果你用的是電子鍋，請注意許多電子鍋的加熱元件會直

黑蒜頭，第 1 天

第 7 天

接接觸金屬內鍋，這樣會把蒜頭燒焦，所以要在內鍋裡面放一個金屬網架、盤子或竹墊隔開。

使用新鮮採收的蒜頭。新鮮蒜頭不僅含有足以進行黑化的水分，又沒有硫的風味。不要使用已經冒出綠芽的蒜頭。此外，新生蒜頭的外皮非常薄，所以要選蒜瓣發育完全的。避免使用中國工廠化生產的白蒜頭，這種蒜頭很嗆，硫的味道很重，而且甜度極低。象蒜（Elephant garlic）的風味太淡，也不適合黑化。

把帶有塵土的蒜皮剝掉，然後仔細檢查整球蒜頭，盡可能確保蒜皮之間沒有長黴。如果有，就再剝掉更多蒜皮。接著，為了保留水分，必須把蒜頭包起來。工廠是在可調節濕度的密閉空間製作黑蒜頭，而少量製作黑蒜頭時，只要重疊 2 大張鋁箔紙把整球蒜頭包起來即可。請確保蒜頭呈單層排列（如果是在發酵箱裡製作黑蒜頭，請把鋁箔紙包好的整球蒜頭放到大型氣密容器中，如大型夾鏈袋或扣合式塑膠容器。）或者，也可以用真空密封機把整球蒜頭密封在真空袋裡，吸力要設定在 50%，以免蒜莖把袋子刺破。或者用兩層耐重夾鏈袋來裝蒜頭，並盡可能排出所有空氣。

把包好的蒜頭放入發酵箱後關好，或放入電子鍋裡，把蓋子封好。如果你的電子鍋有橡膠密封條跟鎖扣，就可以保持水分不散失。如果沒有，請盡可能用其他方法把電子鍋封好。用保鮮膜把電子鍋的頂端整個包起來，雖不美觀，但很有效。把電子鍋設定為「保溫」功能，就可以放著了。

1 週後，檢查一下蒜頭，評估進度。外層的蒜皮應該開始變成黃褐色，而且會因為吸收了蒜瓣的水氣而略微潮濕。如果一切進行順利而且蒜頭沒有變得太乾，那就繼續進

行。如果蒜頭底部已經開始燒焦，或者變得非常乾，很遺憾，你必須從頭來過。

要形成足夠風味，總共需要大約 6-8 週。製作完成時，蒜瓣應該呈黑色，稍微皺縮且脫離蒜皮，摸起來有點黏，而且用手指很容易壓扁。黑蒜頭的風味既甜且帶土質味，並且有淡淡的果香，令人想起烘烤蒜頭。

把整球黑蒜頭放在流理檯上，於室溫下靜置1天，讓殘餘的水氣散發，然後用袋子或有蓋容器盛裝，放冷藏或冷凍保存。黑蒜頭的水氣和酸鹼值都比新鮮蒜頭低，但不適合存放在食物櫃，必須冷藏或冷凍。冷藏可保存1週，冷凍可保存更久。

第 30 天

第 60 天

1.　把蒜頭放入真空袋，然後真空密封。

2.　或者，用兩層鋁箔紙把蒜頭包起來。

3.　蒜頭已經準備好進行黑化。

4. 把蒜頭放入電子鍋或發酵箱中。

5. 把發酵箱蓋好,並設定在 60°C,或把電子鍋密封起來,並設定為「保溫」功能。

6. 蒜頭黑化需要 6-8 週。

建議用途

黑蒜頭冰淇淋 Black Garlic Ice Cream

黑蒜頭可以用在菜單裡的任何一道菜餚上，從前菜到甜點都可以。購買或製作優質的香莢蘭或巧克力冰淇淋，然後每份分別拌入黑蒜頭碎末1匙。添加幾滴橄欖油，也可以讓巧克力冰淇淋變得更美味。

黑蒜皮清湯 Black Garlic Skin Broth

把黑蒜頭的所有蒜仁用掉之後，別丟掉蒜皮。把蒜皮留下來，在燉湯的最後1小時加1把到雞清湯或任何種類的清湯中，可以增加風味的豐厚度、深度以及美味的果香。事實上，如果你打算添加黑蒜皮到清湯裡，甚至一開始就不需要添加其他蔬菜。黑蒜皮富含風味，本身就足以襯托雞肉清湯。我們在 Noma 很喜歡用黑蒜皮做員工餐，尤其是早餐，淋上幾滴辣油，可能再配點飯或麵。

黑蒜頭醬 Black Garlic Paste

黑蒜頭去皮後用研杵和研缽搗碎，添加一些水或油直到變成濃稠的糊醬，用途非常廣。首先，黑蒜頭醬可以當作切片硬乳酪的完美佐醬，就像榲桲醬。（如果你覺得黑蒜頭醬有點不夠甜，可以加1滴蜂蜜。）將等量黑蒜頭和普羅旺斯橄欖酸豆鯷魚醬混和起來，就是一道美味配料，可加在以大量橄欖油烤到外酥內軟的厚片麵包上。最後，以黑蒜頭製成青醬（大約每份加1茶匙）用來搭配義大利麵絕對不會讓你失望。

用研杵和研缽搗碎黑蒜頭，拌入冰淇淋
中，是出乎意料格外對味的組合。

優質蘋果的酸味與黑化產生的深層
甜味形成令人愉快的對比。

黑蘋果

製作黑蘋果 10 顆

蘋果 10 顆

蘋果一接觸到濕熱就很容易解體,如果我們以製作黑蒜頭的程序來處理蘋果,就會遇到這個問題。權宜之計是小心地讓蘋果黑化,之後再以食物乾燥機烘乾水分。這個方法用來處理梨子、榅桲和其他梨果類水果也有很好的效果。黑化的蘋果會產生深層的風味、甜味,還有像太妃糖一樣的嚼感。

黑蒜頭(見 417 頁)的操作細節可套用到本章所有黑化蔬果和堅果食譜,縱使此款作法略有不同,但建議先讀過該食譜,再來做這款黑蘋果。

把蘋果削皮,然後整齊排列在大型真空袋裡,不要互相接觸。你必須把蘋果平放在發酵箱裡,如果發酵箱不夠大,就拿掉幾顆蘋果。用真空密封機的最大吸力把袋子密封起來。你也可以用大型夾鏈袋,把所有蘋果放進去之後,慢慢地將袋子浸到一缸水裡,直到距離袋口幾公分時停止(可能需要由袋子底部向下拉,以抵抗水果的浮力)。水的壓力會把空氣排出來。最後密封袋口,就可以達到雖不完美但有效的真空狀態。

黑蘋果，第 1 天

第 7 天

第 60 天

把蘋果放入發酵箱中。如果你是用電子鍋或慢燉鍋，記得用盤子、金屬網架或竹墊隔開，不要直接接觸底部。把發酵箱關好，並設定在 60°C，或把電子鍋完全密封，並設定爲「保溫」功能。

頭幾天，蘋果會稍微變成淺褐色，然後開始滲出果汁，果汁會聚積在袋子底部。這時候你能做的就是不要管。幾週過後，果肉會開始分解，即使輕輕磕碰也會破壞蘋果的結構。靜置 8 週，屆時蘋果會徹底黑化。

此時蘋果非常脆弱，所以請小心地把袋子從發酵箱裡取出，並剪開袋口，把果汁倒出來保存。用湯匙或抹刀把蘋果放到食物乾燥機的托盤或鋪了烘焙紙的烤盤上。以 40°C 或非常低的溫度烘乾蘋果。要 24-36 小時才能乾燥到適當程度。過程中，翻轉蘋果幾次，使其均勻乾燥。當蘋果的質地嚼起來像太妃糖一樣，就表示完成了。黑蘋果乾燥後，放在有蓋容器裡，冷藏可保存 1 週，冷凍可保存更久。

黑蘋果乾沾巧克力。

黑蘋果可以為白蘭地增添風味
（同時本身也會吸收一些白蘭
地的風味）。

建議用途

黑蘋果泥乾皮 Black Apple Leather

就像杏桃乾一樣，黑蘋果乾的質地就像耐嚼的太妃糖。蘋果乾燥後，本身就是可口的點心。你可以把整顆蘋果放在食物乾燥機裡乾燥幾天，但如果想加速完成而且不介意破壞蘋果的形狀，可以把黑蘋果打成泥，然後將果泥塗在不沾墊上，厚度約 0.3 公分，再乾燥成片狀。可以用墨西哥享用水果的方式來品嘗：擠一點萊姆汁或檸檬汁在耐嚼的黑蘋果（或黑蘋果泥乾皮）上，並撒上辣椒鹽。

巧克力裹黑蘋果 Chocolate-Covered Black Apples

避開果核，把蘋果乾切片（如果你是用比較小的蘋果，就保持整顆不要切）。把優質巧克力（至少含 70% 可可）調溫，然後將蘋果片沾裹上巧克力，放在架子或烘焙紙上冷卻，讓巧克力外衣凝固變脆，並和內部濃郁、滑潤的蘋果形成對比。

白蘭地黑蘋果 Brandied Black Apples

只要事先計畫好，這會是一份有趣的禮物。把整顆或剖半的黑蘋果放入玻璃罐，然後倒入優質的白蘭地或蘋果白蘭地（Calvados），淹過黑蘋果。密封後存放在陰涼處，放越久，味道就越好。有時候我們餐廳會把黑蘋果泡在酒裡 2 年之久。一旦酒精變甜、變濃稠，水果變軟又含有酒精，就是端出香莢蘭冰淇淋的時候了。

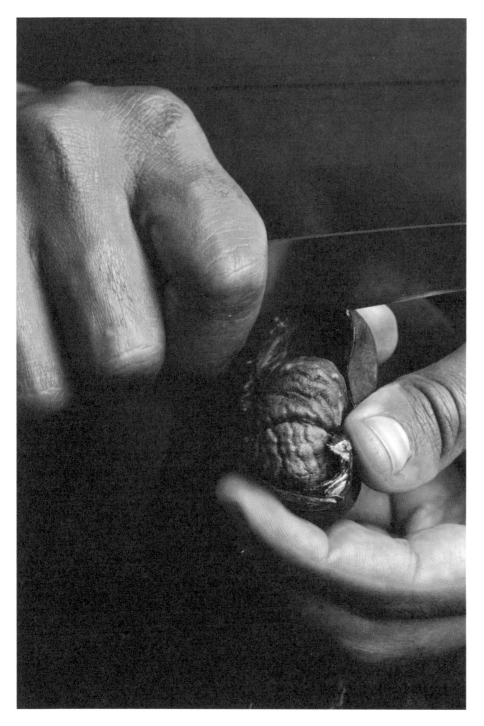

取得早秋時節的新鮮栗子，讓它們
透過黑化變身。

黑栗子

製作黑栗子 1 公斤

帶殼新鮮栗子 1 公斤

栗子在早秋時節最爲新鮮、香甜。栗子含有足夠的水分，雖然有外殼可以防止水分散失，但還是應該用鋁箔紙或保鮮膜包起來，以保留更多水分。我們在 Noma 發現栗子還沒有完全黑化時，味道更引人入勝。溫度維持在60°C，大約 4 週時，栗子會熟到最理想的程度。此時栗子的風味類似葡萄醪，且帶有李子和果乾的香調。原本可能會讓你聯想到粉筆的生栗子，現在轉變成有點爽脆的肉類質地。第 4 週過後，開始出現很濃的焦糖味，但整體風味會變得有點單調。

黑蒜頭（見 417 頁）的操作細節可套用到本章所有黑化蔬果和堅果食譜，建議先讀過該食譜，再來做這款黑栗子。

把栗子單層排列在眞空袋裡。由於你必須把栗子平放在發酵箱裡，如果發酵箱不夠大，就拿掉幾顆栗子。用眞空密封機的最大吸力把袋子密封起來。你也可以用大型夾鏈袋，把所有栗子放進去，慢慢地將整袋浸到一大缸水裡，直到距離袋口幾公分時停止，把所有空氣排出來（可能需要由袋子底部向下拉，以抵抗栗子的浮力）。水的壓力會把空氣排出來。最後密封袋口，就可以達到雖不完美但有效果的眞空狀態。

黑栗子，第 1 天

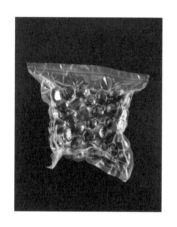

第 14 天

第 30 天

把栗子放到發酵箱中。如果你用電子鍋或慢燉鍋，記得用盤子、金屬網架或竹墊隔開，不要直接接觸底部。把發酵箱關好，並設定在 60°C；或把電子鍋完全密封，並設定爲「保溫」功能。

把栗子放在發酵箱或電子鍋裡 4 週。剝開一顆試吃，再決定是否要再黑化久一點。黑化到你喜歡的程度，先不要剝殼，使用前再剝。把栗子放入密封容器。如果你打算在 1 週內使用就冷藏，也可以冷凍保存更久。

建議用途

義大利麵餃 Stuffed Pasta

只要非常細微的調整，就可以讓黑栗子變成令人驚豔的義大利麵餃餡料。先把剝殼黑栗子 350 克切成薄片。用中型平底深鍋加熱奶油 100 克，直到開始冒泡，把黑栗子放入煎幾分鐘，再倒入優質雞高湯 250 克，覆蓋一張圓形烘焙紙在湯面，保持微滾，煮到栗子夠軟。此時，以果汁機將整鍋湯料打成細緻滑順的泥狀（視果汁機的狀態加一點水幫助刀片旋轉）。用鹽和肉豆蔻乾皮或肉豆蔻調味後，把栗子泥擠到新鮮義式麵皮上，做成你喜歡的形狀：小帽子麵餃（cappelletti）、agnolotti 麵餃、小圓麵餃（tortellini）或方麵餃（ravioli）。如果要讓人耳目一新，麵餃煮好後，可淋上乳酸麴奶油醬汁（見 261 頁）。

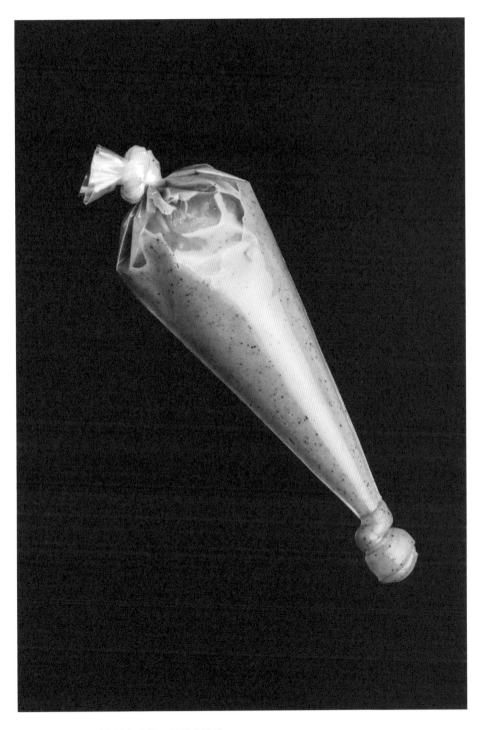

把黑栗子加一些雞高湯打成泥，就變成濃郁
又微妙的義大利麵餃餡料。

新鮮榛果經過長時間的熱處理，會帶
出溫暖的巧克力風味。

黑榛果

製作黑榛果 1 公斤

帶殼新鮮榛果 1 公斤

新鮮榛果（也叫做榛子或榛實，取決於品種或地區）最早在 7 月左右可以開始採收，但 8 月或 9 月才是真正的產季。不過要注意，帶殼的榛果未必新鮮——事實上，不新鮮的可能性很高。在北半球，榛果從樹上掉落才被採收，送到消費者手中之前，通常存放在地下室。榛果會因此完全乾掉，以至於沒有足夠的水分進行黑化。直接從樹上採收的榛果，果肉既白又嫩，有點脆。榛果的新鮮度和成熟度是製作優質黑榛果的重點，我們應該找成熟的榛果不要太生。你可能需要找到熱心的種植者，或者碰碰運氣，看能不能在小農市集找到想要的榛果。

黑蒜頭（見 417 頁）的操作細節可套用到本章所有黑化蔬果和堅果食譜，建議先讀過該食譜，再來做這款黑榛果。

把榛果單層排列在真空袋裡。由於你必須把榛果平放在發酵箱裡，如果發酵箱不夠大，就拿掉幾顆榛果。用真空密封機的最大吸力把袋子密封起來。你也可以用大型夾鏈袋，把所有榛果放進去，慢慢地將整袋浸到一大缸水裡，直到距離袋口幾公分時停止（可能需要由袋子底部向下拉，以抵抗榛果的浮力）。水的壓力會把空氣排出來。密封袋口，就可以達到雖不完美但有效果的真空狀態。

黑榛果，第 1 天

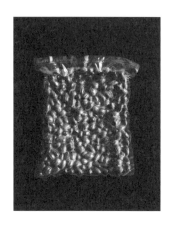

第 7 天

第 30 天

放入發酵箱時，榛果的尖端無論朝向哪一面，都可能會刺穿真空袋，所以最好用兩層真空袋。

把榛果放入發酵箱。如果你用電子鍋或慢燉鍋，記得用盤子、金屬網架或竹墊隔開，不要直接接觸底部。把發酵箱關好，並設定在 60°C；或把電子鍋完全密封，並設定為「保溫」功能。

把榛果放在發酵箱或電子鍋裡 4-6 週，過程中榛果會有點縮水。剝開一顆看看狀況，榛果應該呈現深金色至深褐色，味道會非常好，像是加了 1 匙 Nutella 榛果醬的熱巧克力。質地雖然不如新鮮時那麼爽脆，但會有宜人的嚼勁。黑榛果可以馬上使用，或密封冷凍，才不會因為乾掉而走味。

建議用途

香煎格勒諾布爾真鰈 Sole à la Grenobloise

黑榛果嘗起來就像熱巧克力一樣可口，而且甜味和深度的烘烤風味在入菜後格外耐人尋味。黑榛果和香煎格勒諾布爾真鰈這類菜餚出奇相配。首先把黑榛果去殼剝成碎粒，大約需要 30 克。把剝好皮的真鰈魚片沾上麵粉，用熱鍋以大量橄欖油煎至金黃色，每面大約煎 90 秒。煎魚的同時，把奶油 30 克放到小型醬汁鍋裡，等奶油滋滋作響並褐化後，放入黑榛果，拌炒至散發香氣，接著添加切碎的酸豆 30 克、歐芹末 10 克和 1 顆檸檬的汁液，然後平晃鍋子，製成速成醬汁。把格勒諾布爾堅果醬汁淋到煎成褐色的真鰈魚片上，然後立即出菜。

黑榛果奶 Black Hazelnut Milk

堅果奶這種飲品日益風行，用黑榛果可以做出特別迷人的堅果奶。黑榛果1把，去殼，以兩倍重量的水浸泡，冷藏過夜。隔天，用果汁機攪打約3分鐘，直至質地滑順。用鋪了幾層濾布的錐形篩或篩子過濾，盡可能用勺子擠壓榛果渣，榨出所有汁液。接著，用黑榛果奶做成熱巧克力，或用榛果奶取代水或牛奶做成瓦倫西亞油莎草漿（horchata），若要做成香煎扇貝的醬汁，就再添加榛果油1匙。

把黑榛果和水打成泥，然後用篩子濾出黑榛果奶。

把紅蔥黑化之前，用蠟封起來，可以
鎖住水氣又能帶入甜美的蜂蜜風味。

蠟封黑紅蔥

WAXED
BLACK
SHALLOTS

製作蠟封黑紅蔥 1 公斤

蜂蠟 500 克
新鮮紅蔥 1 公斤

我們已經讀過如何用密封袋和鋁箔紙做黑化，但方法不只這兩種。體積小的食材（例如堅果）適合用保鮮膜，但是體積比較大的食材（例如紅蔥）可以用蠟封，這種有趣的方法可以讓最終的黑化成品帶有蜂蠟的風味。請購買有機食品級的蜂蠟（可上網購買）。

黑化的理想溫度（60°C）和（用來包裹紅蔥的）蜂蠟熔點（64°C）極為相近，而溫度是黑化紅蔥可口與否的關鍵。把電子鍋設定為「保溫」功能可能不夠精確，無法排除風險。因此，你需要溫度控制更加精準的發酵箱（見42 頁〈製作發酵箱〉）。

以非常小的鍋子裝蜂蠟，用中火加熱熔化。蜂蠟應該**剛好**熔化，只要呈液態就好，不要再加熱到更高溫度。我們要讓紅蔥盡可能完全浸泡在蜂蠟中，所以用的鍋子直徑越小、高度越高越好。

剝掉紅蔥的皮，保持根部完整。確保紅蔥含有水分，而且沒看到任何黴斑。用烤肉叉或鑷子戳入紅蔥根部一次拿一顆，快速浸到蠟裡面再拿出來，讓多餘的蠟滴回鍋子裡。

黑紅蔥，第 1 天

第 7 天

第 60 天

懸空拿著沾蠟的紅蔥，直到蠟變得不透明、變硬。蜂蠟的熔點是 64°C，所以這不會花太久時間。把紅蔥快速浸回蠟液中，重複這個步驟，直到凝結五層蜂蠟。

第五層蜂蠟變乾後，拔掉烤肉叉，將紅蔥根部浸入蠟中，封住烤肉叉留下的洞，完成整顆紅蔥的蠟封。最後一次等蠟變乾，然後把紅蔥放在一旁的托盤上。重複此步驟，直到所有紅蔥都蠟封好。

小心地把整盤蠟封紅蔥放入發酵箱，熟成 8-10 週。重要的是確保發酵箱可以精確維持恆溫。這時候發酵入門章節中提到的加熱墊還有溫度控制器就相當實用（見 42 頁〈製作發酵箱〉）。如果你是用這樣的設備，注意不讓紅蔥靠近熱源，以免蜂蠟熔化。

舉例來說，如果你是用廢棄的上掀式冷凍櫃當作發酵箱，就把熱源放置在其中一側，裝了紅蔥的托盤放在另一側，並且墊高托盤，遠離冷凍櫃底部。溫度控制器可以讓冷凍櫃內部穩定維持在特定溫度，使蜂蠟保持固態。如果希望成果更好，可以在上掀式冷凍櫃裡放一具小電扇送風，促進空氣循環。

要採收時，讓紅蔥冷卻至室溫，然後用刀切開蜂蠟。紅蔥的質地會像放在平底鍋裡烤雞下方跟著雞一起烘烤出來的整顆紅蔥。你也可以把蠟封的紅蔥整顆冷藏或冷凍保存，要用時再取出。

438

建議用途

洋蔥濃湯 Onion Soup

我們可以把黑化紅蔥想像成深度焦糖化的洋蔥，如此可以幫助你想出更多新方式去使用黑化紅蔥。當我們提到焦糖化的洋蔥，你最先想到什麼？洋蔥濃湯。用利刃將黑化紅蔥 250 克切成細條，然後用足以淹過紅蔥絲的濃郁牛高湯烹煮，再添加一點加烈葡萄酒。把高湯倒入湯碗之前，用鹽和黑胡椒調味，上面飾以厚片硬皮麵包及大量磨碎的瑞士乳酪，炙烤至乳酪呈褐色並且牽絲。當你的朋友和家人讚嘆這道湯時，告訴他們，你兩個半月前就開始準備這鍋湯了。

把黑化紅蔥切成薄片，用來煮湯，也可以用在你會用到焦糖化洋蔥的地方。

發酵工具

發酵有很多種方式，沒有非得用哪套器具才「正確」。有些人堅持用祖母傳下來的陶甕來發酵，有些人則回收利用泡菜罐。我們盡量不建議特定器具，免得你以為沒有特定器具就無法進行發酵。但書裡還是提供一些基本資訊供你參考，以免你在網路上或發酵用品店購物時毫無頭緒。

水封排氣閥

釀酒的必備工具，也可用在乳酸發酵上。水封排氣閥是由充滿水的 S 形排氣管插入橡膠塞所組成。空氣無法進入水封排氣閥，但發酵容器內微生物產生的氣體會逐漸累積壓力，然後由閥口排出。

打氣幫浦和打氣石

常見器具，可以為醋打氣，並為好氧菌提供氧氣。寵物店和釀造用品店都可買到打氣幫浦。許多會附有氣泡石（打氣石），如果發現氣泡石逐漸損耗，也可以用金屬打氣頭。

陶甕

陶甕是歷久不衰的發酵容器。陶甕不透光（見 72 頁側欄），可以防止紫外線傷害微生物細胞。很多甕都有一種特殊構造：在封蓋口緣會做成一圈溝槽，蓋上蓋子後，把水注入溝槽，就有水封排氣閥的功能。

蘋果榨汁器

通常用於擠壓棉布袋中的發酵水果泥。蘋果榨汁器也可用於榨取醬油或乳酸發酵蔬果汁。

食物乾燥機

這是放在流理檯上的小家電，可以對每面托盤上的食材吹出暖風，使食材慢慢乾燥。乾燥機可以用來做很多種發酵食品，從乳酸發酵水果到黑化蔬菜都可以。

發酵重石或發酵砝碼

發酵缸、玻璃罐或陶甕會附有發酵重石，可將食材壓於液面下，與空氣隔絕。製作味噌和比較堅硬的乳酸發酵產品時，特別需要。

玻璃罐（不同形狀和大小）

因為玻璃為惰性（譯注：不會和其他物質互相作用），所以玻璃罐是發酵康普茶和乳酸發酵物的好幫手，而且可以直接觀察到發酵過程（見 72 頁側欄）。夾扣式或旋轉式瓶蓋都好用。

小型精米機

在日本會使用精米器研磨穀物表面，去除米的內果皮（外層），使麴更容易滋長。較少人知曉的穀物也適合用小型精米器，如二粒小麥（emmer）或科尼尼小麥。

加濕器

培麴時必須有一臺小型加濕器。加濕器有很多形狀和種類，有些附超音波盤，可以製造出超細的水霧，有些則透過蒸發作用把水散布到空氣中。兩種都可以用，不過小型的通常比較好。

榨汁機

榨汁機對於榨取果汁和蔬菜汁來製作醋和康普茶不可或缺，也有很多種形狀和種類。

日式傳統杉木桶

日本一般用上寬下窄的敞頂木桶來釀造清酒、味噌和醬油，通常用杉木製成，為發酵物增添獨特風味。開口很寬，所以可以攪拌混合物或放上重石來壓。

撒麴罐

你需要的是糖霜／糖粉撒粉罐：附有鋼絲篩蓋的簡單金屬圓柱形容器。撒粉罐能方便你將麴菌孢子撒在一盤盤蒸熟的米或大麥上。

薄紗巾或濾布

用於過濾糊狀物和濾掉清湯及高湯中的雜質，由乙烯基或棉製成，徹底清洗後可再次使用。

尼龍網篩

由鋼絲或塑膠環搭配細目尼龍網，用於過濾液體和篩粉料。墊上濾布的細網篩也有相同效果。

帶孔不鏽鋼托盤

帶孔不鏽鋼托盤可以讓麴生長在乾淨衛生的表面上，又可獲得氧氣。

酸鹼度計

這種手持工具用數位方式準確測量出液體的酸鹼值。

酸鹼試紙

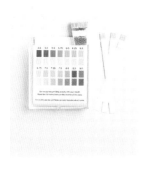

這種化學反應試紙會依溶液的酸鹼值變色。將試紙浸入液體，然後目視比對試紙和範例的顏色。

塑膠桶

食品級塑膠桶是大量發酵物所需的理想容器，如康普茶、味噌、古魚醬、醋和酒精（搭配水封排氣閥使用）。要注意，塑膠很容易吸收味道，所以最好別用同一個桶子來製作不同的發酵物。

鍋子和蒸鍋

用於烹煮穀物的簡單三件組：鍋子、蓋子和帶孔的內鍋等配件。

折射計

折射計是非必要卻又相當實用的工具，用測量光的折射度來測定液體糖含量。（溶於水中的糖越多，折射指數就越大。）

電子鍋

大型的電子鍋設定「保溫」就可作為發酵箱，供需要保持在較高溫度的食品發酵，比如古魚醬、黑化水果和蔬菜。必須確保電子鍋沒有自動關閉功能。

小型電熱器或加熱墊

這類工具皆可用於隔熱良好的發酵箱。（加熱墊通常用於種子催芽或加熱爬蟲類飼育箱，比較適合較小的發酵箱。）許多電熱器有配置手動變阻器，搭配溫度控制器就最好不過了。

保麗龍保冷箱

保麗龍保冷箱具有良好的防水、隔熱功能，便宜且易於清潔，所以是理想的發酵箱。見第 47 頁的說明。

夾扣式玻璃瓶

用來儲存發酵完成的液態發酵物，例如醋或康普茶。由於密封橡膠圈可達到氣密，也可用來保存碳酸康普茶：裝入玻璃瓶中，密封可冷藏 1-2 週。

溫度控制器

用於調節發酵箱溫度的電子裝置，可作為有效的恆溫器，設定後可控制您所選用的熱源。若溫度過高，有些型號還有切換降溫製冷的功能。

真空密封機和真空袋

桌上型真空密封機對於乳酸發酵非常實用，且可儲存所有發酵物。透明的真空袋讓你可以觀察發酵過程，也很容易就可以剪開通風和重新密封。

木桶

木桶會增添獨特的風味，且可以讓桶內的液體用極緩慢的速度蒸發。酒和醋最常使用木桶來做陳釀發酵，但用來陳釀古魚醬和醬油的成效也很好。

木製麴盤

通常由未經過加工處理的杉木原木板製成，是在米或大麥上培育米麴菌所用的傳統容器。若一切順利，製麴前後都不需要清洗托盤，好讓米麴菌長住於托盤中。

發酵資源 ————————

本書所要求的食材，最好的來源就是有機農夫市集或有機雜貨店。至於發酵專用品，貨色齊全的自釀啤酒或發酵專門店就能滿足你幾乎所有需求。除此之外，有些東西是網路上找不到的。以下是我們採購特殊產品的一些資源。

蜜蜂花粉：

- bee-pollen.co.uk
- 911honey.com
- rawliving.eu

釀酒酵母：

- hopt-shop.dk
- themaltmiller.co.uk
- yeastman.com

去脂或低脂榛子餐：

- bobsredmill.com
- oelmanufaktur-rilli.de
- paleo-paradies.de

蚱蜢和蠟蛾幼蟲：

- delibugs.nl
- speedyworm.com
- topinsect.net

米麴菌孢子：

- akita-konno.co.jp
- americanbrewmaster.com
- gemcultures.com
- organic-cultures.com

康普茶 SCOBY：

- culturesforhealth.com
- fairment.de
- happykombucha.co.uk
- hjemmeriet.com
- kombuchakamp.com

謝辭

本書歷經曲折，才變成現在的模樣。在這個過程中，我們兩位作者要感謝許多人提供了大量幫助，或是讓我們有時間去編寫，這包括：湯瑪斯‧傅列博、Mette Brink Soberg、Benjamin Paul Ing、Junichi Takahashi、Jason White、Matt Orlando、Paula Troxler、Evan Sung、Jason Loucas、Laura Lajh、Andreja Lajh、Lizzie Ellison、Aralyn Beaumont、Paul D'Avino、Diego Gutierrez、Phil Hickman、Alex Petrician、Adriano Bruzzese、Anne Catherine Preißer、Priyanca Patel、Fiona Strouts 和 Alessio Marcato。此外，還有 Noma 家族、設計工作室 Atelier Dyakova 的所有人，以及出版社 Artisan Books 的團隊。

我們還要感謝以下這些作者，他們精彩絕倫的著作，啟發我們一頭栽入發酵的實踐、歷史和科學：威廉‧舒特勒夫（William Shurtleff）和青柳昭子、哈洛德‧馬基（Harold McGee）以及山鐸‧卡茲（Sandor Katz）。

還要特別感謝優異的編輯團隊，在他們的協助下，本書的文字變得更加易讀，而我們也才嘗到寫作之樂，這包括：Chris Ying、Martha Holmberg、Dr. Arielle Johnso，以及我們的出版社 Lia Ronnen。

瑞內‧雷澤比
大衛‧齊爾柏

中英譯名對照

1-5 劃

丁腈橡膠　nitrile

丁酮　methyl ethyl ketone

二粒小麥　emmer

人工香料　artificial-flavor

八丁味噌　hatcho

刀網　die

上色　coloration

千層蛋糕　layer cake

土質風味　earthiness

大比目魚　halibut

大西洋牙鮃　fluke

大豆　glycine max

大麥　barley

大菱鮃　turbot

大腸桿菌　Escherichia coli

大頭菜　kohlrabi

大醬　doenjang

小牛排　veal cutlet

小米　millet

小麥　wheat

小帽子麵餃　cappelletti

小雞油菌　button chanterelle mushroom

不沾墊　nonstick mat

中式海鮮醬　hoisin

中性穀物烈酒　neutral grain spirit (NGS)

中筋麵粉　all-purpose flour

五花肉　pork belly

切拌　fold

切細丁　brunoise

切細絲　chiffonade

切達乳酪　cheddar

化學位能　chemical potential energy

巴薩米克醋　Balsamic

手持式攪拌棒　handheld blender

手指馬鈴薯　fingerlings

手指餅乾　ladyfinger

方形調理盆　gastro pan / hotel pan

方麵餃　ravioli

日本柳杉　Japanese cedar

日式傳統杉木桶　kioke

月桂葉　bay

木屑　wood chips

木桶陳釀　barrel-aged

比目魚　flounder

毛豆　edamame

水仙　narcissus

水田芥　watercress

水封排氣閥　airlock

牛尾　oxtail

牛肝菌　cep / porcini

牛排菇　beefsteak mushroom

牛番茄　beefsteak tomato

加烈葡萄酒　fortified wine

加濕器　humidifier

包子　steamed bun

北非切莫拉醬　chermoula

6-10 劃

去莢乾燥豌豆瓣　split peas

去氯錠　campden tablet

古魚醬　garum

可頌麵包　croissant

外殼　husk

奶油糖果　butterscotch

尼斯洋蔥塔　pissaladière

布匿戰爭　Punic War

打氣石　air stone

打氣幫浦　air pump

玉米粽　tamale

瓦倫西亞油莎草漿　horchata

甘酒　amazake

生物膜　zoogleal mat
生醬油　raw shoyu
白色奶油醬　Beurre Blanc
白味噌　shiro miso
白胡桃瓜　butternut Squash
白醋栗　white currant
石灰岩　limestone
禾草類　grasses
全脂鮮乳　whole milk
印尼豆瓣醬　tauco
同型發酵　homofermentative
多酚氧化酵素　polyphenol oxidase
安琪兒西洋梨　d'Anjou pear
成麴　finished koji
扣合式上蓋　snap lid
收乾　reduction
旭蟹　spanner crab
汆燙　blanch
竹墊　bamboo mat
米醋　rice vinegar
米麴菌　Aspergillus oryzae
羊肚菌　morel
羽衣甘藍　kale
羽扇豆　lupin
回添發酵　backslop
肉豆蔻乾皮　mace
肉毒桿菌　Clostridium botulinum
肋排　spareribs
西班牙冷湯　gazpacho
佃農　peasant
佛手柑　bergamot
含鹽量　salt Content
夾扣式瓶蓋　swing-top
夾鏈袋　zip-top bag
抗壞血酸　ascorbic acid
折射計　refractometer
李子核仁　plum kernel

李子露酒　plum aquavit
杏桃乾　preserved apricot
沙門氏菌　Salmonella
育苗加熱墊　seedling heat mat
角鋼層架　speed rack
豆豉醬　fermented black bean paste
豆餅　meju
豆薯　jicama
貝亞恩蛋黃醬　béarnaise
辛辣　acrid
乳化　emulsify
乳酪熟成師　affineur
乳酸牛肝菌水　lacto cep water
亞麻短桿菌　Brevibacterium linens
刺鼻味　pungency
剁刀　cleaver
味精　monosodium glutamate /
　　MSG
孢子　spore
帕爾瑪乳酪　Parmigiano-Reggiano
昆布　kombu
松針葉　pine needle
果汁機　blender
油封　confit
油醋醬　vinaigrette
法式小點　mignardise
法式四香粉　quatre épices
法式花藥草茶　tisane
法式芹菜根沙拉　céleri rémoulade
法式胡椒紅蔥醬汁　mignonette
法式酸奶油　crème fraîche
法羅群島　Faroe Islands
泡盛麴菌　Aspergillus awamori
波士梨　Bosc
波本威士忌　bourbon
波隆那肉醬　bolognese
炒軟　sweat

玫瑰果　rosehip
秈稻　indica rice
肯特芒果　Kent mango
芝麻菜　arugula
芥藍　gai lan
芫荽　cilantro
花椒粒　Sichuan peppercorns
花旗松　Douglas fir
芳香食材　aromatics
芹菜根　celery root
金太陽番茄　sun gold tomato
金蓮花　nasturtium
金屬網架　wire rack
青江菜　bok choy
青花菜　broccoli
青鵝莓　green gooseberry
保水性　retention
保冷箱　cooler
保溫櫃　warming cabinet
保麗龍　styrofoam
南瓜籽　pumpkin Seed
厚玉米餅　sope
哈瓦那辣椒　habanero
哈希（精煉大麻）　hash
哈拉佩諾辣椒　jalapeño
哈羅米乳酪　halloumi
威士忌岩杯　rocks glass
恆溫器　thermostat
春雞　Cornish hen
枯草桿菌　Bacillus subtilis
洋菇（鈕扣菇）　button mushroom
洛克福耳青黴菌　Penicillium roque-
　　forti
珍珠大麥　pearl barley
相思木　acacia
研缽　mortar
研棒　pestle

科尼尼　Konini
紅皮蘿蔔　radish
紅酒燉牛肉　boeuf bourguignon
紅辣椒碎片　red pepper flake
紅蔥　shallot
紅糖　brown sugar
紅麴　red yeast rice
耐鹽性　halotolerance
胚乳　endosperm
胡蘿蔔　carrot
風味油　flavorful oil
食材櫃　pantry
食物乾燥機　dehydrator
食物調理機　food processor
香天竺葵　rose geranium
香甘菊　pineapple weed
香料植物　herb
香氣　aroma
香莢蘭醛　vanillin
香魚　smelt
香橙　yuzu
香檳醋　Champagne-vinegar
香鬆　furikake
倒木　felled tree
夏多內酵母　Chardonnay yeast
夏季小南瓜　summer squash
扇貝　scallop
捏碎　crumble
柴魚　katsuobushi
核果　stone fruit
核桃　walnut
根芹菜　celeriac
格呂耶爾乳酪　gruyère
桑椹　mulberry
氣泡　effervescence
氣泡石　stone aerator
氣室　air pocket

氣密　airtight
氧化汞　mercury oxide
氧化還原反應　redox reaction
泰式蝦醬　Thai shrimp paste
泰國豆瓣醬　tao jiew
海帶　kelp
海膽　sea urchin
海螯蝦　kangoustine
浸泡　steeping
消化餅　graham cracker
烘焙百分比　baker's percentages
烘焙冷卻架　cooling rack
烘焙紙　parchment paper
烤牛髓　roasted bone marrow
烤肉叉　skewer
烤肉盤　roasting pan
琉球麴菌　Aspergillus luchuensis
真鰈　sole
秣料　fodder
純素　vegan
紙包　en papillote
紙莎草　papyrus
耙　furrow
胸腹膈肌牛排　hanger steak
脂肪酵素　lipase
臭味　funkier
茴芹　anise
茴香莖葉　fennel tops
酒香　bouquet
酒香酵母　Brettanomyces
酒精濃度　alcohol by volume
酒酵花　kahm yeast
馬芬　muffin
馬麥醬　marmite
馬鈴薯泥　potato puree
馬薩玉米麵團　masa
馬薩味噌　maizo

骨架　carcass
高脂鮮奶油　heavy cream
高湯　stock
高粱　sorghum
高達乳酪　gouda

11-15 劃

乾式熟成　dry-aged
側欄　sidebar
培根條　lardon
基質　substrate
堅果醬　nut butter
將滾未滾　bare simmer
專用　dedicated
康佛倫斯梨　Conference pear
捲鬚　tendril
採收　harvest
接骨木花　elderflower blossom
桶　vat
梅納反應　Maillard reaction
梅森罐　mason jar
梣木　ash
梨子酒醋　perry vinegar
梨果　pome
梭鱸　pike-perch
殺菌　sanitize
氫氧化鈣　calcium hydroxide
淡菜　mussel
深色紅糖　dark brown sugar
深焙　dark-roasted
混沌理論　chaos theory
清湯　broth
清麴醬　cheonggukjang
爽脆　crunchy
牽絲　stringy

球芽甘藍　brussels sprout

甜菜　beet

異丙醇　isopropyl alcohol

異型發酵　heterofermentative

細香蔥　chive

細葉香芹　chervil

脫脂　defatted

荷蘭醬　hollandaise

莫札瑞拉乳酪　mozzarella

莫德納巴薩米克醋　Aceto Balsamico di Modena

蚱蜢　grasshopper

蛋白酵素　protease

蛋黃醬　mayonnaise

軟化奶油　softened butter

軟質白黴乳酪　bloomy soft-rind cheese

野韭蔥　ramp

野禽　game bird

魚子醬　caviar

魚片　fillet

魚卵　fish roe

魚鱗　scale

鳥蛤　cockle

鹵水　brine

普羅旺斯橄欖酸豆鯷魚醬　olive tapenade

晶格　lattice

棕櫚糖　palm sugar

棕蘑菇　cremini mushroom

森林雞菇　chicken of the woods

植物油　vegetable oil

椒鹽蝴蝶餅　pretzel

款冬花　colt's foot

殘渣　sediment

湯勺　ladle

焦亞硫酸鉀　potassium metabisul-

phite

焦糖　caramel

焦糖化　caramelization

煮糖用溫度計　candy thermometer

猶太鹽　kosher salt

琴酒　gin

番紅花　saffron

發酵重石　fermentation weight

短粒米　short-grain rice

硬木　hardwood

紫甘藍　red cabbage

紫麥　purple wheat

紫葉羅勒　opal basil

絞肉機　meat grinder

絨毛　fuzz

菊芋　Jerusalem artichoke

菌絲　hyphae

菌絲體　mycelium

菜豆　kidney bean

菜籽油　rapeseed oil

華爾道夫沙拉　Waldorf salad

菲律賓阿多波醬　adobo

蛤蜊　clam

象蒜　elephant garlic

越南春捲　summer roll

越南魚露　nuoc mam

越南酸甜辣蘸醬　nuoc cham

進料斗　hopper

酥脆麵包丁　crouton

開心果　pistachio

雲杉　spruce

黃瓜　cucumber

黃金葡萄乾　golden raisin

黃莢菜豆　wax bean

黃豌豆　yellow Pea

黃豌豆味噌　yellow peaso

黃麴毒素　aflatoxin

黑化　blackened

黑皮波羅門參　salsify

黑色素　melanin

黑眉豆　black bean

黑砂糖　muscovado sugar

黑麥　rye

黑麥味噌　ryeso

黑喇叭菌　black trumpet mushroom

嗆辣　piquant

圓鰭魚　lumpfish

塔皮　pate brisée

塔希尼芝麻醬　tahini

微滾　simmer

新馬鈴薯　new potato

榅桲　quince

溫度控制器　temperature controller

溶解鍋底褐渣　deglaze

溶酶體　lysosome

滅菌　sterilization

煎到滋滋作響　sizzles

煎炸　pan-fry

煙燻鹽　smoked salt

瑞可達乳酪　ricotta

稠度　consistency

稠粥　porridge

義式奶酪　panna cotta

義式燉飯　risotto

義式麵疙瘩　gnocchi

腰果　cashew

腹脇肉排　flank steak

萬壽菊　marigold

萵苣　lettuce

葉綠素　chlorophyll

葡萄糖醋酸菌屬　Gluconaceto-bacter

葡萄醪　must

補土　putty

農夫市集　farm stands

過篩　sift

釉汁　glaze

雉背菇　pheasant-back mushroom

鼓狀篩　tamis

壽司捲簾　sushi mat

嫩化劑　tenderizer

嫩胡蘿蔔　young carrot

孵芽　malting

對流　convection

榛果　Hazelnut

榨汁機　juicer

槓桿　lever

漁場　fishery

漢堡排　patty

熊蔥酸豆　ramson capers

碳酸鈉　sodium carbonate

種麴　tane koji / koji tane

精米機　grain polisher

精碾　polish

精餾　rectified

精釀啤酒　craft beer

維也納炸肉片　schnitzel

維吉麥醬　vegemite

腐植質　humin

舞菇　maitake / hen of the woods
　　mushrooms

森林母雞菇　hen of the woods
　　mushrooms / maitake

蒜花　garlic flower

蒜蓉豆豉醬　black bean and garlic
　　sauce

蒸架　trivet

蒸烤箱　combination oven

蒸鍋　steamer

辣根　horseradish

辣椒粉　ground chile

辣椒鹽　chile salt

酵母　yeast

酸豆　caper

酸素　acid former

酸菜　kraut

酸漬蔬菜　pickle

酸種　sourdough

酸模　sorrel

鳳梨鼠尾草　pineapple sage

墨西哥玉米披薩餅　tostadas

墨西哥拖鞋烤餅　huarach

墨西哥捲餅　tacos

墨西哥墨雷醬　mole

墨西哥薄餅　tortilla

彈牙　al dente

慕斯　mousse

撒粉罐　shaker

歐芹　parsley

歐洲防風草塊根　parsnip

澄清奶油　clarified butter

熟肉　charcuterie

熱解作用　pyrolysis

熱電偶　thermocouple

皺葉甘藍　savoy cabbage

糊醬　paste

蔬果昔　smoothie

蔬果漿　coulis

蔬菜棒沙拉　crudités

褐化 / 褐變　browning

褐化奶油　brown butter

調味料　condiment

調和奶油　compound butter

調溫　temper

調製品　concoction

調濕器　humidistat

豌豆味噌　pea miso / peaso

質地　texture

醃醬　marinade

醋栗　currant

醋蠅　vinegar fly

鋁箔紙　foil

養殖　farm

魷魚　squid

麩皮　bran

麩胺酸　glutamic acid

麩胺酸鈉　monosodium glutamate
　/ MSG

麩質　gluten

16-20 劃

橄欖油香蒜義大利麵　aglio e olio

橘皮果醬　marmalade

橙花　orange blossom

橡木　oak

澱粉酵素　amylase

澳洲青蘋果　Granny Smith

濃烈　intensity

濃稠　thick

燈籠椒　bell pepper

燒瓶　flask

燒焦味　burnt

燜煮　braise

篩子　sieve

糖果類點心　confections

糖煮水果　compote

蕪菁　turnip

蕪菁甘藍　rutabaga

選育　selective breeding

錐形篩　chinois

鮑魚　abalone

龍蒿　tarragon

龍蝦仁　lobster tail

濕度計　hygrometer
濕潤度　wetness
環境濕度　ambient humidity
蓽茇　long peppercorn
薄片　sliver
蟋蟀　cricket
賽頌酵母　saison yeast
霜凍優格　frozen yogurt
韓式辣椒醬　gochujang
韓國燒酒　Korean shochu
鮟鱇魚　monkfish
鮮奶油　dollop
鮮味　umami
檸檬汁醃生魚　ceviche
檸檬百里香　lemon thyme
檸檬香茅　lemongrass
檸檬香蜂草　lemon balm
檸檬馬鞭草　kemon verbena
濾布　cheesecloth
濾茶器　tea strainer
濾鍋　colander
簡易糖漿　simple syrup
繡線菊　meadowsweet
罈子　carboy
藍腳菇　bluefoot mushroom
醪　mash
醬（越南）　tuong
醬油　shoyu / soy sauce
雙殼類　bivalves
雞油菌　chanterelle
鵝莓　gooseberry
鵝頸藤壺　gooseneck barnacle
羅馬花椰菜　Romanesco
鯖魚　saba
鵪鶉　quail
麴菌（屬）　aspergillus

20 劃以上

嚼勁　chewy
寶石萵苣　gem lettuce
糯米粉　glutinous rice flour
蘆葦蓆　reed mats
蘇胺酸　threonine
蘋果白蘭地　calvados
蘋果泥　applesauce
蘋果榨汁器　cider press
蘋果酸　malic acid
蠔油　oyster sauce
蠔菇　oyster mushroom
鯷魚　anchovies
鯷魚醬　colatura di alici
麵包味噌　breadso
麵包粉　breadcrumbs
麵疙瘩　chewy dumpling
屬　genus
蠟蛾　wax moth
露酒　aquavit
鑄鐵　cast-iron
韃靼　tartare
蘸醬　dip
蘿蔓萵苣　romaine lettuce
鱒魚　trout
蠶豆　fava bean
釀酒酵母　Saccharomyces cerevisi-
　　ae
釀造　brewing
釀造香氣　bouquet
鷹嘴豆泥　hummus
鹽之花　fleur de sel
鹽烤　salt-baked
鹽麴　shio koji
鹽醃　cure
鑷子　tweezers

英中譯名對照

A

abalone 鮑魚

acacia 相思木

Aceto Balsamico di Modena 莫德納
　巴薩米克醋

acid former 酸素

acrid 辛辣

adobo 菲律賓阿多波醬

affineur 乳酪熟成師

aflatoxin 黃麴毒素

aglio e olio 橄欖油香蒜義大利麵

air pocket 氣室

air pump 打氣幫浦

air stone 打氣石

airlock 水封排氣閥

airtight 氣密

al dente 彈牙

alcohol by volume 酒精濃度

all-purpose flour 中筋麵粉

amazake 甘酒

ambient humidity 環境濕度

amylase 澱粉酵素

anchovies 鯷魚

anise 茴芹

applesauce 蘋果泥

aquavit 露酒

aroma 香氣

aromatics 芳香食材

artificial-flavor 人工香料

arugula 芝麻菜

ascorbic acid 抗壞血酸

ash 梣木

aspergillus 麴菌（屬）

Aspergillus awamori 泡盛麴菌

Aspergillus luchuensis 琉球麴菌

Aspergillus oryzae 米麴菌

B

Bacillus subtilis 枯草桿菌

backslop 回添發酵

baker's percentages 烘焙百分比

Balsamic 巴薩米克醋

bamboo mat 竹墊

bare simmer 將滾未滾

barley 大麥

barrel-aged 木桶陳釀

bay 月桂葉

béarnaise 貝亞恩蛋黃醬

beefsteak mushroom 牛排菇

beefsteak tomato 牛番茄

beet 甜菜

bell pepper 燈籠椒

bergamot 佛手柑

Beurre Blanc 白色奶油醬

bivalves 雙殼類

black bean 黑眉豆

black bean and garlic sauce 蒜蓉豆
　豉醬

black trumpet mushroom 黑喇叭
　菌

blackened 黑化

blanch 汆燙

blender 果汁機

bloomy soft-rind cheese 軟質白黴
　乳酪

bluefoot mushroom 藍腳菇

boeuf bourguignon 紅酒燉牛肉

bok choy 青江菜

bolognese 波隆那肉醬

Bosc 波士梨

bouquet 酒香／釀造香氣

bourbon 波本威士忌

braise 燜煮

bran 麩皮

breadcrumbs 麵包粉

breadso　麵包味噌

Brettanomyces　酒香酵母

Brevibacterium linens　亞麻短桿菌

brewing　釀造

brine　鹵水

broccoli　青花菜

broth　清湯

brown butter　褐化奶油

brown sugar　紅糖

browning　褐化 / 褐變

brunoise　切細丁

brussels sprout　球芽甘藍

burnt　燒焦味

butternut Squash　白胡桃瓜

butterscotch　奶油糖果

button chanterelle mushroom　小
　雞油菌

button mushroom　洋菇（鈕扣菇）

C

calcium hydroxide　氫氧化鈣

calvados　蘋果白蘭地

campden tablet　去氯錠

candy thermometer　煮糖用溫度計

caper　酸豆

cappelletti　小帽子麵餃

caramel　焦糖

caramelization　焦糖化

carboy　罈子

carcass　骨架

carrot　胡蘿蔔

cashew　腰果

cast-iron　鑄鐵

caviar　魚子醬

céleri rémoulade　法式芹菜根沙拉

celeriac　根芹菜

celery root　芹菜根

cep　牛肝菌

ceviche　檸檬汁醃生魚

Champagne-vinegar　香檳醋

chanterelle　雞油菌

chaos theory　混沌理論

charcuterie　熟肉

Chardonnay yeast　夏多內酵母

cheddar　切達乳酪

cheesecloth　濾布

chemical potential energy　化學位
　能

cheonggukjang　清麴醬

chermoula　北非切莫拉醬

chervil　細葉香芹

chewy　嚼勁

chewy dumpling　麵疙瘩

chicken of the woods　森林雞菇

chiffonade　切細絲

chile salt　辣椒鹽

chinois　錐形篩

chive　細香蔥

chlorophyll　葉綠素

cider press　蘋果榨汁器

cilantro　芫荽

clam　蛤蜊

clarified butter　澄清奶油

cleaver　剁刀

Clostridium botulinum　肉毒桿菌

cockle　鳥蛤

colander　濾鍋

colatura di alici　鯷魚醬

coloration　上色

colt's foot　款冬花

combination oven　蒸烤箱

compote　糖煮水果

compound butter　調和奶油

concoction　調製品

condiment　調味料

confections　糖果類點心

Conference pear　康佛倫斯梨

confit　油封

consistency　稠度

convection　對流

cooler　保冷箱

cooling rack　烘焙冷卻架

Cornish hen　春雞

coulis　蔬果漿

craft beer　精釀啤酒

crème fraîche　法式酸奶油

cremini mushroom　棕蘑菇

cricket　蟋蟀

croissant　可頌麵包

crouton　酥脆麵包丁

crudités　蔬菜棒沙拉

crumble　捏碎

crunchy　爽脆

cucumber　黃瓜

cure　鹽醃

currant　醋栗

D

d'Anjou pear　安琪兒西洋梨

dark brown sugar　深色紅糖

dark-roasted　深焙

dedicated　專用

defatted　脫脂

deglaze　溶解鍋底褐渣

dehydrator　食物乾燥機

die　刀網

dip 蘸醬

doenjang 大醬

dollop 鮮奶油

Douglas fir 花旗松

dry-aged 乾式熟成

E

earthiness 土質風味

edamame 毛豆

effervescence 氣泡

elderflower blossom 接骨木花

elephant garlic 象蒜

emmer 二粒小麥

emulsify 乳化

en papillote 紙包

endosperm 胚乳

Escherichia coli 大腸桿菌

F

farm 養殖

farm stands 農夫市集

Faroe Islands 法羅群島

fava bean 蠶豆

felled tree 倒木

fennel tops 茴香莖葉

fermentation weight 發酵重石

fermented black bean paste 豆豉醬

fillet 魚片

fingerlings 手指馬鈴薯

finished koji 成麴

fish roe 魚卵

fishery 漁場

flank steak 腹脇肉排

flask 燒瓶

flavorful oil 風味油

fleur de sel 鹽之花

flounder 比目魚

fluke 大西洋牙鮃

fodder 秣料

foil 鋁箔紙

fold 切拌

food processor 食物調理機

fortified wine 加烈葡萄酒

frozen yogurt 霜凍優格

funkier 臭味

furikake 香鬆

furrow 耙

fuzz 絨毛

G

gai lan 芥藍

game bird 野禽

garlic flower 蒜花

garum 古魚醬

gastro pan 方形調理盆

gazpacho 西班牙冷湯

gem lettuce 寶石萵苣

genus 屬

gin 琴酒

glaze 釉汁

Gluconacetobacter 葡萄糖醋酸菌屬

glutamic acid 麩胺酸

gluten 麩質

glutinous rice flour 糯米粉

glycine max 大豆

gnocchi 義式麵疙瘩

gochujang 韓式辣椒醬

golden raisin 黃金葡萄乾

gooseberry 鵝莓

gooseneck barnacle 鵝頸藤壺

gouda 高達乳酪

graham cracker 消化餅

grain polisher 精米機

Granny Smith 澳洲青蘋果

grasses 禾草類

grasshopper 蚱蜢

green gooseberry 青鵝莓

ground chile 辣椒粉

gruyère 格呂耶爾乳酪

H

habanero 哈瓦那辣椒

halibut 大比目魚

halloumi 哈羅米乳酪

halotolerance 耐鹽性

handheld blender 手持式攪拌棒

hanger steak 胸腹膈肌牛排

hardwood 硬木

harvest 採收

hash 哈希（精煉大麻）

hatcho 八丁味噌

Hazelnut 榛果

heavy cream 高脂鮮奶油

hen of the woods mushrooms 森林母雞菇／舞菇

herb 香料植物

heterofermentative 異型發酵

hoisin 中式海鮮醬

hollandaise 荷蘭醬

homofermentative 同型發酵

hopper 進料斗

horchata　瓦倫西亞油莎草漿
horseradish　辣根
hotel pan　方形調理盆
huarach　墨西哥拖鞋烤餅
humidifier　加濕器
humidistat　調濕器
humin　腐植質
hummus　鷹嘴豆泥
husk　外殼
hygrometer　濕度計
hyphae　菌絲

I

indica rice　秈稻
intensity　濃烈
isopropyl alcohol　異丙醇

J

jalapeño　哈拉佩諾辣椒
Japanese cedar　日本柳杉
Jerusalem artichoke　菊芋
jicama　豆薯
juicer　榨汁機

K

kahm yeast　酒酵花
kale　羽衣甘藍
kangoustine　海螯蝦
katsuobushi　柴魚
kelp　海帶
kemon verbena　檸檬馬鞭草

Kent mango　肯特芒果
kidney bean　菜豆
kioke　日式傳統杉木桶
kohlrabi　大頭菜
koji tane　種麴
kombu　昆布
Konini　科尼尼
Korean shochu　韓國燒酒
kosher salt　猶太鹽
kraut　酸菜

L

lacto cep water　乳酸牛肝菌水
ladle　湯勺
ladyfinger　手指餅乾
lardon　培根條
lattice　晶格
layer cake　千層蛋糕
lemon balm　檸檬香蜂草
lemon thyme　檸檬百里香
lemongrass　檸檬香茅
lettuce　萵苣
lever　槓桿
limestone　石灰岩
lipase　脂肪酵素
lobster tail　龍蝦仁
long peppercorn　蓽茇
lumpfish　圓鰭魚
lupin　羽扇豆
lysosome　溶酶體

M

mace　肉豆蔻乾皮
Maillard reaction　梅納反應
maitake　舞菇 / 森林母雞菇
maizo　馬薩味噌
malic acid　蘋果酸
malting　孵芽
marigold　萬壽菊
marinade　醃醬
marmalade　橘皮果醬
marmite　馬麥醬
masa　馬薩玉米麵團
mash　醪
mason jar　梅森罐
mayonnaise　蛋黃醬
meadowsweet　繡線菊
meat grinder　絞肉機
meju　豆餅
melanin　黑色素
mercury oxide　氧化汞
methyl ethyl ketone　丁酮
mignardise　法式小點
mignonette　法式胡椒紅蔥醬汁
millet　小米
mole　墨西哥墨雷醬
monkfish　鮟鱇魚
monosodium glutamate　味精 / 麩
　胺酸鈉
morel　羊肚菌
mortar　研缽
mousse　慕斯
mozzarella　莫札瑞拉乳酪
MSG　味精 / 麩胺酸鈉
muffin　馬芬
mulberry　桑椹
muscovado sugar　黑砂糖

mussel 淡菜
must 葡萄醪
mycelium 菌絲體

N

narcissus 水仙
nasturtium 金蓮花
neutral grain spirit (NGS) 中性穀物
　　烈酒
new potato 新馬鈴薯
nitrile 丁腈橡膠
nonstick mat 不沾墊
nuoc cham 越南酸甜辣蘸醬
nuoc mam 越南魚露
nut butter 堅果醬

O

oak 橡木
olive tapenade 普羅旺斯橄欖酸豆
　　鯷魚醬
opal basil 紫葉羅勒
orange blossom 橙花
oxtail 牛尾
oyster mushroom 蠔菇
oyster sauce 蠔油

P

palm sugar 棕櫚糖
pan-fry 煎炸
panna cotta 義式奶酪
pantry 食材櫃

papyrus 紙莎草
parchment paper 烘焙紙
Parmigiano-Reggiano 帕爾瑪乳酪
parsley 歐芹
parsnip 歐洲防風草塊根
paste 糊醬
pate brisée 塔皮
patty 漢堡排
pea miso 豌豆味噌
pearl barley 珍珠大麥
peasant 佃農
peaso 豌豆味噌
Penicillium roqueforti 洛克福耳青
　　黴菌
perry vinegar 梨子酒醋
pestle 研棒
pheasant-back mushroom 雉背菇
pickle 酸漬蔬菜
pike-perch 梭鱸
pine needle 松針葉
pineapple sage 鳳梨鼠尾草
pineapple weed 香甘菊
piquant 嗆辣
pissaladière 尼斯洋蔥塔
pistachio 開心果
plum aquavit 李子露酒
plum kernel 李子核仁
polish 精碾
polyphenol oxidase 多酚氧化酵素
pome 梨果
porcini 牛肝菌
pork belly 五花肉
porridge 稠粥
potassium metabisulphite 焦亞硫
　　酸鉀
potato puree 馬鈴薯泥
preserved apricot 杏桃乾

pretzel 椒鹽蝴蝶餅
protease 蛋白酵素
pumpkin Seed 南瓜籽
pungency 刺鼻味
Punic War 布匿戰爭
purple wheat 紫麥
putty 補土
pyrolysis 熱解作用

Q

quail 鵪鶉
quatre épices 法式四香粉
quince 榲桲

R

radish 紅皮蘿蔔
ramp 野韭蔥
ramson capers 熊蔥酸豆
rapeseed oil 菜籽油
ravioli 方麵餃
raw shoyu 生醬油
rectified 精餾
red cabbage 紫甘藍
red pepper flake 紅辣椒碎片
red yeast rice 紅麴
redox reaction 氧化還原反應
reduction 收乾
reed mats 蘆葦蓆
refractometer 折射計
retention 保水性
rice vinegar 米醋
ricotta 瑞可達乳酪
risotto 義式燉飯

roasted bone marrow　烤牛髓
roasting pan　烤肉盤
rocks glass　威士忌岩杯
romaine lettuce　蘿蔓萵苣
Romanesco　羅馬花椰菜
rose geranium　香天竺葵
rosehip　玫瑰果
rutabaga　蕪菁甘藍
rye　黑麥
ryeso　黑麥味噌

S

saba　鯖魚
Saccharomyces cerevisiae　釀酒酵母
saffron　番紅花
saison yeast　賽頌酵母
Salmonella　沙門氏菌
salsify　黑皮波羅門參
salt Content　含鹽量
salt-baked　鹽烤
sanitize　殺菌
savoy cabbage　皺葉甘藍
scale　魚鱗
scallop　扇貝
schnitzel　維也納炸肉片
sea urchin　海膽
sediment　殘渣
seedling heat mat　育苗加熱墊
selective breeding　選育
shaker　撒粉罐
shallot　紅蔥
shio koji　鹽麴
shiro miso　白味噌
short-grain rice　短粒米

shoyu　醬油
Sichuan peppercorns　花椒粒
sidebar　側欄
sieve　篩子
sift　過篩
simmer　微滾
simple syrup　簡易糖漿
sizzles　煎到滋滋作響
skewer　烤肉叉
sliver　薄片
smelt　香魚
smoked salt　煙燻鹽
smoothie　蔬果昔
snap lid　扣合式上蓋
sodium carbonate　碳酸鈉
softened butter　軟化奶油
sole　真鰈
sope　厚玉米餅
sorghum　高粱
sorrel　酸模
sourdough　酸種
soy sauce　醬油
spanner crab　旭蟹
spareribs　肋排
speed rack　角鋼層架
split peas　去莢乾燥豌豆瓣
spore　孢子
spruce　雲杉
squid　魷魚
steamed bun　包子
steamer　蒸鍋
steeping　浸泡
sterilization　滅菌
stock　高湯
stone aerator　氣泡石
stone fruit　核果
stringy　牽絲

styrofoam　保麗龍
substrate　基質
summer roll　越南春捲
summer squash　夏季小南瓜
sun gold tomato　金太陽番茄
sushi mat　壽司捲簾
sweat　炒軟
swing-top　夾扣式瓶蓋

T

tacos　墨西哥捲餅
tahini　塔希尼芝麻醬
tamale　玉米粽
tamis　鼓狀篩
tane koji　種麴
tao jiew　泰國豆瓣醬
tarragon　龍蒿
tartare　韃靼
tauco　印尼豆瓣醬
tea strainer　濾茶器
temper　調溫
temperature controller　溫度控制器
tenderizer　嫩化劑
tendril　捲鬚
texture　質地
Thai shrimp paste　泰式蝦醬
thermocouple　熱電偶
thermostat　恆溫器
thick　濃稠
threonine　蘇胺酸
tisane　法式花藥草茶
tortilla　墨西哥薄餅
tostadas　墨西哥玉米披薩餅
trivet　蒸架
trout　鱒魚

tuong　醬（越南）
turbot　大菱鮃
turnip　蕪菁
tweezers　鑷子

U

umami　鮮味

V

vanillin　香莢蘭醛
vat　桶
veal cutlet　小牛排
vegan　純素
vegemite　維吉麥醬
vegetable oil　植物油
vinaigrette　油醋醬
vinegar fly　醋蠅

W

Waldorf salad　華爾道夫沙拉
walnut　核桃
warming cabinet　保溫櫃
watercress　水田芥
wax bean　黃莢菜豆
wax moth　蠟蛾
wetness　濕潤度
wheat　小麥
white currant　白醋栗
whole milk　全脂鮮乳
wire rack　金屬網架
wood chips　木屑

Y

yeast　酵母
yellow Pea　黃豌豆
yellow peaso　黃豌豆味噌
young carrot　嫩胡蘿蔔
yuzu　香橙

Z

zip-top bag　夾鏈袋
zoogleal mat　生物膜

NOMA 祕方索引

NOMA餐廳發酵實驗

米麴、康普茶、醬油、味噌、醋、魚醬、乳酸菌及黑化蔬果

THE NOMA GUIDE TO FERMENTATION

作者 —— 瑞內·雷澤比 (René Redzepi)、大衛·齊爾柏 (David Zilber)

譯者 —— 宋宜真、邱文心｜設計編排 —— 劉孟宗｜手寫字 —— 陳宛昀

編輯協力 —— 許景理、翁蓓玉｜校對 —— 魏秋綢

責任編輯 —— 郭純靜｜行銷企畫 —— 陳詩韻｜總編輯 —— 賴淑玲

出版者 —— 大家出版／遠足文化事業股份有限公司

發行 —— 遠足文化事業股份有限公司 (讀書共和國出版集團)

地址 —— 231 新北市新店區民權路 108-4 號 8 樓

電話 —— (02)2218-1417｜傳真 —— (02)8667-1851

劃撥帳號 —— 19504465｜戶名 —— 遠足文化事業有限公司

法律顧問 —— 華洋法律事務所　蘇文生律師

定價 —— 1280 元

初版首刷 —— 2020 年 8 月｜初版五刷 —— 2024 年 3 月

國家圖書館出版品預行編目 (CIP) 資料

NOMA 餐廳發酵實驗：米麴、康普茶、醬油、味噌、醋、魚醬、
乳酸菌及黑化蔬果 / 瑞內·雷澤比（René Redzepi），大衛·齊
爾柏（David Zilber）著；宋宜真，邱文心譯·初版·新北市：
大家：遠足文化發行，2020.08
464 面；19.6×25.8 公分
譯自：The Noma guide to fermentation
ISBN 978-957-9542-95-1(精裝)
1. 醱酵工業 2. 食品工業 3. 食品微生物

463.8 　　　　　　　　109005911